U0363713

蒙东地区
药用植物栽培技术

◎ 贾俊英　杨恒山　主编

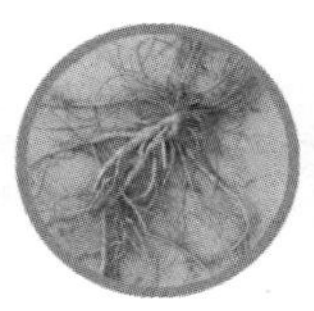

中国农业科学技术出版社

图书在版编目（CIP）数据

蒙东地区药用植物栽培技术 / 贾俊英，杨恒山主编．—北京：中国农业科学技术出版社，2019.7

ISBN 978-7-5116-4302-5

Ⅰ．①蒙… Ⅱ．①贾… ②杨… Ⅲ．①药用植物—栽培技术—内蒙古 Ⅳ．① S567

中国版本图书馆 CIP 数据核字（2019）第 148007 号

责任编辑　徐定娜
责任校对　贾海霞

出 版 者　中国农业科学技术出版社
　　　　　北京市中关村南大街 12 号　邮编：100081
电　　话　（010）82109707　82105169（编辑室）
　　　　　（010）82109702（发行部）（010）82109709（读者服务部）
传　　真　（010）82109707
网　　址　http://www.castp.cn
发　　行　各地新华书店
印 刷 者　北京科信印刷有限公司
开　　本　787 mm × 1 092 mm　1 /16
印　　张　15.25
字　　数　316 千字
版　　次　2019 年 7 月第 1 版　2019 年 7 月第 1 次印刷
定　　价　68.00 元

《蒙东地区药用植物栽培技术》编写人员

主　　编　贾俊英　杨恒山

副 主 编　王凌飞　陈金生

编　　者　（按姓氏拼音排序）

包金花（内蒙古民族大学）

陈金生（奈曼旗蒙中药材研究发展管理中心）

贾俊英（内蒙古民族大学）

李旭新（内蒙古民族大学）

李小军（奈曼旗蒙中药材研究发展管理中心）

李志军（内蒙古民族大学）

孙德智（内蒙古民族大学）

王　静（内蒙古通辽市农牧局）

王凌飞（奈曼旗蒙中药材研究发展管理中心）

乌云龙（内蒙古农业大学）

杨恒山（内蒙古民族大学）

张家桦（内蒙古民族大学）

张立东（通辽市农业科学研究院）

前　言

药用植物栽培技术成为当代健康中国必不可少的一部分,为培养既具有一定理论基础,又具有较强动手能力和创新精神的高级应用性人才,帮助广大生产者掌握药材种植新技术,提高种植水平，产生更大的社会效益和经济效益，特编写本书。

本书以中国北方常见药用植物的栽培技术为重点，由基础篇、技术篇、附录篇三部分组成。基础篇主要包括药用植物分类、药用植物生长发育、药用植物栽培和繁育技术、野生抚育及采收、加工与贮运等内容，技术篇主要介绍具有地区和用药代表性的药用植物种类，从该植物概述、生物学特性、选地与整地、繁殖方法、田间管理、病虫害防治、收获与加工、等方面详细讲述，附录部分收录了有关药用植物栽培学方面的法规或拓展知识。

本书语言简洁、明晰、规范，内容系统、实用、可操作性强，具有较强的实用性、先进性和创新性。本书可为广大药用植物栽培人员提供技术指导，可作为各类农业技术人员和农业院校师生的参考用书，还可作为高职高专中药相关专业或职业农民实用技术培训教材，也可供相关工作人员和广大药农参考。

由于编写者水平有限，时间也较仓促，本书尚存在不少缺点和错误，敬请广大读者提出宝贵意见，以便今后修订补充。

编　者

2018 年 9 月

目　录

技术篇

附录篇

绪 论

药用植物是中药的主要来源，是具有预防、诊断和控制人类疾病，增强人类自身免疫力和体魄的植物类群。随着科学技术的迅速发展和医学模式的转变，药用植物除用作药材或制药原料外，已广泛用于食品、饮料、调味剂、香料、化妆品等许多领域，在国民经济建设中起着重要作用。但近年来对药用植物资源需求日益增加，加上肆意采挖，造成许多药用植物野生资源迅速减少、枯竭甚至灭绝。因此，如何有效的保护药用植物资源，保证药材的供应，满足临床原料需求成为亟待解决的问题。

因地制宜栽培药用植物，一方面可以满足临床用药需求，有效缓解资源短缺，另一方面在保护生态环境和保护野生药用植物资源方面起着重要的作用。另外，由于人工栽培的药用植物属于特用经济作物，经济价值较高，因此，发展药材生产对促进农村经济发展和提高农民收入也有重要的意义。如内蒙古自治区（以下简称内蒙古，全书同）赤峰的北沙参、黄芪；吉林抚松的人参种植；宁夏回族自治区（以下简称宁夏，全书同）中宁的枸杞种植等，在满足国内市场的同时，有些药材已大量出口创汇，成为许多地方的支柱产业。

很早以前我国就开始了药用植物驯化和人工栽培，如《诗经》记述了在公元前 11 世纪—前 6 世纪中期已有枣、桃、梅等栽培，随着社会发展人们对药用植物栽培有了更高要求，药用植物人工栽培化已成为大势所趋。

一、药用植物栽培的任务

药用植物栽培是研究药用植物生长发育、产量和品质形成规律及其与环境条件的关系，并在此基础上采取栽培技术措施以达到稳产、优质、高效为目的的一门应用技术，其研究对象是各种药用植物的群体。

药用植物栽培是根据药用植物不同种类和品种的要求，提供适宜的环境条件，采取与之相配套的栽培技术措施，充分发挥其遗传潜力，探讨并建立药用植物稳产、优质、高效栽培的基本理论和技术体系，实现中药材质量“安全、有效、稳定、可控”的生产目标。药用植物栽培涉及保证“植物—环境—措施”这一农业生态系统稳定发展的各项农艺措施，包括了解不同药用植物的特征特性、生长发育规律及相应的栽培技术措施，满足药用植物生长发育和品质形成的要求，以提高药用植物的产量和品质。

二、药用植物栽培的特点及重要性

（一）药用植物栽培的特点

1. 涉及范围广

我国药用植物种类丰富，多达11 000多种，其中常见药用植物有500余种，依靠栽培的主要药用植物有350种左右。除常见的药用植物种类外，在许多粮食作物如薏苡、黑豆、芝麻等；蔬菜如丝瓜、芹菜、白菜等；果树如枸杞、枣、梨、山楂；百合、卷丹、菊花等花卉植物也具有药用价值，但因其生物学特性不同，其栽培方法各异，栽培时涉及植物学、植物生理学、土壤肥料学、植物病虫害防治等众多学科知识。

2. 多数研究尚处于初级阶段

我国早在2 600多年前就有关于药用植物的栽培，在长期生产实践中，人们在对药用植物的分类鉴定、选育与繁殖、栽培技术及加工贮藏等积累了丰富的经验，然而与大田粮、棉、油及蔬菜作物相比，大多数药用植物栽培沿用传统种植技术，依靠药农的经验进行生产，具有特殊生物学特性或适应范围窄的种类，其生产水平提高程度较缓慢。同时，该学科体系从建立至今只有40多年的历史，国内从事药用植物栽培和研究的专业人员十分有限，多集中于高校或研究院所，而药材产区尚缺少专业技术人员。因此，积极开展药用植物的栽培研究及培育一批具有较强药材生产技术人员具有重大的现实意义。

3. 药材的道地性

受科技水平的限制，在缺乏有效的检测标准和手段下，人们很重视药材是否来自原产地，往往以道地药材作为质优的标志。将药材与地理、生境和种植技术等特异性联系起来，把药材分为关药、北药、怀药、浙药、南药、云药及川药等。在众多的药材品种中，有些药材如四川的川芎、重庆的黄连、甘肃的当归、云南的三七等，受地理环境、气候条件等多种因素的影响而药材道地性强，这些因素不仅限定植物的生长发育，更重要的是影响药用植物次生代谢产物的积累。由于道地药材产品质量好，形成了商品化的专业生产。

4. 产品质量要求的特殊性

中药材是用于防治疾病的一类特殊商品，对质量要求严格，其活性或有效成分的含量必须符合最新版《中华人民共和国药典》的规定。中药所含药效成分、重金属含量、农药残留及生物污染情况等决定了中药材品质的好坏，其中重金属含量、农药残留及生物污染等必须低于限量标准以下，用于配方的药材要求药效成分有效和稳定，用于工厂化提取单一成分的药材，则要求活性成分含量越高越好。近年来，许多学者开始重视活性成分积累动态以及栽培技术与活性成分关系等方面的研究，科学地制定田间管理措施，确定药材适宜的采收期和科学合理的炮制方法，能有效提高药材的质量。

5. 药材生产计划的特殊性

药用植物栽培过程中，要强调品种全，种类、面积比例适当，才能满足中医用药要求。俗话说："药材多了是草，少了是宝"中药各单味药功效、性味归经各不相同，不能相互替代。因此，常用中药必须有一定规模的栽培面积，以保证供应。但栽培面积又不能过大，否则不仅影响其他作物的生产，而且可能造成积压、损失和浪费。一般地说，适用于人类多发病的品种、用量大的品种，种植面积要大，这样就可以保证常年供应，同时又要留有余地，以预防不可预测的突发性流行性疾病所需用药，所以这也是中药材生产的风险与机遇并存的原因。

（二）药用植物栽培的重要性

1. 扩大药材来源，保护人民身体健康

当今，随着回归自然的世界潮流和天然药物的迅速发展，国内外出现了药用植物开发热，许多药用植物被发现、引进或研制为食品或保健品。2002 年卫生部印发了《既是食品又是药品的物品名单》和《可用于保健食品的物品名单》，如名单中列出的山药、山楂、木瓜、龙眼肉、马齿苋等既是食品又可作药品，还有一些药用植物可作为保健食品，如人参、三七、知母、益母草、当归等，这一方面既可以保护人们身体健康，又能带动对药用植物种类和资源的开发，为生产上提供丰富的药源，保证药材供应，满足中医临床用药和中药制药企业原料供应。

2. 合理利用土地，增加农业收入

由于人工栽培的药用植物属于特用经济作物，经济价值较高，因此，发展药材生产对促进农村经济发展和提高农民收入有很重要的意义。从多年的统计数据来看，从事药用植物种植的收入是一般农作物收入的 2 ～ 3 倍，甚至 10 余倍，特别是随着近年来粮食价格的降低，药材价格的不断攀升，人们开始由种植传统粮食作物逐渐转变为药材种植，在一些地区药用植物栽培已成为地方支柱产业。另外，生产上利用药用植物生物学特性的差异进行间、混、套种，如在玉米、高粱地里，可于其株、行垄上间作穿心莲、菘蓝等；甘蔗地上套种白术、丹参、沙参等，能合理利用土地、空间和时间。

3. 增加市场份额，增加外汇收入

药材是我国传统的出口商品，国外对中医的关注度越来越高，特别是 2017 年《中医药"一带一路"发展规划（2016—2020 年）》出台，我国对"一带一路"国家和地区出口中药材及饮片 1.4 万吨，同比增长 214.98%，出口金额 4 730.31 万美元，同比增长 74.01%。对一些特色药用植物更加青睐，如内蒙古蒙药，在国内外享有很高的声誉，具不完全统计，每年有 60 余种蒙成药销往蒙古国、俄罗斯、新加坡、美、德、日等国家，这在一定程度上增加了外汇收入，带动了地区经济的发展。

4. 保护生态环境

药用植物栽培对生态环境保护也具有重要意义，一些药用植物如沙棘、黄芪、连翘、蒲公英等可在较贫瘠土壤中生长，具有防风固沙作用。特别是以前由于人们对野生甘草、防风的肆意采挖，造成西北地区草原严重的沙漠化和荒漠化。现在，甘草、防风开始进行人工栽培，既满足了国内外市场和出口创汇需要，又保护了生态环境。

基础篇

第一章　药用植物分类

第一节　药用部位分类

中药鉴定学、药用植物栽培学常按药用部位分类，药用植物的营养器官（根、茎、叶）、生殖器官（花、果实、种子）以及全株均可加工入药。按其不同入药部位，可分为十一大类，这种分类有利于比较各类药用植物的外部形态和内部构造，便于分类与应用，便于药材特征的鉴别和掌握其栽培特点。

一、根与根茎类

根和根茎是植物的两种不同器官，具有不同的外形和内部构造，这些特征是药用植物鉴定的重要依据。

根类中药没有节、节间和叶，一般无芽。根通常为圆柱形、长圆锥形、圆锥形或纺锤形等。双子叶植物根一般主根明显，常有分枝，少数根细长，有的顶端带有根茎或茎基，根茎俗称“芦头”，上有茎痕。

根茎类是一类变态茎，为地下茎的总称，包括根状茎、块茎、球茎及鳞茎等，药材中以根状茎居多。根茎类为地下茎或带有少许根部的地下茎，鳞茎则带有肉质鳞叶。根茎的形状不一，有圆柱形、纺锤形、扁球形或不规则团块状等。双子叶植物根茎外表常有木栓层，维管束环状排列，中央有明显的髓部。单子叶植物根茎通常可见内皮层环纹，皮层及中柱均有维管束小点散布，髓部不明显，外表无木栓层或具较薄的栓化组织。其次，应注意根茎断面组织中有无分泌物散布，如油点等。

大黄：有的可见类白色网状纹理及“星点”。

何首乌：皮部有 4 ～ 11 个类圆形异型维管束环列，形成云锦状花纹。

牛膝：其外周散有多数黄白色点状维管束，断续排列成 2 ～ 4 轮。

白芍：表面类白色或淡红棕色，光洁或有纵皱纹及细根痕。

黄连：味苦，形如鸡爪，有的节间表面平滑如茎杆，习称“过桥”。

板蓝根：有纵皱纹、横长皮孔样突起及支根痕。

甘草：显“菊花心”。

人参：根茎（芦头）长 1 ～ 4 cm，直径 0.3 ～ 1.5 cm，多拘挛而弯曲，具不定根（艼）和稀疏的凹窝状茎痕（芦碗）。

防风：根头部有明显密集的环纹，习称“蚯蚓头”。

茅苍术：断面黄白色或灰白色，散有多数橙黄色或棕红色油室，暴露稍久，可析出白色细针状结晶。

二、全草类

指草本植物的全部或仅包括地上部分供药用的种类，大多数指草本植物的干燥地上部分。

其药用部位为植物的茎叶或全株，如龙牙草、茵陈蒿、穿心莲、细辛、广藿香、薄荷、荆芥、泽兰、肾茶、紫苏和紫花地丁等。

少数带有根及根茎，如细辛、蒲公英等；或为小灌木的草质茎，如麻黄等。

全草类中药的鉴定应按其所包括的器官，如根、根茎、茎、叶、花、果实、种子等分别处理，并进行综合分析判断。

三、叶　类

指植物的叶或连同部分枝的叶供药用。一般采用植物完整而已长成的干燥叶，大多为单叶，如枇杷叶、艾叶；少数为复叶的小叶，如番泻叶；也有用带叶的枝梢，如侧柏叶、蓼蓝叶，及新鲜叶如鲜枇杷叶，嫩叶如苦竹叶。

叶类药物鉴定首先应观察叶片颜色、外形及组成。如完整的或破碎的，平坦的或皱缩的；单叶或复叶的小叶片；有茎枝或叶轴。质厚的叶片通常完整而平坦，如枇杷叶、桉叶等；形小而质较厚的叶片通常也是完整的，如番泻叶；质薄且形大的叶片则易破碎，皱缩，如大青叶。

由于叶类生药大多是干燥品且叶片较薄，经过采制、干燥、包装和运输等过程往往皱缩或破碎。因此，察其全角、大小和其他特征时往往需要将其浸泡在水中使之湿润并展开后才能鉴定。

四、花　类

指完整的花、花序以及花的某一部分供药用，如植物的花、花蕾或花柱。

开放的花（完整的花）入药，如洋金花、红花，花蕾，如辛夷、丁香、金银花、槐米；花序入药有菊花、旋覆花、款冬花（头状花序）；花的一部分入药，如番红花系柱头，莲须的雄蕊，松花粉、蒲黄则为花粉粒。

花类药材鉴别时首先应注意观察药材样品的形态、颜色、大小、气味。花类药材经过采制、干燥常干缩、破碎而改变了形状，常见有圆锥状、棒状、团簇状、丝状、粉末状等；颜色、气味较新鲜时淡。以完整花入药者，应注意观察花萼、花冠、雄蕊群和雌蕊群的数目，及其着生位置、形状、颜色、有无被毛、气味等。花序入药还需注意花序类别、总苞，或苞片的数目、形状、大小、颜色等。菊科植物还需观察花序托的形状、有无被毛等。另外，在鉴别时常将药材放在温水中软化，以便观察它们的构造，必要时需借助放大镜和解剖镜进行观察。

五、茎　类

指药用植物带叶或不带叶的地上部分或茎的附属物，如茎藤、茎枝、茎刺、髓等。

带叶茎枝如忍冬藤、络石藤等；木本茎藤入药如海风藤、鸡血藤、大血藤、关木通；茎枝入药如桂枝、桑枝、桑寄生、槲寄生；茎髓入药如灯心草、通草、小通草；茎钩入药如钩藤；茎刺入药如皂角刺；茎的翅状附属物入药如鬼箭羽；草本植物的茎藤入药如首乌藤、金沙藤等。药用草本植物的茎，则列入全草类中药，如麻黄、石斛等。

茎类药用植物鉴定应注意茎形状、大小、粗细、表面、颜色、质地、折断面及气味等，带叶的茎枝，还应观察叶的特征。茎类中药多呈圆柱形，也有扁圆柱形、方柱形，多有明显的节和节间，有的节部膨大并残存有小枝痕、叶痕或芽痕，表面因有木栓组织而较粗糙，有深浅不一的纵横裂纹或栓皮剥落的痕迹，并可见到皮孔。茎的断面有放射状的木质部与射线相间排列，习称“车轮纹”“菊花心”等。中央有时有髓部，有时为空洞状，质地一般较坚硬。进行鉴定时，应注意观察外部形态。气味亦是重要的鉴别依据，如海风藤味苦，有辛辣感，青风藤味苦却无辛辣感。

六、果实类

药用部位通常是采用完全成熟或将近成熟的果实。少数为幼果，如枳实，多数采用完整果实，如五味子，有的采用果实的一部分或采用部分果皮或全部果皮，如陈皮、大腹皮等，也有采用带有部分果皮的果柄，如甜瓜蒂，甚至仅采用中果皮部分的维管束组织，如橘络、丝瓜络，有的采用整个果穗，如桑椹。

鉴别果实类药材，应注意其形状、大小、颜色、顶端、基部、表面、质地、破断面及气味等。果实的顶端一般有柱基或其他附属物，下部有果柄或果柄脱落的痕迹。有的带有宿存的花被，如地肤子。果实类药材的表面大多干缩而有皱纹，肉质果尤为明显，如乌梅；果皮表面常稍有光泽，如栀子；有的具毛茸，如蔓荆子；有的可见凹下的油点，如陈皮、吴茱萸。伞形科植物的果实，表面具有隆起的肋线，如茴香、蛇床子。有的果实具有纵直棱角，如使君子。完整的果实，观察外形后，还应剖开果皮观察内部的种子，注意其数目和生长的部位（胎座）。

七、种子类

药用部位为种子、种子的一部分或种子的加工品，其药用部位大多数为完整的成熟种子（包括种皮和种仁两部分）；也有未成熟的果皮、果肉或果核、种仁，如车前子、木鳖子、栝楼、槟榔、莲心、桃仁、吴茱萸等。有的用种皮，如绿豆衣；有的用假种皮，如肉豆蔻衣、龙眼肉；有的用除去种皮的种仁，如肉豆寇；有的用胚，如莲子芯；有的则用发了芽的种子，如大豆黄卷。极少数为发酵加工品，如淡豆豉。

种子类药用植物鉴定时应注意种子形状、大小、颜色、表面纹理、种脐、合点和种脊的位置及形态、质地、纵横剖面以及气味等。种子表面常有各种纹理，如蓖麻子带有色泽鲜艳的花纹；也有的具毛茸，如马钱子；除常有的种脐、合点和种脊外，少数种子还有种阜存在，如蓖麻子、巴豆等。剥去种皮可见种仁部分，有的种子具发达的胚乳，如马钱子；无胚乳的种子，则子叶常特别肥厚，如苦杏仁。胚大多直立，少数弯曲，如王不留行、菟丝子等。有的种子水浸后种皮显黏液，如葶苈子；有的种子水浸后种皮呈龟裂状，如牵牛子。

八、树皮类

药用部位为裸子植物或被子植物（其中主要是双子叶植物）的茎干、枝和根的形成层以外部位，其中大多为木本植物茎干的皮，如黄柏、杜仲，少数为根皮，如牡丹皮、桑白皮，或为枝皮，如秦皮等。

由粗大老树上剥的皮，大多粗大而厚，呈长条状或板片状，枝皮则呈细条状或卷筒状，根皮多数呈短片状或筒状。外表颜色多为灰黑色、灰褐色、棕褐色或棕黄色等，有的树干皮外表面常有斑片状的地衣、苔藓等物附生，呈现不同颜色等。

九、木　类

指木本植物茎干的木质部分供药用，木本植物茎的形成层以内部分入药，主要由次生木质部构成，通称木材。木材可分为边材和心材两部分。边材形成晚，色浅、水分多、质疏；心材形成早，色深、质密。心材由于积累了较多的挥发油、树脂和色素类物质，颜色较深，质地致密而重，常含有特殊的成分。因此，木类中药大多数采用心材，如沉香、檀香、苏木等。木类中药多呈片块状、条状或不规则形，较坚硬，可通过形状、色泽、表面纹理与斑块、质地、气味及水试（是否沉于水底或水浸颜色）或火试（有无特殊香气及其他特殊现象）予以鉴别。

十、树脂和乳汁类

有安息香与罂粟等。

十一、菌物类

菌物类中药主要分布于真菌界子囊菌门和担子菌门，如灵芝、茯苓、银耳、猴头菌等。菌物类药物在性状上有其自身的特点，主要观察、鉴别其子实体、菌核等性状特征，包括形状、大小、表面、颜色、质地、断面、气味及水试和火试等，有的还包括孢子粉的颜色等。

第二节 药用功效分类

中药由于含有多种复杂的有机和无机化学成分，所以决定了每种中药材具有一种或多种性能和功效。医学上一般按药物性能和药理作用分类，中医学常按药物性能分为解表药、清热药、祛风湿药、理气药及补虚药等类别。

一、解表药类

凡能疏解肌表，促使发汗，用以发散表邪、解除表症的中药材称解表药。它使病人出汗或有微汗，以达到解除表症的目的。由于药物性能的不同解表药分为两大类，即辛温解表药（如紫苏、生姜、荆芥、麻黄、防风、桂枝、苍耳、葱白等）和辛凉解表药（如薄荷、桑叶、菊花、蝉蜕、浮萍、葛根等）。

二、泻下药类

凡能引起腹泻或利胃肠，促进排便的中药材称泻下药。根据药的作用可分三类，即攻下药、润下药、逐水药。攻下药适用于实热大便秘结，或饮食停滞等，如大黄、郁李仁等；润下药适用于老年人或产后津液不足而引起的排便困难，如火麻仁、郁李仁等；逐水药适用于水肿、胸腹腔积水等，如牵牛子、甘遂、芫花、商陆等。

三、清热药类

凡以清解里热为主要作用的中药材称清热药。大多具有寒凉药性，有清热、解毒、泻火、燥温等，主要用于热性病症。清热药包括清热解毒药如金银花、蒲公英、连翘、大青叶、一见喜、地丁草、白头翁、鸭跖草、射干等；清热泻火药如黄芩、黄柏、黄连、茵陈、知母、栀子、决明子、芦根、夏枯草、荷叶、胖大海等；清热凉血药如生地黄、玄参、地骨皮、丹皮、紫草、银柴胡等。

四、化痰止咳药类

能清除痰涎或减轻和制止咳嗽、气喘的中药材称化痰止咳药。如半夏、贝母、杏仁、桔梗、枇杷叶等。

五、利水渗湿药类

以通利水道、渗除水湿为主要功效的中药材称利水渗湿药。如茯苓、泽泻、金钱草、海金沙、石苇等。

六、祛风湿药类

凡能祛除肌肉、经络、筋骨的风湿之邪，解除痹痛为主要作用的中药材称祛风湿药。如木瓜、秦艽、威灵仙、风藤、络石藤、徐长卿等。

七、安神药类

凡以镇静安神为主要功效的中药材称安神药。如酸枣仁、夜交藤、远志、柏子仁等。

八、活血化瘀药类

以通行血脉、消散瘀血为主要作用的中药材称活血化瘀药。适用于血瘀引起的痛经、闭经、产后瘀血腹胀、月经不调、跌打损伤等痛症。如鸡血藤、丹参、川芎、红花、益母草、牛膝、郁金、桃仁、苏木等。

九、止血药类

具有制止体外出血作用的中药材称止血药。适用于吐血、便血、血痢、崩漏等症，如三七、艾叶、地锦、蒲黄、侧柏叶、仙鹤草、地榆、小蓟、白茅根、断血流等。

十、补益药类

能补益人体气血阴阳不足，改善衰弱状态，以治疗各种虚症的中药材称补益药。分为补气、补血、补阴、阴阳四大类。补气类如人参、西洋参、党参、黄芪、白术、甘草、大枣、五味子、山药等；补血类如当归、熟地黄、何首乌、白芍、枸杞子、桑葚、鸡血藤、阿胶、龙眼肉等；补阴药如沙参、麦冬、天冬、玉竹、百合、女贞子、旱莲草等；补阳药如补骨脂、肉松蓉、锁阳、雪莲、益智仁、杜仲等。

十一、治痛药类

用于试治癌症，并有一定疗效的中药材称治癌药。如长春花、茜草、白英、白花蛇舌草、天葵等。

第二章　药用植物栽培生理基础

第一节　药用植物生长与发育

生长是植物直接产生与其相似器官的现象。生长能引起数量、体积或重量的增加，是一个量变的过程。

发育是植物通过一系列的质变以后，产生与其相似个体的现象。发育能产生新的器官—花、种子、果实，是一个质变的过程。

一、药用植物的营养生长

（一）根的生长

胚根发育而成。根的生理功能：固定植株，从土壤中吸收水分和矿质养分，合成细胞分裂素、氨基酸等。许多药用植物的根还是重要的药用部位。如人参、丹参、党参、三七、龙胆、何首乌、麦冬等。

1. 根的分类

直根系和须根系（根形态划分）：直根系：桔梗，党参等。须根系：龙胆，麦冬等。

浅根系、深根系（入土深浅分）：浅根系绝大部分都在耕层中，如半夏、白术、山药、百合等。深根系入土较深，如药用植物黄芪，其根入土深度可超过 2 m，但 80% 左右的根系也主要集中在耕层之中。

2. 根的变态

贮藏根：依形态不同可以分为圆锥形根、圆柱形根、块根、圆球形根。

气生根：生长在空气中的根，如石斛等。

支持根：自地上茎节处产生一些不定根深入土中，并含叶绿素能进行光合作用，增强支持作用，如薏苡等。

寄生根：插入寄主体内，吸收营养物质，如桑寄生、槲寄生等。

攀缘根：不定根具有攀附作用，如常春藤等。

水生根：水生植物漂浮中的根，如浮萍。

（二）茎的生长

茎由胚芽发育而成，是植物体的营养器官，是绝大多数植物体地上部分的躯干。其上有芽、节和节间，并着生叶、花、果实等，具有背地性，有输导、支持、贮藏和繁殖的功能。

1. 茎的分类

植物的茎有地上和地下之分。地下茎是茎的变态。

2. 茎的变态

药用植物茎在长期进化过程中，为了适应环境的变化，在形态构造和生理功能上产生了许多变化。药用植物常见地下茎的变态有根茎（如薯蓣、黄精和姜等）、块茎（如半夏、天麻和马铃薯等）、球茎（亦称实心鳞茎、鳞茎状块茎. 如慈姑、唐菖蒲、番红花和荸荠）、鳞茎（如百合、贝母、洋葱、蒜和水仙花等）。地下茎主要具有贮藏和繁殖的功能。地上茎的变态也很多，如叶状茎或叶状枝（如天门冬）、刺状茎（如山楂、酸橙的单刺，皂荚的分枝刺）、茎卷须（如栝楼、葡萄和黄瓜）等。

（三）叶的生长

叶是植物的重要营养器官，主要生理功能是进行光合作用、气体交换和蒸腾作用。叶生长发育的状况和叶面积大小对植物的生长发育及产量影响极大。

1. 叶的类型

植物的叶由叶片、叶柄和托叶三部分组成。三者俱全的叶称完全叶，缺少任何一部分或两部分的叶称不完全叶。植物的叶分单叶和复叶。复叶又分为单生复叶（枳壳）、三出复叶（半夏）、掌状复叶（三七）、羽状复叶（苦参、皂角、南天竹）。

2. 叶片的构造

叶面由上表皮及附属物（蜡质或茸毛）组成。上表皮以下有栅栏组织，其细胞细长，排列紧密，含有叶绿体。栅栏组织以下为海绵组织。海绵组织中有维管束，维管束经叶柄通至茎部，是输导养分、水分的通道。海绵组织下方为下表皮，下表皮上有保卫细胞控制气孔开闭，气孔是叶片和外界交换气体和水分的通道。根外追肥时养分也能从气孔进入，被植物吸收。

3. 叶的发生与生长

茎端分生组织的周围经过细胞分裂和扩大，产生突起，形成叶原基。整个叶原基的细胞具有分裂能力，首先是顶端部分细胞分裂，使叶原基伸长形成叶轴。叶轴伸长的同时，边缘部分的细胞分裂，形成扁平的叶片。基部细胞纵向生长，分化为叶柄。禾谷类叶原基顶端细胞分生能力停止后，基部居间分生组织细胞分裂成上、下两部分，上方发育成叶片，下方发育成叶鞘。当叶片各部分形成之后，细胞仍然分裂和扩大，直到叶片成熟。单子叶植物叶片基部保持生长能力，例如，禾谷类作物叶鞘能随节间的生长而伸长，韭菜、葱等叶片被切断后，很快就能再次生长起来。

药用植物叶片的大小随植物的种类和品种不同差异较大，同时也受温、光、水、肥、气等外界条件的影响。单叶片自叶片定型至1/2叶片发黄的时期，称叶片功能期。衡量药用植物叶面积大小常用叶面积指数（LAI）表示，叶面积指数是指药用植物群体的总绿色叶面积与其所对应的土地面积之比。干物质产量最高时的叶面积指数称为最适叶面积指数，超过此值后，干物质积累量又下降。药用植物群体的叶面积指数随生长时间而变化，一般出苗时叶面积指数最小，随植株生长发育，叶面积指数增大，植物群体最繁茂的时候（禾谷类齐穗期，其他单子叶植物和双于叶植物盛花至结果期）叶面积指数达到最大，但当叶面积指数最大时，植物群体透光率最低，此后部分叶片逐渐老化、变黄、脱落，叶面积指数变小。最适叶面积指数的大小因生产水平、药用植物种类和品种以及外界环境条件（特别是日照条件）而异，是决定药用植物种植密度的重要指标。实践证明，叶片斜向上伸展、株型紧凑的药用植物，最适叶面积指数较大，而叶片平展、株型松散的药用植物，最适叶面积指数较小。

4. 叶的变态

植物的叶在长期适应环境条件的过程中，形成一些变态类型，如苞叶、鳞叶、刺状叶、叶卷须、叶刺等。

二、药用植物的生殖生长

（一）花的形成

花芽分化是营养生长到生殖生长的转折点。

大多数植物在花芽分化中逐渐在同一朵花内形成雌蕊和雄蕊，称为两性花，这一类植物称为雌雄同花植物；而有一些植物，在同一植株上有两种花，一种是雄花，另一种是雌花，这类植物称为雌雄同株植物。雌花和雄花分别生于不同植株上的植物，称雌雄异株植物，如杜仲、银杏等。花在花枝或花轴上的排列方式或开放的次序称为花序。根据花轴的生长和分枝的方式、开花的次序以及花梗长短，花序可分为无限花序（总状花序、圆锥花序、伞房花序、伞形花序、穗状花序、葇荑花序、头状花序、隐头花序）和有限花序。有些植物是有限花序和无限花序混生的。如薤白是伞形花序，但中间的花先开，又有聚伞花序的特点。

（二）开花和传粉

植物不同，其开花的龄期、开花的季节、花期长短也不同。1～2年生草本药用植物一生只开一次花，多年生植物生长到一定时期才能开花。少数植物开花后死亡（竹类植物），多数植物一旦开花，便每年都开花（但由于条件不适宜，有时也不开花），直到枯萎死亡为止。

成熟的花粉粒借助外力的作用，从雄蕊的花药传到雌蕊柱头上的过程，称为传粉。传粉的方式分为：① 自花传粉：指成熟的花粉粒落到同一朵花的柱头上的过程。② 异花传粉：是指不同花朵之间的传粉，在栽培学上常指不同植株间的传粉，如薏苡、益母草、丝瓜等。③ 常异花传粉：是指异花传粉介于5%～50%的传粉方式，以这种形式传粉的植物称常异花传粉植物。

（三）果实和种子的生长发育

果实是由子房或与子房相连的附属花器官（花托、花萼、雄蕊、雌蕊等）发育而来。多数果实是子房通过授粉、受精发育而来。种子由子房内的胚珠发育而成。多数药用植物的果实和种子的生长时间较短，速度较快。因此，用果实、种子入药或用种子繁殖的药用植物必须保证适宜的营养条件和环境条件，以利于果实和种子的正常发育。

三、植物的生命周期

一个植物体从合子经种子发芽，进入幼年期、成熟期，形成新合子的过程，称为植物的生命周期。

根据周期不同可把植物分成以下类型。

一年生植物：一年内完成种子萌发、开花结实、植株衰老死亡的过程的植物。如薏苡、红花等。

二年生植物：第一年种子萌发后进行营养生长，第二年抽薹开花结实至衰老死亡的植物。如当归、菘蓝等。

多年生植物：每完成一个从营养生长到生殖生长的周期需三年或三年以上的时间的植物。大部分多年生草本植物的地上部分每年在开花结实之后枯萎而死，而地下部分的根和根状茎、鳞状茎、块茎则可存活多年。如人参、贝母、延胡索等。其中有一部分多年生草本植物能保持四季常青，该类植物每年通过枝端和根尖生长维持形成层生长连续增大体积。多年生植物大多数一生中可多次开花结实，少数植物一生只开花结实一次，如天麻等，也有个别植物一年多次开花，如忍冬等。

四、植物生长发育的相关性

（一）顶芽与侧芽、主根与侧根的相关性

植物主茎的顶芽抑制侧芽或侧枝生长的现象叫做顶端优势。如果剪去顶芽，侧芽就可

萌发生长。由于顶端优势的存在，决定了侧芽是否萌发生长、侧芽萌发生长的快慢及侧枝生长的角度。顶芽抑制侧芽生长与内源激素水平及营养有关。

（二）地上部分与地下部分的相关性

通常用根冠比来表示两者的生长相关，即地下部分重量和地上部分重量（鲜重或干重）之比。这一比例关系称为根冠比（R/T）。在药用植物的生产中，适当调整和控制根和地下茎类药物的根冠比，对药用植物产量的提高有很大作用。在生长前期，以茎叶生长为主，根冠比达到较低值。所以，根和地下茎类（薯蓣、白芷、地黄等）在生产前期要求较高的温度，充足的土壤水分和适量的 N 肥，而到生长后期，就应适当降低土壤温度，施足 P 肥，使根冠比增大，从而提高产量。

（三）营养生长与生殖生长的相关性

在生产上，人们用协调生殖生长和营养生长间的关系，在达到提高营养生长的基础上（提高代谢源的潜力），促进生殖器官的生长（增加代谢库的容量）。山茱萸、枸杞等木本果实类药材有产量的大小年现象，这是由于营养生长和生殖生长不协调所引起，其原因与树体的营养条件与体内激素变化有关。

（四）极性与再生

极性是指植物体器官、组织或细胞的形态学两端在生理上具有的差异性（即异质性）。极性产生的原因与生长素的极性运输有关。不同器官生长素的极性运输强弱不同，茎 > 根 > 叶。再生能力就是指植物体离体的部分具有恢复植物体其他部分的能力。植物的器官、单个细胞或一小块组织利用组织培养技术再生出完整的植株，甚至分化程度很高的生殖细胞（花粉）也能诱导出完整植株。

第二节　药用植物生长发育所需的环境条件

光照、温度、水分、养分和空气等是药用植物生命活动不可缺少的，这些因子称为药用植物的生活因子。

一、温　度

（一）药用植物对温度的需求

依据药用植物对温度的不同要求，可分为四类。

1. 耐寒药用植物

一般能耐 -2 ～ -1℃的低温，短期内可以忍耐 -10 ～ -5℃低温，最适同化作用温度为 15 ～ 20℃。如人参、细辛、百合、平贝母、大黄、羌活、五味子、石刁柏及刺五加等。特别是根茎类药用植物在冬季地上部分枯死，地下部分越冬仍能耐 0℃以下，甚至 -10℃的低温。

2. 半耐寒药用植物

通常能耐短时间 -1 ～ -2℃的低温，最适同化作用温度为 17 ～ 23℃。如萝卜、菘蓝、黄连、枸杞、知母及芥菜等。在长江以南可以露地越冬，在华南各地冬季可以露地生长。

3. 喜温药用植物

种子萌发、幼苗生长及开花结果都要求较高的温度，同化作用最适温度为 20 ～ 30℃，花期气温低于 10 ～ 15℃则不宜授粉或落花落果。如颠茄、枳壳、川芎、金银花等。

4. 耐热药用植物

生长发育要求温度较高，同化作用最适温度多在 30℃左右，个别药用植物可在 40℃下正常生长。如槟榔、砂仁、苏木、丝瓜、罗汉果、刀豆、冬瓜及南瓜等。

（二）春化作用

春化作用：春化作用是指由低温诱导而促使植物开花的现象。大多数二年生药用植物（当归、白芷）和有些多年生药用植物（菊）。

植物春化作用有效温度一般在 0 ～ 10℃，最适温度为 1 ～ 7℃，但因植物种类或品种的不同，各植物所要求的春化作用温度也有所不同。药用植物通过春化的方式有两种：一种是萌动种子的低温春化，如芥菜、大叶藜、萝卜等；另一种是营养体的低温春化，如当归、白芷、牛蒡、洋葱、大蒜、芹菜及菊花等。

二、光　照

（一）药用植物对光照的需求

根据各种植物对光照度的需求不同，通常分为阳生植物、阴生植物和中间型植物。

1. 阳生植物（喜光植物或阳地植物）

要求生长在直射阳光充足的地方，其光饱和点为全光照的100%，光补偿点为全光照的3%～5%，若缺乏阳光时，植株生长不良，产量低。例如北沙参、地黄、菊花、红花、芍药、山药、颠茄、龙葵、枸杞、薏苡及知母等。

2. 阴生植物（喜阴植物或称阴地植物）

不能忍受强烈的日光照射，喜欢生长在阴湿的环境或树林下，光饱和点为全光照的10%～50%，而光补偿点为全光照的1%以下。例如人参、西洋参、三七、石斛、黄连、细辛及淫羊藿等。

3. 中间型植物（耐阴植物）

处于喜阳和喜阴之间的植物，在日光照射良好环境能生长，但在微荫蔽情况下也能较好地生长。例如天门冬、麦冬、款冬花、豆蔻、莴苣、紫花地丁及大叶柴胡等。

（二）光周期现象

植物对于白天和黑夜的相对长度的反应，称光周期现象。植物由营养生长向生殖生长转移之前，日照时数长短对各类药用植物的发育是重要的因素。

1. 长日植物

日照必须大于某一临界日长（一般12 h以上），或者暗期必须短于一定时数才能成花的植物。例如，红花、当归、牛蒡、萝卜、紫菀、木槿及除虫菊等。

2. 短日植物

日照长度只有短于其所要求的临界日长（一般12 h以下），或者暗期必须超过一定时数才开花的植物。例如紫苏、菊花、穿心莲、苍耳、大麻及龙胆等。

3. 日中性植物

对光照长短没有严格要求，任何日照下都能开花的植物。例如曼陀罗、颠茄、红花、地黄、蒲公英等。

此外，还有一些植物，只能在一定的日照长度下开花，延长或缩短日照时数都抑制开花，称为中日性植物。在引种过程中，必须首先考虑所要引进的药用植物是否在当地的光周期诱导下能够及时地生长发育、开花结实，栽培中应根据植物对光周期的反应确定适宜的播种期。通过人工控制光周期，促进或延迟开花，这在药用植物育种工作中可以发挥作用。

三、水　分

水不仅是植物体的组成成分之一，而且在植物体生命活动的各个环节中发挥着重要的作用。首先，它是原生质的重要组成成分，同时还直接参与植物的光合作用、呼吸作用、有机质的合成与分解过程；其次，水是植物对物质吸收和运输的溶剂，水可以维持细胞组织紧张度（膨压）和固有形态，使植物细胞进行正常的生长、发育及运动。所以，没有水就没有植物的生命。水分是药用植物生长发育必不可少的环境条件之一。根据药用植物对水分的适应能力和适应方式，可划分成以下几类。

1. 旱生植物

能在干旱的气候和土壤环境中维持正常的生长发育，具有高度的抗旱能力。如芦荟、仙人掌、麻黄、骆驼刺以及景天科植物等。

2. 湿生植物

生长在潮湿的环境中，蒸腾强度大，抗旱能力差，水分不足就会影响生长发育，以致萎蔫。如水菖蒲、水蜈蚣、毛茛、半边莲、秋海棠及灯芯草等植物。

3. 中生植物

对水的适应性介于旱生植物与湿生植物之间，绝大多数陆生的药用植物均属此类，其抗旱与抗涝能力不强。

4. 水生植物

生活在水中，根系不发达，根的吸收能力很弱，输导组织简单，但通气组织发达。水生植物中又分挺水植物、浮水植物、沉水植物等。如泽泻、莲、芡实等属于挺水植物；浮萍、眼子菜、满江红等属浮水植物；金鱼藻属沉水植物。

四、土　壤

土壤是药用植物栽培的基础，是药用植物生长发育所必需的水、肥、气、热的供给者。除了少数寄生和漂浮的水生药用植物外，绝大多数药用植物都生长在土壤里。因此，创造良好的土壤结构，改良土壤性状，不断提高土壤肥力，提供适合药用植物生长发育的土壤条件，是搞好药用植物栽培的基础。

土壤按质地可分为砂土、黏土和壤土。砂土通气透水性良好，耕作阻力小，土温变化快，保水保肥能力差，易发生干旱，适于在砂土种植的药用植物有珊瑚菜、仙人掌、北沙参、甘草和麻黄等。黏土通气透水能力差，土壤结构致密，耕作阻力大，但保水保肥能力强，供肥慢，肥效持久、稳定。所以，适宜在黏土中栽种的药用植物不多，如泽泻等。壤土的性质介于砂土与黏土之间，是最优良的土质。壤土土质疏松，容易耕作，透水良好，又有相当强的保水保肥能力，适宜种植多种药用植物，特别是根及根茎类的中药材更宜在壤土中栽培，如人参、黄连、地黄、山药、当归和丹参等。

各种药用植物对土壤酸碱度（pH）都有一定的要求。多数药用植物适于在微酸性或中性土壤中生长。有些药用植物（荞麦、肉桂、黄连、槟榔、白木香和萝芙木等）比较耐酸，另有些药用植物（枸杞、土荆芥、藜、红花和甘草等）比较耐盐碱。

第三节 药用植物的产量构成

一、产量概念

（一）生物产量

生物产量是指药用植物在全生育期内通过光合作用和吸收作用，即通过物质和能量的转化所生产和积累的各种有机物的总量。计算生物产量时通常不包括根系（根茎类除外）。

（二）经济产量

经济产量是指栽培目标产品的收获量。药用植物中可供直接药用或供制药工业提取原料的药用部位的产量，称之为药用植物的经济产量。

不同药用植物其药用部位器官不同，如人参、西洋参、丹参、地黄、薯蓣和牛膝等药用部位为根和根茎；细辛、薄荷、荆芥、鱼腥草和绞股蓝等药用部位为全草；宁夏枸杞、山茱萸、五味子、薏苡和罗汉果等药用部位为果实和种子；红花、番红花、菊花、忍冬和辛夷等药用部位为花蕾或开放花；杜仲、肉桂、厚朴、黄柏和牡丹等药用部位为皮类。

同一药用植物，因栽培的目的不同，其经济产量的概念也不同。如植物忍冬的花蕾作为收获对象时，可得到中药材金银花；若以其藤为收获对象则得到中药材忍冬藤。葫芦科植物栝楼，若以其根为收获对象，可种植以雄株为主得到药材天花粉；以其果实为收获对象，种植时以雌株为主，其果实的不同组织为不同用途的药材——瓜蒌、瓜蒌皮、瓜蒌仁。

经济产量占生物产量的比例，即生物产量转化为经济产量的效率，称为经济系数或收获指数。

经济产量＝生物产量 × 经济系数。

一般来说，收获营养器官的植物，如药用部位是全株（草）的，其经济系数则高（可接近 100%）；药用部位是根或根茎者，经济系数也较高（一般可达 50% ～ 70%）；药用部位为子实或花者，经济系数则较低（如番红花的药用部位为花的柱头，其经济系数更低）。

二、产量构成

药用植物的产量是指单位土地面积上药用植物群体的产量，即由个体产量或产品（药用部位）器官的数量构成。由于药用植物种类不同，其构成产量的因素也有所不同，各种药用植物产量构成因素如下。

根类：株数、单株根数、单根鲜重、干鲜比。

全草类：株数、单株鲜重、干鲜比。

果实类：株数、单株果实数、单果鲜重、干鲜比。

种子类：株数、单株果实数、每果种子数、种子鲜重、干鲜比。

叶类：株数、单株叶片数、单叶鲜重、干鲜比。

花类：株数、单株花数、单花鲜重、干鲜比。

皮类：株数、单株皮鲜重、干鲜比。

三、药用植物产量形成的特点

药用植物产量的形成与器官的分化、发育及光合产物的分配和积累密切相关，了解其形成规律是采用先进的栽培技术，进行合理调控，实现稳产和高产的基础。

（一）产量因素的形成

产量因素的形成是在药用植物整个生育期内不同时期依次而重叠进行。如果把药用植物的生育期分为三个阶段，即生育前期、中期和后期。那么以果实种子类为药用收获部位的药用植物，生育前期为营养生长阶段，光合产物主要用于根、叶、分蘖或分枝的生长；生育中期为生殖器官分化形成和营养器官旺盛生长并进期；生育后期为结实成熟阶段，光合产物大量运往果实或种子，营养器官停止生长且重量逐渐减轻。一般来说，前一个生长时期的生长是后一个时期生长的基础，营养器官的生长和生殖器官的生长相互影响，相互联系。生殖器官生长所需要的养分，大部分由营养器官供应。因此，只有营养器官生长良好，才能保证生殖器官的形成和发育。以根或根茎为产品器官的药用植物，生长前期主要以茎叶的生长为主，根冠比低；生长中期是地上茎叶快速生长，地下部分（根、根茎）开始膨大、伸长，地上地下并进期，根冠逐渐变大，生长后期以地下部增大为主，根冠比值逐渐增大，当二者的绝对重量差达到最大值时收获，根或根茎类药用植物达到优质、高产。

（二）干物质的积累与分配

如前所述，药用植物在生育期内通过绿色光合器官将吸收的太阳辐射能转为化学能，将叶片和根系从环境中吸收的二氧化碳、水及矿质营养合成糖类，然后再进一步转化形成各种有机物，最后形成有经济价值的产品。因此，从物质生产的角度分析，药用植物产量实质上是通过光合作用直接或间接形成的，并取决于光合产物的积累与分配。药用植物光合生产的能力与光合面积、光合时间及光合效率密切相关。光合面积，即叶片、茎、叶鞘及结实器官能够进行光合作用的绿色面积。其中，绿叶面积是构成光合面积的主体；光合时间是指光合作用进行的时间；光合效率指的是单位时间、单位叶面积同化 CO_2 的毫克数或积累干物质的克数。一般说来，在适宜范围内，光合面积越大，光合时间越长，光合效率又较高，光合产物非生产性消耗少，分配利用较合理，就能获得较高的经济产量。作物种类或品种不同，生态环境和栽培条件不同，各个时期所经历的时间、干物质积累速度、积累总量及在器官间的分配均有所不同。干物质的分配随药用植物物种、品种、生育时期及栽培条件而异。生育时期不同，干物质分配的中心也有所不同。以薏苡为例，拔节前以根、叶生长为主，地上部叶片干重占全干重的 99%；拔节至抽穗，生长中心是茎叶，其干重约占全干重的 90%；开花至成熟，生长中心是穗粒，穗粒干物质积累量显著增加。

第四节　药用植物品质形成及影响因素

一、药用植物品质的内涵

药用植物的品质是指其产品中药材的质量，直接关系到中药的质量及其临床疗效。评价药用植物的品质，一般采用两种指标：一是化学成分，主要指药用成分或活性成分的多少，以及有害物质如化学农药、有毒金属元素的含量等；二是物理指标，主要是指产品的外观性状，如色泽（整体外观与断面）、质地、大小、整齐度和形状等。

（一）化学成分

1. 药用活性成分

药用植物产品中的功效是由所含的有效成分或叫活性成分作用的结果。有效成分含量、各种成分的比例等，是衡量药用植物产品质量的主要指标。中药防病治病的物质基础是其所含化学成分，目前已明确的药用化学成分种类有：糖类、苷类、木质素类、萜类、挥发油、鞣质类、生物碱类、氨基酸、多肽、蛋白质和酶、脂类、有机酸类、树脂类、植物色素类及无机成分等。

药材中所含的药效成分因种类而异，有的含 2 ～ 3 种，有的含多种。有些成分含量虽微，但生物活性很强，含有多种药效成分的药材，其中必有一种起主导作用，其他是辅助作用。每种药材所含成分的种类及其比例是该种药材特有药理作用的基础，单纯关注药效成分种类不考虑比例是不行的。因为许多同科同属不同种的药材，它们所含的成分种类一样或相近，只是各类成分比例不同而已。

药材的药效成分种类、比例、含量等都受环境条件的影响，也可说是在特定的气候、土质、生态等环境条件下的代谢（含次生代谢）产物。有些药用植物的生境独特，我国虽然幅员辽阔，但完全相同的生境不多，这可能就是药材道地性的成因之一。在栽培药用植物时，特别是引种栽培时，必须检查分析成品药材与常用药材或道地药材在成分种类上，各类成分含量比例上有无差异，这也是衡量栽培或引种是否成功的一个重要标准。

2. 农药残留物与重金属等外源性有害物质

栽培药用植物有时需使用农药，但对农药的种类、剂量、使用时间等有严格的规定。有的土壤有重金属污染、有害生物污染，因此，农药残留物、重金属及有害生物超标者禁止作为药材上市。

（二）物理指标

1. 色　泽

色泽是药材的外观性状之一，每种药材都有自己的色泽特征。许多药材本身含有天然色素成分（如五味子、枸杞子、黄柏、紫草、红花及藏红花等），有些药效成分本身带有一定的色泽特征（如小檗碱、蒽苷、黄酮苷、花色苷及某些挥发油等），从此种意义来说，色泽是某些药效成分的外在表现形式或特征。药材是将栽培或野生药用植物的入药部位加工（干燥）后的产品。不同质量的药材采用同种工艺加工或相同质量的药材，采用不同工艺加工，加工后的色泽，不论是整体药材外观色泽，还是断面色泽，都有一定的区别。所以，色泽又是区别药材质量好坏，加工工艺优劣的性状之一。

2. 质地、重量、大小与形状

药材的质地既包括质地构成，如肉质、木质、纤维质、革质和油质等，又包括药材的硬韧度，如体轻、质实、质坚、质硬、质韧、质柔韧（润）及质脆等。坚韧程度、粉质状况如何，是区别等级高低的特征性状。药材的大小，通常用直径、长度等表示，绝大多数药材都是个大者为最佳，小者等级低下。别药材（如平贝母）是有规定标准的，超过规定的平贝母列为二等，分析测定结果表明，超过规定大小的平贝母，其生物碱含量偏低。药材的形状是传统用药习惯遗留下来的商品性状，如整体的外观形状—块状、球形、纺锤形、心形、肾形、椭圆形、圆柱形及圆锥状等，纹理情况，有无抽沟、弯曲或卷曲、突起或凹陷等。用药材大小和形状进行分等，是传统遗留下来的方法。随着中药材活性成分被揭示，测试手段的改进，将药效成分与外观性状结合起来分等分级才更为科学。

二、药用植物品质形成的生理生化基础

药用植物产品的品质则取决于所形成的特定物质，如储藏态蛋白、脂肪、淀粉、糖以

及特殊的综合产物如单宁、植物碱、萜类等的数量和质量，并随药用植物的种质、品种类型和环境条件的不同而有很大变化。药用植物的这些特性是由系统发育过程中生理生化作用所形成的机能决定的。

尽管药用植物的产品器官多种多样，所含化学成分亦多种多样，结构复杂，效用各异，但它们的品质形成和产量构成，都是通过药用植物适宜的生长发育和代谢活动及其生理生化过程来实现的。即主要是由植物体光合初生代谢产物，如糖类、氨基酸、脂肪酸等作为最基本的结构单位，通过体内一系列酶的作用，完成其新陈代谢活动，从而使光合产物转化，形成结构复杂的一系列次生代谢产物。次生代谢产物是指植物中一大类并非生长发育所必需的小分子有机化合物，其产生和分布通常有种、属、器官组织及生长发育期的特异性。药用植物的有效成分绝大多数为植物次生代谢产物，次生代谢产物的生源途径有四条：莽草酸产生的代谢产物，氨基酸的次生代谢及其产物，乙酸（通过丙二酸单酰辅酶A）途径产生的次生代谢产物，甲瓦龙酸产生的代谢产物。另外亦有代谢产物是由混合生源途径产生的。

植物体的主要化合物有糖类、脂类、蛋白质、核酸、维生素、无机盐、生物碱及色素等化学物质。以植物代谢类型来分，可分为糖类与蛋白质类两大类。含鞣质、油脂、树脂及树胶等的药用植物多属于糖类的代谢类型；而含生物碱等的药用植物多属于蛋白质类的代谢类型。例如属于糖类代谢类型的类萜，则是由异戊二烯组成的一类次生物质，据其异戊二烯数目多少不同而分为单萜、倍半萜、双萜、三萜及四萜等。单萜及倍半萜多是挥发油（如薄荷醇等），相对分子质量增高就成为树脂、胡萝卜素等较复杂的化合物；多萜（如杜仲胶等）则为高分子化合物。植物体形成萜类的前体是焦磷酸异戊烯酯。又如属蛋白质类代谢类型的天仙子胺，多存在于茄科颠茄属、曼陀罗属和天仙子属植物中。

药用植物品质形成的实质，是决定于植物体的某种代谢途径，而植物体内的代谢活动是在酶的控制下进行的，也就是由植物个体的遗传信息，通过转录和转译制成的酶来决定其代谢途径与能力，从而使植物体同化外界条件满足其生活需要，完成其生活周期，并形成一系列代谢产物，即形成药用植物的品质。在这一过程中，与植物外界环境条件有着密切关系。例如在栽培中合理地加强磷钾营养和给植物创造湿润环境等措施，则可促进糖类类型药用植物体内的糖类代谢过程，提高油脂等物质的累积量等；合理而适时地加强氮素营养和给植物以适度干旱条件等措施，则可促进蛋白质类型药用植物体内的蛋白质和氨基酸转化，可加速生物碱等有效成分在植物体的积累过程。若环境因素恶化，栽培措施不当，则影响酶的形成与活力，进而影响各条代谢途径，从而影响药用植物的产量和品质。

三、影响药用植物品质形成的因素

（一）对药用植物经济产品外观性状、质地和气味的影响因素

药用植物经济产品（药材）的色泽、形状、体积、质地及气味等质量要求，是鉴别药材品质的重要方面。其质量优劣，也是由不同药用植物种类、品种的遗传性和外界环境条件所决定的。

1. 不同产地与品质

例如在不同产地与品种上，内蒙古梁外、巴盟等地所产的甘草色枣红，有光泽，皮细，体重，质坚实，粉性足，断面光滑而味甜，质量佳；而新疆阿克苏、库尔勒等地所产的胀果甘草色淡棕褐色或灰褐色，几乎无光泽，皮粗糙，木质纤维较多，质地坚硬，粉性差，味先甜而后苦，质量较次。

2. 不同海拔高度

当归在甘肃岷县一带均栽培于海拔 2 000 ～ 2 400 m 地区，云南丽江则栽培于海拔 2 600 ～ 2 800 m 地区，产量质量俱佳，但还是有差别。

3. 栽培条件

大黄以砂质壤土为质优。广藿香苗期喜阴，成株则可在全光照下生长，茎叶粗壮，味香浓，质量好，比荫蔽条件下生产的产量、含油率和产品质量高。多年生药用植物的品质与栽培年限关系也很密切，如黄芪的根，一般以 6 ～ 7 年生产品为最好；而芍药以种植后 3 ～ 4 年采收为佳。采收季节、时间也极重要，如芍药采挖时间在 6 月下旬以后、10 月上旬以前为好，过早则生长不足，过迟则根内淀粉转化，质地不坚实，重量减轻。

4. 采收、加工

芍药根宜先厚堆曝晒，促使擦白煮透后的芍药根表皮慢慢失水收缩，并注意不断上下翻动（中午阳光强烈时还需用竹席等盖好），晾晒 3 ～ 5 d 再在室内堆放回潮 2 ～ 3 d，让水分外渗，再多晾少晒至内外干透为止，这样干燥才使其表皮皱纹细致，身干体实，内外色泽洁白光亮，不致因急速曝晒而呈干瘪状，甚至外干内湿，易于霉变。又如薄荷晴天中午收割，并立即摊开晾干或阴干，注意翻动，不能堆放，以免发酵，这样采收加工才使其色深绿，味清凉，香气浓，不霉变，有效成分含量高，品质优良。

（二）药用植物有效成分积累的影响因素

药用植物栽培中，有效成分的形成、转化和积累，是评价药材品质的重要指标和关键。

影响药用植物有效成分形成、转化和积累的因素如下。

1. 药用植物遗传物质的影响

药用植物的生长发育按其固有的遗传信息所编排的程序进行，每一种植物都有其独特的生长发育节律，植物遗传差异是造成其品质变化的内因。基因类型不变，药用植物化学成分则相对保持不变。反之，植物化学成分亦发生改变。

2. 药用植物生长年限的影响

药用植物体内有效成分的形成和积累与它的生长年限有着密切关系，这对深入掌握药用植物生长发育特性，合理采收中药材，确保药材质量有着指导意义。甘草一年生植株的根生长已较长，至秋季长 25 ～ 80 cm，根部直径 1.5 ～ 12.0 mm；栽种后第二年增长最快、增重可为上一年的 160% 左右；第三年实生根不但重量、长度、直径增长较明显，而且甘草酸（9.48%）、水溶性浸出物（42.86%）均符合药典标准，商品价格也较理想，所以栽培甘草宜在种植后的第三年秋季采收。人参过去多栽培 8 年以上才收获，近年来由于人参栽培技术不断改进，人参的收获年限已趋于适当提早。经测定， 5 年生人参有效成分含量已接近 6 年生，但 4 年生人参却只有 6 年生的一半，所以根据不同生长年限人参根的产量、活性成分含量及药理作用强度等方面综合考虑收获。现一般主张人参以 5 ～ 7 年生长期为宜，多在栽培 5 年后采收。

3. 药用植物物候期的影响

药用植物体内有效成分的累积在一年之中随季节不同、物候期不同亦有很大变化。一般而论，以植株地上部分入药的，生长旺盛的花蕾、花期有效成分积累为高；以地下部分入药的，休眠期有效成分积累为高。

4. 药用植物环境条件及栽培技术的影响

药用植物有效成分的形成、转化与积累，也受环境条件的深刻影响，主要是与海拔高度、温度、光照度和土壤等密切相关。例如，在植物生长期间适宜温度或湿润土壤或高温高湿环境，有利于促进有机体的无氮物质形成积累，特别有利于糖类及脂肪的合成，不利于生物碱和蛋白质的合成；若空气干燥和环境高温，则可促进蛋白质和与蛋白质近似的物质形成，但不利于糖类及脂肪的合成；当归主要有效成分挥发油，在半干旱气候凉爽和长期多光的生态环境条件下，其含量则高，色紫气香而肥润，力柔而善补。而在少光潮湿的生态环境下，其含量则低，非挥发性的成分如糖、淀粉等却高；光照和温度对穿心莲中的有效成分穿心莲内酯、毛地黄叶中的毛花洋地黄毒苷 C、颠茄叶中的颠茄生物碱及薄荷叶中的薄荷挥发油等均有明显影响。在光照充足、气温较高的环境下，它们的形成与积累则明显提高，含量增加；反之，则含量降低。如不同光照时间与夜间温度对薄荷中单萜类化合物含量的影响则甚为明显，在其现蕾期、始花期及盛花期特别突出。光照不足、夜间高温则极不利于其单萜类化合物的形成与积累。

药用植物在生命活动过程中，各种生化反应（包括合成已知的有效成分及各种天然产物）的原料，包含物质、能量和信息，一部分来自空气，受到气温、光照、水分等的影响；另一部分则直接由植物根系从土壤中吸取。因此，地质背景对药用植物有着特殊的潜在的资源意义。它通过岩石—土壤—药用植物向量系统，完成了地质大循环与生物小循环的统一，并通过地质、气候及生物等多因子组合的地质背景系统制约着药用植物（特别是道地药材）的分布、生长发育、产量及品质。也就是说，药用植物有效成分的形成和积累与地质背景系统有着密切的关系。因此，深入研究掌握各种生态因子，特别是其中主导生态因子对药用植物体代谢过程的作用关系，在引种驯化与栽培实践中，有意识地控制和创造适宜的环境条件，加强有效物质的形成与积累过程，则对提高中药材品质有着积极作用与重要意义。

5. 药用植物采收加工的影响

适时采收与合理加工对于药用植物内在质量的提高也有重要意义。例如，麻黄碱主要存在于麻黄地上部分草质茎中，木质茎含量很少，根中基本不含，所以采收时应割草质茎。采收时间与气候关系密切。研究发现，降雨量及相对湿度对其麻黄碱含量影响很大，凡雨季后，生物碱含量都大幅度下降。采收时间各地不一致，就是根据当地当年气温、降雨量、光照等情况而决定的。如内蒙古中部和西部的草麻黄中生物碱含量高峰期约在 9 月中下旬，此时采收最为适宜。此外，采收后干燥方法的选择也很重要，石菖蒲根茎宜采用间断日晒干法或阴凉通风处阴干法，一般不宜用烘干法，日晒干法或阴干法可使挥发油可保持在 1.6% 以上，而烘干法（60℃以下）的挥发油最多也只保持 1.4% 左右。除对采收后干燥方法应予特别讲究外，其他产地加工方法如洗、切、蒸、煮、烫、发汗、去节、去毛及去壳等的合理应用，也与药用植物品质优劣关系极为密切。

随着研究的不断深入，药用植物品质的形成及影响因素将不断被揭示，人们将能够通过创造适宜的条件，调节或控制药用成分的形成、转化与积累过程，以达到有效提高中药材质量的目的。

第三章　种植制度与土壤耕作

第一节　种植制度

一、种植制度的含义与功能

种植制度的含义：指一个地区或生产单位的作物组成、配置、熟制与种植方式的综合。

种植制度的功能：种植制度具有宏观布局功能，对一个单位（农户或地区）土地资源利用与种植业结构进行全面安排。种植制度根据当地自然与社会经济条件，做出农、林、牧配置、作物结构与配置、熟制及种植制度分区布局的优化方案。

二、栽培植物布局（作物布局）

栽培植物布局是指一个地区或生产单位种植结构与配置的总称。种植结构包括种植的种类、品种、面积、比例等。配置是指种植植物在区域或田地上的分布，即解决种什么植物、种多少与种在哪里的问题。

栽培植物布局和种植制度关系：栽培植物布局是种植制度的主要内容与基础。有了确定的种植植物结构，才可以进一步安排适宜的种植方式，包括复种、间套作、轮作与连作等。栽培植物布局也受复种、轮作等种植方式的影响。

三、复　种

复种是指在同一田地上一年内接连种植两季或两季以上作物的种植方式。耕地复种程度的高低，通常用复种指数来表示，即全年总收获面积占耕地面积的百分比。

公式为：复种指数 =（全年种植植物总收获面积 ÷ 耕地面积）× 100%

熟制是我国对耕地利用程度的另一种表示方法，以年为单位表示种植的季数。一年三熟、一年两熟、两年三熟、一年一熟、五年四熟等都称为熟制。其中，对年播种面积大于耕地面积的熟制，又称多熟制。

休闲指耕地在可种植植物的季节只耕不种或不耕不种等方式。耕地休闲是一种恢复地力的技术措施，其目的主要是使耕地短暂休息，减少水分、养分消耗，蓄积雨水，消灭杂草，促进土壤潜在养分转化，为后作植物创造良好的土壤条件。

四、间、混、套作

（一）间作、混作及套作的概念

单作是指在同一块田地上一个完整的生育期内只种植同一种作物的种植方式。人参、西洋参、当归、郁金、菊花、莲子等单作居多。

间作是指在同一田地上于同一生长期内，分行或分带相间种植两种以上植物的种植方式。比如在玉米、高粱地里，可于其株、行垄上间作穿心莲、菘蓝、补骨脂、半夏等。

混作是指在同一块田地上，同时或同季节将两种或两种以上生育季节相近的植物、按一定比例混合撒播或同行混播种植的方式。混作与间作的配置形式不同，间作利用行间，混作利用株间。

套作是指在前季植物生长后期的株行间播种或移栽后季植物的种植方式，称为套种。如甘蔗地上套种白术、丹参、沙参、玉竹等。它主要是一种集约利用时间的种植方式。

立体种植是指在同一农田上，两种或两种以上的作物（包括木本）从平面、时间上多层次地利用空间的种植方式。

立体种养是指在同一块田地上，植物与食用微生物、鱼类等分层利用空间种植和养殖的结构，如玉米（甘蔗）和菌菇、莲子和鱼共同种养；或在同一水体内，高经济价值的水生或湿生药用植物与鱼类、贝类相间混养、分层混养的结构，如藻（海带）和扇贝、海参共养。

（二）间作、混作、套作的技术原理

1. 选择适宜的植物种类和品种搭配

在株型方面，要选择高秆与矮秆、垂直叶与水平叶、圆叶与尖叶、深根与浅根植物搭配。

在适应性方面，要选择喜光与耐荫，喜温与喜凉，耗氮与固氮等植物搭配。根系分泌物要互利无害，注意植物间的他感作用。

在品种熟期上，间、套作中的主栽植物生育期可长些，副作物生育期要短些；在混作中生育期要求要一致。

2. 建立合理密度和田间结构

通常情况下主栽植物应占较大的比例，其密度可接近单作时密度，副栽植物占较小比例，密度小于单作，总的密度要适当，既要通风透光良好，又要尽可能提高叶面积指数。

3. 采用相应栽培管理措施

在间、混、套作情况下，存在争光、争肥、争水的矛盾。为确保丰收，必须提供充足

的水分和养分，使间套作植物平衡生长。通常因植物、地块增施肥料和合理灌水，因栽培植物品种特性和种植方式调整好播期，做好间苗、定苗、中耕除草等管理。

（三）间作、混作、套作类型

1. 间作、混作类型

间、混作类型很多，除常规的作物、蔬菜间、混作类型外，还有粮药、菜药、果药、林药间、混作类型。

2. 套作类型

以棉为主的套作区，可用红花、芥子、王不留行、莨菪等代替小麦。以玉米为主的套作，有玉米套郁金、川乌套种玉米。

五、轮作与连作

（一）概　念

轮作是在同一田地上有顺序地轮换种植不同植物的栽培方式。

连作是在同一田地上连年种植相同作物的种植方式。

（二）轮作倒茬作用

药用植物栽培中，根类占70%左右，并且存在着一个突出问题：绝大多数根类药材“忌”连作。连作使药材品质和产量均大幅下降。目前对连作障碍及其机制和调控研究甚少，而植物他感作用正是植物发生连作障碍的重要因素之一。如玄参、北沙参、太子参、白术、天麻、当归、大黄、黄连、三七、人参等。

轮作的作用如下。

一是减轻农作物病虫草害。

二是协调、改善和合理利用茬口：① 协调不同茬口土壤养分供应（豆科与叶类药材）；② 避免植物自毒作用的为害（根分泌物）；③ 改善土壤理化性状，调节土壤肥力（水旱轮作）。

三是合理利用农业资源，经济有效地提高产量。

（三）连　作

1. 不同作物、药用植物对连作的反应

忌连作的作物、药用植物：以玄参科的地黄、薯蓣科的山药，茄科的马铃薯、烟草、番茄，葫芦科的西瓜等为典型代表。这类植物需要间隔5、6年以上。

耐短期连作作物、药用植物：甘薯、紫云英、菊花、菘蓝等作物，对连作反应的敏感

性属于中等类型。这类作物在连作 2、3 年内受害较轻。

耐连作作物、药用植物：水稻、甘蔗、玉米、麦类、莲子、贝母及棉花等作物。其中水稻、棉花耐连作程度最高。

2. 连作的应用

连作应用的必要性：同一植物多年连作会产生许多不良后果。但当前生产上连作相当普遍，这是由于：社会需要决定连作。有些作物，如粮、棉、糖等，是人类生活必不可少的，经济需求量大，不实行连作便满足不了全社会对这些农产品的需求。资源利用、经济效益也决定连作。

连作应用的可能性：某些植物具有耐连作特性。新技术推广应用允许连作，如采用先进的植保技术，以高效低毒的农药、除草剂进行土壤处理或茎秆叶片处理，有效减轻病虫草为害。

第二节　土壤耕作

土壤耕作是最基本的农业技术措施，对改善土壤环境，调节土壤中水、肥、气、热等因素之间的矛盾，充分发挥土地的增产潜力起着重要作用。

一、土壤耕作技术原理

（一）土壤耕作与土壤、气候、植物的关系

土壤耕作是用机械方法，改善耕层土壤的物理状况，调节土壤固相、液相、气相的比例关系，建立良好的耕层构造，以协调土壤中的水、肥、气、热等诸因素。

气候条件直接影响土壤结构变化，从而影响植物根系的生长发育。土壤是植物和动物赖以生活的基础，植物和动物也为土壤提供物质资源。如植物残体及根茬还田和动物粪便等，通过土壤微生物活动，有机质被分解成腐殖质或矿质养分；植物根系在土壤内穿插和蚯蚓的松土活动可以改善土壤物理状况，提高土壤肥力。

（二）土壤耕作任务

1. 创造和维持良好的耕层构造

耕作层（简称耕层）是耕地表面到犁底层的土层，通常 15 ～ 25 cm 深。耕层构造为耕层土壤中固相、液相、气相的比例。农业生产中耕层构造受自然、生物和人为因素的影响，变坏或变好。

2. 创造适宜播种的表土层

药用植物不同生长时期对耕层表面状态的要求也不相同。播前土壤耕作要精细整地，一般要求地面平整，土壤松散，无大土块，表土层上虚下实。

3. 翻埋残茬和绿肥

播前地表常存在前作的残茬、秸秆、绿肥及其他肥料，需要通过耕作翻入土中，经过土壤微生物活动使其分解，并通过耕地、旋耕等将肥料与土壤混合，使土肥相融，调节耕层养分分布。

4. 防除杂草和病虫害

翻耕可将残茬、杂草及表土内的害虫、虫卵、病菌孢子翻入下层土内，使之窒息，也可将躲藏在表土内的地下害虫翻到地表，经曝晒或冰冻消灭。此外还是防除杂草的主要措施。

（三）土壤耕性与耕作质量

1. 土壤耕性和宜耕性

在耕作过程中，土壤物理机械特性的综合反映，称为土壤耕性。土壤耕性影响耕作的难易、宜耕期的长短和耕作质量好坏。适宜耕作状态的土壤耕性又称为土壤宜耕性。

2. 影响耕性的因素

（1）土壤质地

质地是决定土壤耕性好坏。黏土湿时易粘农具，产生垡条，工作质量和效能较差；干时耕作土质变硬，阻力大，耕作困难，质量差，效能较低。砂壤土、砂土疏松易耕，宜耕期较长，但砂土不易团聚易流失，肥力不高。壤土有机质多，结构好，土质疏松，耕性最好，肥力也较高。

（2）土壤有机质含量

土壤有机质多，能使黏质土疏松，黏着力、可塑性减少，另外由于土壤有机质含量多，相应的增加了有效腐殖质含量，使土壤结构得到改善。有机质多的土壤，易于耕作，耕作质量好，且宜耕期较长。

（3）土壤含水量

土壤最适宜耕作的含水量范围称为宜耕范围或宜耕期。一般以土壤水分含量达到田间最大持水量的40%～60%（湿润状态）为宜。

二、土壤耕作措施及其作用

根据对土壤耕层影响范围及消耗动力，将耕作措施分为基本耕作和表土耕作两类。

基本耕作是影响全耕作层的耕作措施，对土壤的各种性状有较大影响。表土耕作作为基本耕作的辅助性措施，主要影响表土层。

（一）土壤基本耕作

土壤的基本耕作措施包括耕翻、深松和上翻下松三种方法。

主要作用：翻转耕层土壤，改善耕层理化和生物状况，通过翻转耕层土壤，将上下层土壤交换，促进土壤熟化；耕翻还可以消除地表残茬、杂草和病虫害，调整养分垂直分布，有利于根的吸收；疏松耕层，增强土壤通气性，促进好气微生物活动，使养分分解释放。

1. 耕　翻

使用各种式样的有壁犁进行全层翻土。由于犁的结构和犁壁形式不同，壁片的翻转有半翻垡、全翻垡和分层翻耕三种。① 半翻垡。犁将垡片翻转 135°，我国机耕多用此法。② 全翻垡。将垡片翻转 180°，适用于耕翻牧草地、荒地、绿肥地或杂草严重地，消耗动力大，碎土作用小，不适于熟地。③ 分层耕翻。用复式犁将耕层上下分层翻转，覆盖比较严密，但技术要求高，耕翻黏重土壤耗费大。

2. 深　松

深松是用无壁犁或深松铲进行不翻土的深松耕作。深松能使耕层疏松，地表较平整，但不能翻埋肥料、残茬和杂草。

3. 上翻下松

在耕作层较浅情况下应用，不让生土翻上来，南方地区生产上常用。北方麦茬地，压绿肥和施有机肥以及秸秆还田地块，或草荒严重的大豆、玉米茬地，也常用上翻下松的方法进行基本耕作。

4. 耕地深度、时期与深耕后效

（1）耕地深度

耕地深度根据药用植物种类、气候特点和土壤特性而定，一般以药用植物根系集中分布范围为度。根据土壤特性，黏土质地细而紧密，通透性差，土壤潜在肥力较高，深耕增产效果较显著。砂土质地粗糙疏松，通透性好，根系容易下扎，深耕效果不显著。

（2）耕地时期

最好在前作收获后，土壤宜耕期立即进行。

（3）深耕后效

深耕后效因土壤特性、施用有机肥数量、气候条件等情况而异。土壤肥沃、质地疏松、结构良好的，深耕后效较长。在少雨地区，有冻土层、施有机肥多的，深耕后效也较长；反之则较短。但黏重土壤深耕，由于将一些生土翻上来，当季反而减产，第二、第三季作物才表现增产效果。

（二）表土耕作措施和作用

表土耕作是用农机具改善0～10 cm的耕层土壤状况的措施，主要包括耙地、旋耕、镇压、开沟、作畦、起垄、筑埂、中耕、培土等。

1. 耙　地

耙地有疏松表土，耙碎土块，破除板结，透气保墒，平整地面，混拌肥料，耙碎根茬，清除杂草以及覆盖种子等作用。

2. 旋　耕

用旋耕机进行整地，一次完成耕、耙、平、压等作业。旋耕深度一般12 cm左右，单用旋耕机会使耕层变浅。

3. 镇　压

镇压有压实土壤，压碎土块和平整地面的作用。播种前后适当镇压，可使种子与土壤密切接触，促进毛管水上升，以利种子吸水萌芽，出苗整齐粗壮。但盐碱地不宜镇压，以免引起返盐。

4. 开沟、作畦、起垄、筑埂

开沟可在药用植物播前或播后整个生育期进行。方便排灌，提高排灌质量；防渍排涝，利于降低地下水位等。

土壤翻耕、整地后作畦，有高畦、平畦和低畦。高畦：畦面比畦间步道高10～20 cm，可以提高土温，加厚耕层，便于排水。适于栽培根及根茎药材。雨水较多、地下水位高，地势低洼地多采用。平畦：畦面与畦间步道高相平，保水性好，一般地下水位低、土层深厚、排水良好地区采用。低畦：畦面比畦间步道低10～15 cm，保水力强。降雨量少，易干旱地区或种植喜湿性药材采用。块根、块茎药用植物常用起垄栽培。起垄可加厚耕作层和提高土温，有利于地下器官的生长发育，也有利于排水和防止风蚀。

5. 中　耕

中耕是生长期间常用的表土耕作措施。有疏松表土，破除板结，增加土壤通气性，提高土温，铲除杂草以及促进好气微生物活动和根系伸展的作用。

6. 培　土

培土常与中耕结合进行，将行间的土培向植株基部，逐步培高成垄。主要有固定植株、防止倒伏，增厚土层利于块根、块茎的发育，及防止表土板结，提高土温，改善土壤通气性，覆盖肥料和压埋杂草等作用。

第四章　药用植物繁殖技术

植物繁殖包括有性的种子繁殖和无性的营养繁殖两大类。有性繁殖是由雌雄两性配子结合形成种子产生新个体；无性繁殖是由植物营养器官（根、茎、叶等）的一部分培育出新个体。植物组织和细胞培养所繁殖的新个体，也属于无性繁殖范畴。

第一节　营养繁殖

营养繁殖是以植物营养器官为材料，利用植物的再生能力、分生能力以及与另一植物通过嫁接愈合为一体的亲和能力来繁殖和培育植物的新个体。

再生能力是指植物体的一部分能够形成自己所没有的其他部分的能力，如叶扦插后可长出芽和根，茎或枝扦插后可长出叶和根。

分生能力是指植物能够长出新的营养个体的能力，包括产生可用于营养繁殖的一些特殊的变态器官，如鳞茎、球茎、根状茎等。

一、营养繁殖的特点

优点：营养繁殖是由分生组织直接分裂的体细胞所得的新植株，故其遗传性与母体一致，能保持其优良性状。同时新植株的个体发育阶段是在母体的基础上的继续发育，发育阶段往往比种子繁育的实生苗高，有利于提早开花结实。木本药用植物用种子苗繁殖，生长慢、开花结果晚；若采用结果枝条扦插、嫁接繁殖就可提早 3 ～ 4 年开花结实。尤其对无种子的、有种子但种子发芽困难的，以及实生苗生长年限长、产量低的药用植物，营养繁殖则更为必要。

缺点：营养繁殖苗的根系不如实生苗的发达（嫁接苗除外）且抗逆能力弱，有些药用植物若长久使用营养繁殖易发生退化、生长势减弱等现象。

二、营养繁殖方法

营养繁殖方法有分离、压条、扦插、嫁接等，常用分离与扦插。

（一）分离繁殖

分离繁殖是将植物的营养器官如根茎或匍匐枝切割而培育成独立新个体的一种繁殖方法，此法简便，成活率高。类型：分株繁殖；变态器官繁殖。

1. 分株繁殖

分株繁殖是利用根上的不定芽、茎或地下茎上的芽产生新梢，待其地下部分生根后，切离母体，成为一个独立的新个体。

使用范围：凡是易生根蘖或茎蘖的植物都可以用这种方法繁殖。如牡丹、芍药、砂仁、射干等。

2. 变态器官繁殖

根据繁殖材料采用母株部位的不同，可分为以下几类：根茎繁殖：薄荷。块茎繁殖：天南星、半夏。球茎繁殖：如番红花等。鳞茎繁殖：如百合、贝母等。块根繁殖：如地黄、何首乌、白及等。珠芽繁殖：如卷丹、黄独、半夏等。变态器官繁殖具体时间也因各地气候条件而定，一般南方春、秋均可进行，而北方宜在春季进行。

3. 分离繁殖时期

一般在春、秋两季。春天在发芽前进行，秋天在落叶后进行，具体时间依各地气候条件而定。花木类要注意分株对开花的影响。一般夏秋开花的宜在早春萌发前进行，春天开花的则在秋季落叶后进行。这样在分株后能保证有足够的时间使根系愈合并长出新根，有利于生长，且不影响开花。

4. 分离方法

在繁殖过程中要注意繁殖材料的质量，分割的苗株要有较完整的根系。球茎、鳞茎、块茎、根茎应肥壮饱满，无病虫害。块根和块茎材料在割下后，先晾 1 ～ 2 d，使伤口稍干，或拌草木灰，促进伤口愈合，减少腐烂。为提高成活率，处理后的繁殖材料要及时栽种。

（二）扦插繁殖

扦插繁殖是利用植物营养器官的均衡作用，自母体割取任何一部分（如根、茎、叶等），在适当条件下插入土、沙或其他基质中，利用其分生或再生能力，产生新的根、茎，成为独立新植物的一种繁殖方式。扦插繁殖经济简便，生产上广泛使用。

1. 扦插的生物学基础

不定根的形成：不定根由植物的茎、叶等器官发出，因其发根位置不定，所以称不定根。不同植物的器官再生能力有很大差异，而同一植物的同一器官由于脱离母体的生长发育时期不同，再生能力也有所差异。

不定芽的形成：定芽发生于茎的一定位置，即节上叶腋间；而不定芽的发生则没有一定位置，在根、茎、叶上都可能分化发生，但大多数在根上发生。

极性：在扦插的再生作用中，器官的生长发育均有一定的极性现象。无论枝条还是根段都总是下端发生新根，而在上端发出新梢，因此在扦插时注意不要倒插。

2. 影响扦插生根成活的因素

（1）内在因素

植物种类和插条的年龄及部位。插条生根成活首先取决于植物的种类或品种。种类或品种以及同一植物根不同的部位，根的再生能力有很大差异。如连翘、菊花等枝插最易生根，玉兰等次之，山楂、酸枣根插则易成活，枝插不易生根。

枝条的发育状况。枝条发育是否充实与否，营养物质的含量，对插条的生根成活有很大影响。糖类和含氮有机物是发根的能源物质，插条内这些物质的积存量与插条成活率和苗株生长有密切关系。

（2）外界因素

扦插基质。土壤质地直接影响到扦插枝条的生根成活。重粘土易积水、通气不良；而砂土孔隙大、通气良好，但保水力差，都不利于扦插。扦插地宜选择结构疏松、通气良好、能保持稳定土壤水分的沙质壤土。生产上采用蛭石、泥炭等作扦插基质，就是为了既通气又保湿。

温度。春季扦插时，气温比地温上升快。气温高，枝条易于发芽；但地温低不利于发根，往往造成枝条死亡。所以，扦插时如能提高地温则有利于插条生根成活。一般白天气温达 21 ～ 25 ℃，夜温为 15 ℃，土温为 15 ～ 20 ℃或略高于平均气温 3 ～ 5 ℃时，就可以满足生根需要。

水分。扦插后，插条需保持适当的湿度。要注意灌水，使土壤水分含量不低于田间持水量的 60% ～ 70%，大气湿度以 80% ～ 90% 为宜，以避免插条水分散失过多而枯萎。目前有些条件好的地区采用露地喷雾扦插，增加空气湿度，大大提高了扦插成活率。

氧气。氧气对扦插生根也很重要。如果扦插基质通气不良，插条因缺氧而影响生根。

光照。光照可提高土壤温度，促进插条生根。带叶的绿枝扦插，光照有利于叶进行光合作用制造养分，在此过程中所产生的生长激素有助于生根。但是强烈的直射光照会灼伤幼嫩枝条。因此，有时需要进行适当的遮阴。

3. 扦插时期

扦插时期，因植物种类、特性、扦插方法和气候不同而异。草本植物适应性较强，扦插时间要求不严，除严寒或酷暑外，其他季节均可进行。木本植物扦插可分为休眠期扦插和生长期扦插。落叶树大多采用休眠期扦插，少数也可以在生长期间扦插。常绿植物多在

6—7 月梅雨季节进行。

4. 扦插方法

（1）硬枝扦插

插条为已木质化的一年生或多年生枝进行扦插就是硬枝扦插。选择生长健壮且无病虫害的 1 ～ 2 年生枝条，一般于深秋落叶后至次年芽萌动前采集；冬季采穗翌年春季扦插的，可将插穗打好捆，挖坑沙藏过冬。根据植物种类的特点，选择枝条芽质最佳部位截成适宜长度的插穗。落叶树种一般以中下部插穗成活率高，常绿树种则宜选用充分木质化的带饱满顶芽的梢作插穗为好。每个插穗保留 2 ～ 3 个芽，有些生长健壮的也可以保留 1 个芽。

（2）绿枝扦插

插条为尚未木质化或半木质化的新梢，随采随插的扦插就是绿枝扦插。

（3）根插法

根插法是切取植物的根插入或埋入土中，使之成为新个体的繁殖方法，又称为分根法。凡根上能形成不定芽的药用植物都可以进行根插繁殖，如杜仲、厚朴、山楂等树种的根具有萌发不定芽的特点。

5. 促进插条生根成活的方法

（1）机械处理

主要用于不易成活的木本药用植物扦插。

剥皮：对枝条木栓组织比较发达，较难发根植物，插前先将表皮木栓层剥去，对发根有良好的促进作用。剥皮后能加强插条吸水能力，幼根也容易长出。

纵刻伤：用手锯在插条基部第 1 ～ 2 节的节间刻划 5 ～ 6 道伤口，刻伤深达韧皮部（以见绿色皮为限度），对刺激生根有一定效果。在植物用生长素处理时，刻伤能增加植物对生长素的吸收，促进生根。

环剥：剪枝条前 15 ～ 20 d，对将作插条的枝梢环剥，宽 3 ～ 5 mm。在环剥伤口长出愈伤组织而未完全愈合时，剪下枝条进行扦插。

缢伤：剪枝条前 1 ～ 2 周，对将作插穗枝梢的用铁丝或其他材料绞缢。

剥皮、纵刻伤、环剥、缢伤之所以能促进生根，是由于处理后生长素和糖类积累在伤口区或环剥口上方，并且加强了呼吸作用，提高了过氧化氢酶的活动，从而促进细胞分裂和根原体的形成，有利于促发不定根。

（2）黄化处理

扦插前选取枝条用黑布、泥土等封裹，遮阳，三周后剪下扦插，易于生根。原理是黑暗促进根组织的生长，解除或降低植物体内一些物质如色素、油脂、樟脑、松脂等对细胞生长的抑制，促进愈伤组织的形成和根的发生。

（3）温水处理

有些植物枝条中含有树脂，常妨碍插条切口愈伤组织的形成且抑制生根。可将插条浸入 30 ～ 35 ℃的温水中 2 h，使树脂溶解，促进生根。

（4）加温处理

早春扦插常因温度低生根困难，需加温催根，方法有温床和冷床两种。

（5）化学药剂处理

药剂处理能显著增强插条新陈代谢作用。常用的化学药剂有高锰酸钾、醋酸、二氧化碳、氧化锰、硫酸镁、磷酸等，用高锰酸钾溶液处理插条，可以促进氧化，使插条内部的营养物质转变为可溶状态，增强插条的吸收能力，加速根的发生。一般采用的浓度为 0.03% ～ 0.1%，对嫩枝插条用 0.06% 左右的浓度处理为宜。处理时间依植物种类和生根难易不同。生根较难的处理 10 ～ 24 h ；较易生根的处理 4 ～ 8 h。

（6）生长调节剂处理

生长调节剂处理可促进插条内部新陈代谢，提高水分吸收，加速贮藏物质分解转化；同时促进形成层细胞分裂，加速插条愈伤组织形成。生产上常用的生长调节剂有萘乙酸、ABT 生根粉、吲哚乙酸、吲哚丁酸等。处理方法有液剂浸渍、粉剂蘸粘。应用该方法时注意：生长调节剂浓度过大时，其刺激作用会转变为抑制作用，使有机体内的生理过程遭到破坏，甚至引起中毒死亡。

（7）其他处理

一些营养物质也能促进生根，如蔗糖、葡萄糖、果糖、氨基酸等。丁香、石竹等插条下端用 5% ～ 10% 蔗糖溶液浸泡 24 h 后扦插，生根成活率显著提高。一般来说，单用营养物质促进生根效果不佳，配合生长素使用效果更为明显。

第二节　药用植物种子繁殖

种子繁殖具有简便、经济、繁殖系数大、有利于引种驯化和培育新品种的特点，是药用植物栽培中应用最广泛的一种繁殖方法。由种子萌发生长而成植株称实生苗。由种子繁殖产生的后代容易发生变异，开花结实较迟，尤其是用种子繁殖的木本药用植物成熟年限较长。

一、种子的采收

药用植物种子的成熟期随植物种类、生长环境不同而差异较大。掌握适宜的采种时间十分重要。种子成熟包括形态成熟和生理成熟。

生理成熟就是种子发育到一定大小，种子内部干物质积累到一定数量，种胚已具有发芽能力。形态成熟就是种子中营养物质停止了积累，含水量减少，种皮坚硬致密，种仁饱满，具有成熟时的颜色。一般情况下，种子的成熟过程是经过生理成熟再到形态成熟。但也有些种子形态成熟在先而生理成熟在后。如：浙贝母、刺五加、人参、山杏等。

当果实达到形态成熟时，种胚发育没有完成，种子采收后，经过贮藏和处理，种胚再继续发育成熟。也有一些种子的形态成熟与生理成熟几乎是一致的，如泡桐、杨树。真正的成熟种子包括生理成熟和形态成熟两个方面。种子成熟度对发芽率、幼苗长势、种子耐藏性均有影响，应采收充分成熟的种子。凡种子成熟后不及时脱落的植物可以缓采，待全株的种子完全成熟时一次采收，如朱砂根的种子。否则，宜及时分批采收，或待大部分种子成熟后将果梗割下，后熟脱粒，如穿心莲、白芥子、白芷、北沙参、补骨脂等应随熟随采，避免损失。

二、种子的寿命

种子生活力是指种子能够萌发的潜在能力或种胚具有的生命力。种子生活力在贮藏期间逐渐降低，最后完全丧失。

种子的寿命是指种子从发育成熟到丧失生活力所经历的时间。种子的寿命因药用植物种类不同而有很大差异，根据寿命不同，种子可划分为三种类型：短命种子、中命种子、长命种子。

1. 短命种子

寿命在 3 年以内。短命种子往往只有几天或几周的寿命。对于这类种子，在采收后必须迅速播种。短命药用植物种子多是一些原产热带、亚热带的药用植物以及一些春花夏熟的种子。如很多热带植物可可属、咖啡属、金鸡纳树属、古柯属、荔枝属等的种子很容易劣变，延迟播种便会丧失种子生活力。春花夏熟的种子如白头翁、辽细辛、芫花等寿命也很短。

2. 中命种子

寿命为 3 ～ 15 年。如大黄、丝瓜、南瓜以及桃、杏、核桃、郁李等木本药用植物种子和黄芪、甘草、皂角等具有硬实特性的种子，其发芽年限为 5 ～ 10 年。

3. 长命种子

寿命为 15 ～ 100 年或更长。在长命种子中，以豆科植物居多，其次是锦葵科植物。如豆科的多对野决明种子寿命超过 158 年。在农业生产中，种子的寿命以达到 50% 以上发芽率的贮藏时间为衡量标准。一个群体发芽率降到 50% 时，称该群体的寿命，或称该种子的半活期。

特殊性：对于药用植物来说，应根据药用植物的不同区别对待。有的药用植物即使是新鲜种子，发芽率也不高，如白芷、柴胡等，种子标准不能过高。

三、种子品质的检验

种子品质检验又称种子品质鉴定。药用植物种子品质（质量）包括品种品质和播种品质。

种子检验包括田间检验和室内检验两部分。田间检验是在药用植物生长期内，到良种繁殖田内进行取样检验，检验项目以纯度为主，其次为异作物、杂草、病虫害等。室内检验是种子收获脱粒后到晒场、收购现场或仓库进行扦样检验，检验项目包括净度、发芽率、发芽势、生活力、千粒重、水分、病虫害等。其中，净度、重量、发芽率、发芽势和生活力是种子品质检验中的主要指标。

（一）种子净度

种子净度（又称种子清洁度）是纯净种子的重量占供检种子重量的百分比。净度是种子品质的重要指标之一，是计算播种量的必需条件。净度高，品质好，使用价值高；净度低，表明种子夹杂物多，不易贮藏。

计算种子净度的公式如下。

种子净度 =（纯净种子重量 ÷ 供检种子重量）× 100%。

（二）种子饱满度

衡量种子饱满度通常用它的千粒重来表示（以“g”为单位）。千粒重大的种子，饱满充实，贮藏的营养物质多，结构致密，能长出粗壮的苗株。它是种子品质重要指标之一，也是计算播种量的依据。

（三）种子发芽能力的鉴定

种子发芽能力可直接用发芽试验来鉴定，主要是鉴定种子的发芽率和发芽势。种子发芽率是指在适宜条件下，样本种子中发芽种子的百分数，用下式计算。

发芽率 =（发芽种子粒数 ÷ 供试种子粒数）× 100%。

发芽势是指在适宜条件下，规定时间内发芽种子数占供试种子数的百分率。发芽势说明种子的发芽速度和发芽整齐度，表示种子生活力的强弱程度。

发芽势 =（规定时间内发芽种子粒数 ÷ 供试种子粒数）× 100%。

（四）药用植物种子生活力的快速测定

种子生活力，是指种子发芽的潜在能力或种胚具有的生命力。药用植物种子寿命长短各异，为了在短时期内了解种子的品质，必须用快速方法来测定种子的生活力。药用植物种子生活力鉴定通常用红四氮唑（TTC）染色法、靛红染色法等。

1. 红四氮唑（TTC）染色法

2，3，5 氯化（或溴化）三苯基四氮唑简称红四氮唑或 TTC，其染色原理是根据有生活力种子的胚细胞含有脱氢酶，具有脱氢还原作用，被种子吸收的氯化三苯基四氮唑参与了活细胞的还原作用，生成红色物质三苯甲臜。由此可根据胚的染色情况区分有生活力和无生活力的种子。

2. 红墨水染色法

它是根据染料物质不能渗入活细胞的原生质，因此不染色，死细胞原生质则无此能力，故细胞被染成蓝色。根据染色部位和染色面积的比例大小来判断种子生活力，一般染色所使用的靛红溶液浓度为 0.05% ～ 0.1%，宜随配随用。染色时必须注意，种子染色后，要立即进行观察，以免褪色，剥去种皮时，不要损伤胚组织。

四、种子休眠

休眠是指许多药用植物种子在适宜的温度、湿度、氧气和光照条件下，也不能正常萌发的现象。休眠是一种正常现象，是植物抵抗和适应不良环境的一种保护性的生物学特性。

种子呈休眠状态，通常有两种情形：一种是由于环境条件不适宜而引起的休眠称为强迫休眠；另一种是因为种子本身的原因引起的休眠称为生理休眠或真正休眠。休眠状态的种子成熟后，即使给予适宜的外界环境条件仍不能萌发的种子。种子休眠的原因主要有以下几个方面。

（一）种皮限制

很多种子往往因为种皮的存在而引起休眠。如将胚单独取出，给以合适的培养基，则胚能萌发。这里种皮包括种壳、果壳及胚乳。一些豆科植物的种子（如黄芪、甘草）有坚厚的种皮，称为硬实种子。有些种子的种皮具蜡质、革质，不易透水、透气，或产生机械的约束作用，阻碍种胚向外生长，如山茱萸、皂角、盐肤木、穿心莲等。

（二）胚未成熟

有些种子的胚在形态上已经发育完全，但在生理上还未成熟，必须通过后熟才能萌发。

后熟是指种子采收后需经过一系列的生理生化变化达到真正的成熟，才能萌发的过程。这种情况在高寒地区或阴生、短命速生的药用植物中较为常见。胚后熟大致有以下 4 种情况。

1. 高低温型

其胚后熟需要由高温至低温顺序变化，其胚的形态发育在较高的温度下完成，其后需要一定时期低温完成其生理上的转变才能萌发。属于这一类种子的植物有人参、西洋参、钮子七、刺五加、羌活等。

2. 低温型

胚后熟要求低温湿润条件，生产上要求秋播或低温沙藏。属于这一类种子的植物有乌头、黄连、山茱萸、木瓜、麦冬、黄檗等。

3. 二年种子

即胚后熟和上胚轴休眠分别要求各自的低温才能发芽的种子，如延龄草、类叶牡丹等。延龄草胚后熟长出胚根先要求低温湿润条件，接着需要一个高温期，促使萌发的幼根生长。继而需要第二个低温期，使上胚轴后熟，随后要求第二个高温期，才能形成正常的幼苗，故在秋播后的第三年春才出苗。

4. 上胚轴休眠

这一类种子大多数在收获时胚未分化，其后发育需要较高的温度，接着又要求低温解除上胚轴休眠，胚茎才得以伸长，幼芽露出土面。属于这一类种子的植物有牡丹、细辛、玉竹、天门冬等。

（三）萌发抑制物质的存在

有些种子不能萌发是由于果实或种子内有抑制种子萌发的物质。如挥发油、生物碱、有机酸、酚类、醛类等。它们存在于种子的子叶、胚、胚乳、种皮或果汁中，如山楂、女贞、川楝等种子都含有抑制物质，阻碍种子萌发。

（四）次生休眠

不同植物种子诱导次生休眠的条件各不相同。如厌氧条件可引起条纹苍耳（*Xanthium pennsylvanicum*）的次生休眠，黑暗可引起莴苣、宝盖草（*Lamium amplexicaule* L.）、梯牧草（*Phleum pratense* L.）的次生休眠。紫荆的次生休眠种子用浓硫酸浸种 30 min，清洗后贮藏在 5℃的低温下 30 天，可提高萌发率。必须指出，不少种子休眠的原因不止一个。例如，人参属于胚发育未完全类型，同时果实种子内也含有发芽抑制物质。

五、播种前种子的处理

种子的萌发，需要一定的水分、温度和良好的通气条件。具有休眠特性的种子，须在打破休眠后才能发芽，而不少的种子种皮上有病菌和虫卵，需要防治。播种前对种子进行处理，就是为种子发芽创造良好条件，促进其及时萌发，出苗整齐，幼苗生长健壮。播种前种子处理：种子精选、消毒、催芽等。

（一）种子精选

种子精选的方法：风选、筛选、盐水选。

通过精选，可以提高种子的纯度，同时按种子的大小进行分级。分级后分别播种使发芽迅速，出苗整齐，便于管理。

（二）种子消毒

种子消毒可预防通过种子传播的病害和虫害。主要包括：药剂消毒处理、温汤浸种处理和热水烫种等。

（三）促进种子萌芽的处理方法

1. 浸种催芽

将种子放在冷水、温水或冷水、热水变温交替浸泡一定时间，使其在短时间内吸水软化种皮，增加透性，加速种子生理活动，促进种子萌发，而且还能杀死种子所带的病菌，防止病害传播。浸种时间因药用植物种子的不同而异。穿心莲种子在 37℃温水中浸 24 h，桑、鼠李等种子用 45℃温水浸 24 h，促进发芽效果显著。

薏苡种子先用冷水浸泡一昼夜，再选取饱满种子放进筛子里，把筛子放入开水锅里，当全部浸入时，再将筛子提起散热，冷却后用同样的方法再浸 1 次，然后迅速放进冷水里冲洗，直到流出的水没有黑色为止。此法对防治薏苡黑粉病有良好效果。

2. 机械损伤

利用破皮、搓擦等机械方法损伤种皮，使难透水透气的种皮破裂，增强透性，促进萌发。如黄芪、穿心莲种子的种皮有蜡质，可先用细沙磨擦，使种皮略受损伤，再用 35 ～ 40℃温水浸种 24 h，发芽率显著提高。

3. 化学处理

适用于种皮具有蜡质的种子，如穿心莲、黄芪等，影响种子吸水和透气。处理方法：①可用浓度为 60% 的硫酸浸种 30 min，捞出后，用清水冲洗数次并浸泡 10 h 再播种。②可用 1% 苏打或洗衣粉（0.5 kg 粉加 50 kg 水）溶液浸种，效果良好。

4. 生长调节剂处理

常用的生长调节剂有吲哚乙酸、α－萘乙酸、赤霉素、ABT 生根粉等。如果生长调节剂使用浓度适当和使用时间合适，能显著提高种子发芽势和发芽率，促进生长，提高产量。如党参种子用 0.005% 的赤霉素溶液浸泡 6 h，发芽势和发芽率均提高 1 倍以上。

5. 层积处理

层积处理是打破种子休眠常用的方法。山茱萸、银杏、忍冬、人参、黄连、吴茱萸等种子常用此法来促进发芽。层积催芽方法与种子湿藏法相同。应注意的是，山茱萸种子层积催芽处理需 5 个月左右时间，种子才能露出芽嘴，而忍冬只需 40 d 左右时间就可发芽。如不掌握种子休眠特性，过早或过迟进行层积催芽，对播种都是不利的。过早层积催芽，不到春播季节种子就萌发了，即便能播种，出芽后也要遭受晚霜的为害；过迟层积催芽，则种子不萌发。

（四）生理预处理

生理预处理包括：① 对种子进行干湿循环，有时称为“锻炼”或“促进”；② 在低温下潮湿培育；③ 用稀的盐溶液，如浸在硝酸钾、磷酸钾或聚乙二醇中进行渗透处理；④ 液体播种，就是将已形成胚根的种子同载体物质（如藻胶）混合，然后通过液体播种设备直接将它们移植到土壤中去。

聚乙二醇（PEG）渗调处理可提高作物种子活力和作物的抗寒性。采用 PEG 溶液浸泡种子时，PEG 的浓度要调整到足以抑制种子萌发的水平。在适宜的温度（10 ～ 15℃），经 2 ～ 3 周处理后，将种子洗净、干燥，然后准备播种。

六、播　种

药用植物种子大多数可直播于大田，但有的种子极小，幼苗较柔弱，需要特殊管理，有的苗期很长，或者在生长期较短的地区引种需要延长其生育期的种类，应先在苗床育苗，培育成健壮苗株，然后按各自特性分别定植于适宜其生长的地方。

植物播种可分为大田直播和育苗移栽。

（一）大田直播

1. 播种时期

根据不同药用植物种子发芽所需湿度条件及其生长习性，结合当地气候条件，确定各种药用植物的播种期。大多数药用植物播种时期为春播或秋播，一般春播在 3—4 月，秋播在 9—10 月。

一般耐寒性、生长期较短的 1 年生草本植物大部分在春季播种，如薏苡、决明、荆芥等。多年生草本植物适宜春播或秋播，如大黄、云木香等。如温度已足够时适宜早播，播种早发芽早，延长光合时间，产量高。耐寒性较强或种子具休眠特性的植物如人参、北沙参等宜秋播。核果类木本植物如银杏、核桃等宜冬播。

有些短命种子宜采后即播，如北细辛、肉桂、古柯等。播种期又因气候带不同而有差异。红花：在长江流域，秋播因延长了光合时间，产量均比春播高得多。而北方因冬季寒冷，幼苗不能越冬，一般在早春播。有时还因栽培目的不同播种期也不同，如牛膝以收种子为目的宜早播，以收根为目的应晚播。又如板蓝根为低温长日照作物，收种子者应秋播；收根者应春播，并且春季播种不能过早，防止抽薹开花。薏苡适期晚播，可减轻黑粉病发生。

2. 播种方法

播种方法一般有条播、点播和撒播。大田直播以点播、条播为宜。

条播：是按一定行距在畦面横向开小沟，将种子均匀播于沟内。条播便于中耕除草施肥，通风透光，苗株生长健壮，能提高产量，在药用植物栽培上广泛使用。

点播：也称穴播，是按一定的株行距在畦面挖穴播种，每穴播种子 2 ～ 3 粒，适用于大粒种子。发芽后保留一株生长健壮的幼苗，其余的除去或移作补苗用。

撒播：适用于小粒种子，把种子均匀撒在畦面上，疏密适度，过稀过密，都不利于增产。撒播操作简便，能节省劳力，但不便于管理。

3. 播种量

播种量是指单位面积土地播种种子的重量。对于大粒种子可用粒数表示，适当的播种量对苗株的数量和质量都很重要。播种量过大，浪费种子，出苗过密，间苗费工；播种量过小，苗株数量小，达不到高产的要求。因此应科学地计算播种量。计算播种量主要根据播种方法、密度、种子千粒重、种子净度、发芽率（或发芽势）等条件来确定。

播种量计算公式如下。

$$\text{播种量（g/亩）}=\frac{[\text{每亩需要苗株数}\times\text{种子千粒重（g）}]}{[\text{种子净度（\%）}\times\text{种子发芽率（\%）}\times 1000]}$$

用上式计算出的数字是理论数值，是较理想的播种量。但在生产实践中，由于气候、土壤条件、整地质量的好坏、自然灾害、地下害虫和动物为害的有无、播种方法与技术条件等的不同，不能保证使每粒种子都发芽成苗。因此实际播种量须将上式求得的播种量乘上损耗系数。损耗系数主要依种子大小、是否育苗及播种管理技术等而变化。种粒愈小，耗损愈大。通常，耗损系数在 1 ～ 20。

4. 播种深度

播种深度应依药用植物种类和种子大小而定。凡种子发芽时子叶出土的如决明、大黄等应浅播，若播种较深，胚芽不易出土，常被窒息而死。

子叶不出土的如人参、三七等应深播，因其根深扎土中，过浅则生长不良。另外，播种深度还与气候、土壤有关，在寒冷、干燥、土壤疏松的地方，覆土要厚；在气候温暖、雨量充沛、土质黏重的地方，覆土宜薄；种子千粒重大的可播深些，小粒种子可播浅些。

种子盖土厚度一般为种子大小的 2 ～ 3 倍。为满足种子发芽时对水分的需要，畦面土壤必须保持湿润。

（二）育　苗

育苗是经济利用土地，培育壮苗，延长生育期，提高种植成活率，加速生长，达到优质高产的一项有效措施。

苗床形式：通常有露地、温床、塑料小拱棚、塑料温室（大棚）等。

1. 露地育苗

露地苗床育苗是在苗圃里不加任何保温措施，大量培育种苗的一种方法。木本药用植物如杜仲、厚朴、山茱萸等的育苗常采用此方法。

2. 保护地育苗

育苗设备主要为温室和塑料薄膜拱棚等。

为满足生产的需要，在中药材生产基地上，可以利用电热线增温的方法育苗。即先在苗床底部垫一层稻草等绝缘保温物，再放一层细土，上面再布电热加温线，密度大致为 80 ～ 120 W/m^2。在地热线上铺放床土，其配合比例依所培育药用植物的特性而定。

床土的厚薄取决于种粒的大小。种粒小，厚度可小一些，一般在 10 cm 左右；种粒大，厚度应大一些，一般是 10 ～ 20 cm 。大棚内，也可采用容器育苗，即利用各种容器（如杯、盆、袋等）装入营养土（营养基质）培育苗株（用容器培育的苗株称容器苗）。用容器培育苗株因养料全面，幼苗生长健壮，定植时不伤根系，成活率高，苗株生长比裸根苗（不带土坨）快。近年来有些地区厚朴采用容器培育，造林效果良好。

3. 苗床管理

管理的关键是要满足苗木对光、温、水、肥的需要。为了保温，在风大寒冷地区，特别是北方，塑料大棚夜晚要盖草帘，早上打开，以接受阳光照射，提高棚内温度，晴天可早打开，阴天或风天可晚打开，早盖上。棚内温度白天控制在 20 ～ 25℃，晚上 10℃左右。如白天温度过高，要放风，放风由小到大，时间由短到长。总之，要使棚内保持一定的温度。同时，在整个育苗期间，注意间苗、松土除草、防治病虫害，并要加强肥水管理，根据苗木生长需要，及时追肥和浇水。在塑料大棚内，有的配置施肥喷水装置，更能促进苗木茁壮生长。

4. 移　植

（1）草本药用植物的移植

先按一定行株距挖穴或沟，然后栽苗。一般多直立或倾斜栽苗。深度以不露出原入土部分，或稍微超过为好。根系要自然伸展，不要卷曲。覆土要细，并且要压实，使根系与土壤紧密结合，仅有地下茎或根部的幼苗，覆土应将其全部掩盖，但是必须保持顶芽向上。定植后应立即浇定根水，以消除根际的空隙，增加土壤毛细管的供水作用。

（2）木本的移植造林

木本药用植物可以零星移植，最好是移植造林，以便于集中管理。集中还是分散的问题，应根据当地的具体情况来处理。

木本定植都采用穴栽，一般每穴只栽 1 株，穴要挖深，挖大，穴底土要疏松细碎。穴的大小和深度，原则上深度应略超过植株原入土部分，穴径应超过根系自然伸展的宽度，才能有利于根系的伸展。穴挖好后，直立放入幼苗，去掉包扎物，使根系伸展开。先覆细土，约为穴深的 1/2 时，压实后用手握住主干基部轻轻向上提一提，使土壤能填实根部的空隙。然后浇水使土壤湿透，再覆土填满，压实，最后培土稍高出地面。

第五章　药用植物的田间管理

第一节　草本药用植物的田间管理

一、间苗、定苗、补苗

（一）间　苗

间苗是田间管理中一项调控植物密度的技术措施。对于用种子直播繁殖的药用植物，在生产上为了防止缺苗和便于选留壮苗，其播种量一般大于所需苗数。播种出苗后需及时间苗，除去过密、瘦弱和有病虫的幼苗，选留生长健壮的苗株。间苗宜早不宜迟。过迟间苗，幼苗生长过密会引起光照和养分不足，通风不良，造成植株细弱，易遭病虫害。同时，由于苗大根深，间苗困难，且易伤害附近植株。

（二）定　苗

定苗是指大田直播间苗一般进行 2 ～ 3 次，最后一次间苗称为定苗。

（三）补　苗

补苗是有些药用植物种子发芽率低或由于其他原因，播种后出苗少、出苗不整齐，或出苗后遭受病虫害，造成缺苗。为保证苗齐、苗全，稳定及提高产量和质量，必须及时补种和补苗。大田补苗与间苗同时进行，即从间苗中选生长健壮的幼苗稍带土进行补栽。补苗最好选阴天或晴天傍晚进行，并浇足定根水，保证成活。但是，在药用植物栽培中，有的药用植物由于繁殖材料较贵，是不进行间苗工作的，如人参、西洋参、黄连、西红花、贝母等。

二、中耕除草与培土

中耕是药用植物在生育期间对土壤进行的表土耕作。清除杂草方法有人工除草、机械除草和化学除草。目前，药用植物生产中一般是人工除草为主（薄荷、射干、白芷为例）。

有些药用植物结合中耕除草还需进行培土。培土有保护植物越冬（如菊花）、过夏（如浙江贝母）、提高产量和质量（如黄连、射干等）、保护芽头（如玄参）、促进珠芽生长（如半夏）、多结花蕾（如款冬）、防止倒伏、避免根部外露以及减少土壤水分蒸发等作用。

三、肥水调控

土壤是植物养分源泉和储存库，但由于土壤养分水平和释放速度有限，不能完全满足药用植物生长需要，因此必须人为地向土壤补充各种养分，即进行施肥。施肥原则如下。

一是根据药用植物的需要合理施肥。

二是根据土壤性质和养分供应能力施肥。

三是根据肥料的性质施肥。也就是根据肥料的养分含量、养分形态、养分在水里的溶解度和土壤里的变化施肥。

四是注意其他措施。如适当灌溉；适当深耕；改善光照条件；改善施肥方式等。

四、灌溉与排水

灌溉与排水是调节植物对水分要求的重要措施。药用植物种类不同，对水分的需求各异。

灌水：地面灌溉、喷灌、滴灌。

排水：明沟排水、暗管排水。

五、植株调整

植株调整包括：打顶和摘蕾、整枝修剪、支架等。

六、人工授粉

风媒传粉植物（如薏苡）往往由于气候、环境条件等因素不适而授粉不良，影响产量；昆虫传粉植物（如砂仁、天麻）由于传粉昆虫的减少而降低结实率。这时进行人工辅助授粉或人工授粉以提高结实率便成为增产的一项重要措施。

七、覆盖与遮阴

覆盖：是利用草类、树叶、秸秆、厩肥、草木灰或塑料薄膜等撒铺于畦面或植株上，覆盖可以调节土壤温度、湿度，防止杂草滋生和表土板结。有些药用植物如荆芥、紫苏、柴胡等种子细小，播种时不便覆土，或覆土较薄，土表易干燥，影响出苗。

遮阴：是在耐阴的药用植物栽培地上设置荫棚或遮蔽物，使幼苗或植株不受直射光的照射，防止地表温度过高，减少土壤水分蒸发，保持一定的土壤湿度，以利于生长环境良好的一项措施。如西洋参、黄连、三七等喜阴湿、怕强光的药用植物，如不人为创造阴湿环境条件，它们就生长不好，甚至死亡。目前遮荫方法主要是搭设荫棚。

八、抗寒潮、霜冻与预防高温

（一）抗寒防冻

抗寒防冻是为了避免或减轻冷空气的侵袭，提高土壤温度，减少地面夜间的散热，加强近地层空气的对流，使植物免遭寒冻危害。抗寒防冻的措施很多，除选择和培育抗寒力强的优良品种外，还可采用以下措施：①调节播种期；②灌水；③增施 P 肥、K 肥；④覆盖，对于珍贵或植株矮小的药用植物，用稻草、麦秆或其他草类将其覆盖，可以防冻。药用植物遭受霜冻危害后，应及时采取补救措施，如扶苗、补苗、补种或改种等。

（二）预防高温

高温常伴随着大气干旱，高温干旱对药用植物生长发育威胁很大。生产上，可培育耐高温、抗干旱的品种，灌水降低地温，喷水增加空气湿度，覆盖遮阴等办法来降低温度，减轻高温危害。

第二节　木本药用植物的田间管理

一、密度调整

栽植密度是木本药用植物栽培管理的核心。特别是矮化密植和计划密植被认为是以加大栽植密度为中心，对传统的大冠稀植栽培制度的革新和突破。随着中药材 GAP 的实施，特别是对特有树种和濒危植物的保护，为了提高产量，保证质量，确保药材的供应，应根据不同树种、不同地区进行以密植为核心的管理。

（一）确定栽植密度的依据

不同树种、品种的特性和栽培目的不同树种和品种的生长发育特性不同，树高与树冠差异大小，是确定栽植密度的重要依据。

地势与土壤，栽植在土壤瘠薄、肥力较低土壤的树木，多表现生长势弱，其株行距可小些；土壤深厚，肥力较高土壤的树木，生长势较强，树体高大，栽植的株行距可大些。

气候条件，在低温、干旱、有大风的地区建园，不利的气候条件抑制树木的生长发育，限制树冠的扩大，栽植距离应适当加密，有利于形成抵抗不良气候条件的树木群体。相反在气候温暖，雨量充足，有利于树木生长的气候条件下，树木生长旺盛，栽植距离应适当加大。

栽培技术，整形修剪、栽培方式对树冠发育的影响很大。在管理中应根据树木生长的习性、栽培的目的、SOP 操作规程确定密度。

（二）计划密植

这是一种有计划分阶段的密植制度。计划密植指定植时应高于正常的栽植密度，增加单位面积上的株数，以提高叶面积指数，达到早丰产、早盈利的目的。实施计划密植的要点是：栽植之前做好设计，预定永久株与临时株。管理中对两类植株要区别对待，保证永久株的正常生长发育，而对临时株的生长要进行控制，使之早结果或早开花。临时植株的数量常为永久株的 1 ～ 3 倍，待临时株间伐或移出后，栽培管理上要保证永久株优质丰产。

二、土壤管理

（一）深翻熟化，改良土壤

深翻后根系分布层加深，水平根分布较远，根量明显增加，根系的生长、吸收和合成机能增强，从而促进地上部分的生长。

深翻时期：土壤深翻在春、夏、秋、冬均可进行。

深翻深度：土壤深翻深度要因地、因树而异，不是越深效果越好。一般为 60 ～ 100 cm。

深翻方式：深翻方式较多，常用的主要有以下几种：深翻扩穴和隔行深翻，应根据具体情况灵活运用。一般小树根量较少，一次深翻伤根不多，对树体影响不大。成年树根系已布满全园，所以，采用隔行深翻伤根较少，较为适宜。

深翻方法：① 深翻沟的形式；② 保护根系；③ 翻土回填；④ 施有机物和有机肥；⑤ 灌水和排水。

（二）培土和覆盖

培土：适当培土可以增加土层厚度、改善土壤结构、提高土壤肥力，促进根系生长。对于较寒冷的地区，培土一般在晚秋初冬进行，可以起到保温防冻、积雪保墒的作用。

覆盖：栽培地覆盖可以防止土壤水分过度蒸发，在干旱地区是土壤保湿防旱的一项重要措施。同时，覆盖还可以减小土壤温度的变化幅度，防止杂草的过度滋生，覆盖物腐烂后又可以增加土壤有机质。

三、中耕除草

（一）适时中耕

中耕是指在树木生长期间，对土壤进行浅层的耕作。中耕次数应根据当地的气候和杂草的多少而定。在雨后和灌水后，中耕可防止土壤板结，增强蓄水保水能力。因而要做到”雨后必锄，灌水后必锄”。中耕深度一般 6 ～ 10 cm。过深，容易伤根，对树木生长不利。同时，为了节省劳力，在有条件的地区，可以采用机械中耕。

（二）科学除草

可分为人工除草和化学除草。

人工除草：多与中耕结合进行，一般全年进行 4 ～ 8 次，但在杂草刚刚出土及秋季杂草结籽前除草是灭草的关键时期，此期除草可防止杂草泛滥。

化学除草：是采用化学除草剂代替人工进行除草的一种方法。化学除草可以节省劳力，降低成本，提高生产效率。但化学除草容易导致药材农药残留含量增加，影响药材质量。

四、调控肥水

（一）合理施肥

根据药用木本植物不同生长期的养分需求特性，合理施用基肥、种肥或进行合理追肥。在播种前或移栽前耕地时，可施用长效肥作基肥。一般在植物的速生期到来前，应追施一些速效肥料。在秋季树木进入休眠期前的施肥也至关重要。因树木从早春萌芽到开花结果所需的养分主要靠前一年贮藏在树体内的有机养分，同时，树体内养分的积累是在秋梢停止生长和果实采收后进行的。因此，秋冬季宜将大量的有机肥配合少量化肥施下，这对于增强树体叶片的光合效率，提高根系吸收和养分的合成能力，增加树体内养分的积累至关重要，可为下一年丰产奠定物质基础。

（二）灌溉与排水

1. 灌　溉

（1）科学灌溉的依据

根据药用木本植物需水特性。各种药用植物对水分的需求不一样。同一种植物不同的生长发育时期，对水分的需求不同。根据土壤性质和水分状况。土壤质地和结构不同，吸水、保水性能也不相同。沙土吸水快而保水差；黏土吸水慢而保水力强；有团粒结构的土壤，吸水性和保水性好；无团粒结构的土壤吸水性和保水性差。

根据气候条件。干旱及炎热季节，植株所消耗的水分比正常气候条件多，要多浇水。特别在苗期，更要注意浇水抗旱，以保证全苗。通常可以通过观察植物生长情况来了解土壤水分是否满足植物生长需要。如果叶片墨绿色，叶面有光泽，说明土壤水分充足。如果叶色浅黄并有萎蔫或落叶现象，表示土壤已缺水，应及时进行灌溉。

（2）灌溉时期

根据灌溉时期及所起的作用，灌溉大致可分为播种前灌水、催苗灌水、生长期灌水和冬季灌水。

2. 排　水

当地下水位高，雨水多，造成土壤含水量过高或田间积水时，就需要人为地排除多余的水分，避免涝害对植物产生不利影响。通过排水，可改善土壤通气条件，增强土壤中好气性微生物的作用，促进植物残体分解。排水的方法主要有以下两种：

（1）明沟排水

在田间挖排水沟，或在山上的鱼鳞坑边缘留出排水口。目前多采用此方法。简单易行，但存在占用耕地，肥分易流失、沟边杂草多、易发生病虫害等缺点。

（2）暗沟排水

在地下挖暗沟或埋暗管排水。其具有节约耕地面积的优点，大面积栽培时应大力推广。

五、整形与修剪

自然生长的木本药用植物，若任其自然生长发育，植物体自身器官间则会生长不平衡，有些药用植物枝叶繁茂，冠内枝条密生、紊乱而郁蔽，不仅影响通风透光，降低光合效率，易受病虫为害，有时会造成生长和结果难以平衡，大小年结果现象严重，而且还降低花、果、种子入药的产量和品质。整形是通过修剪，把树体建造成某种树形，也叫整枝。修剪不仅指剪枝或梢，还包括一些直接作用于树体上的外科手术和化学药剂处理，如刻伤、曲枝、环剥和使用植物生长调节剂等。木本药用植物种类很多，药用部位也不尽一致，整形修剪是一个十分重要的技术措施。

六、自然灾害的预防

（一）冻害的预防

在我国西北、东北和内蒙古等地区栽植的木本药用植物，冬季容易发生冻害。冻害可造成树木的花芽干枯，枝条枯死，外露根系死亡，严重时还会造成树木的主干“冻裂”，树皮呈块状脱离木质层，甚至导致整株树木的死亡。因此，在这样的地区，预防发生冻害是药用植物栽培技术中的重要环节。

（二）霜害的预防

在生长期短、晚霜期迟地区生长的树木容易遭受霜冻的侵袭。霜冻可以导致树木的花和幼叶枯萎死亡，影响树木的生长发育。

（三）风害的预防

在我国西部风沙频繁的地区栽培木本药用植物，春季容易遭受风沙的危害。风沙严重时可导致树木叶枯、花焦、断根、折枝，甚至折毁树冠，影响木本药用植物生产力的发挥。对于风害的防治可从以下几方面着手：首先，栽培时尽量选用抗风树种或品种，并且尽量避免在风口位置的地块上栽培；其次，在栽培上采用适当密植，低干矮冠栽培，对于苗期木本或藤本植物，可在种植地用沙柳等材料沿与风向垂直的方向设置沙障，从而起到预防风害的作用。

第六章　药用植物引种驯化与野生抚育

第一节　药用植物引种驯化概念及意义

一、药用植物引种驯化概念

药用植物的引种驯化是指将野生药用植物通过人工培育，使野生变为家种，以及将药用植物引种到自然分布区以外种植的方法。其目的是用野生或外地较为重要的药用植物来充实和丰富本地区药用植物资源的工作，可以通过由野生变家种和由外地栽培变本地栽培两种方法实现。

药用植物引种栽植到新地区后，可能有两种反应。一种是原产地与引种地区的自然条件基本相似，或由于引种植物适应范围较广，以致植物并不需要改变它的遗传性，就能适应新的环境条件正常生长发育即植物在其遗传性适应范围内的迁移，这种情况称为简单引种，也叫“归化”。另一种是植物原分布区和引种地区的生态条件差别大，或引种植物的适应性窄，只有采取人工措施改变引种植物的遗传特性，才能使它适应新的环境，这种情况下的引种，称为驯化引种。

二、药用植物引种驯化意义

（一）增加地区药用新物种，扩大药物新资源

1948 年，西洋参（*Panax quinquefolium* L.）从北美始于引种，我国 1975 年开始有计划大规模的引种工作；番红花（*Crocussativus* L.）是于 1965 年和 1980 年两次引种后在我国推广栽培的，很多药用植物如儿茶（*Acaciacatechu*（L.）Willd）、肉豆蔻（*Myristica Fragrans* Houtt.）、胖大海（*Sterculia lychnophora* Hance）、颠茄（*Atropa belladonna* L.）、丁香（*Eugenia arommatica* Baillon）、檀香（*Santalum album* L.）等过去依靠进口，需耗费大量外汇，还远不能满足生产用药的需要，现在很多已引种成功，逐步做到自给。

（二）扩大栽培范围，保护珍稀濒危药用植物

由于大面积不合理采挖，有些野生药用植物植被出现率呈现逐年递减状态，甚至出现

濒临灭绝。因此除了实现野生资源的有效保护外，大力发展规范化人工栽培也是保护珍惜药用植物的重要途径。如内蒙古的黄精及细叶百合等药用植物，经过过度采挖的破坏后，进行了人工引种的栽培实验，经过几年的引种栽培，已经能在引种地种植，各种生长发育均表现良好，具有广泛人工栽培的可能。又如多叶重楼下的两个不同的变种，滇重楼与华重楼，主要分布于云南、广西、四川等长江以南地区，是名贵中药材，由于生长缓慢，长期以来其野生资源被过度采集，目前已濒临灭绝，药源趋于枯竭。在福建对其进行的引种驯化成功，一定程度上缓解了目前供求矛盾及保护野生资源的问题。

（三）提高药材的产量和品质

通过引种可以使某些种或品种的药用植物在新的地区得到比原产地更好的发展，表现更为突出，药材产量和品质有所提高。如沙棘（*Hippophae rhamnoides* L.）又称：醋柳、黑刺和醋刺，是一种兼具药用，食用，经济与绿化防沙作用的作物，从国外引进的一些品种在国内栽种时其成活率有所提高，果实有所增大而其他变异较稳定。又如苦苣苔科（Gesneriaceae）多数种类具有花多、花大、色彩艳丽，含有丰富的黄酮类和苯丙素苷类成分的特点，其中药用唇柱苣苔（Chirita medica D.Fang ex W.T.Wang）为苦苣苔科药用植物，经过驯化栽培的植株与原产地相比有较大的变化，花色更艳丽，植株更大型，株形更紧凑，叶片数量增多，且较宽大。

（四）有利于药用植物的保护性开发利用

某些当地本来就有的药用植物，存在分布或栽培范围小，数量少，产量不多等问题，不能满足市场需求或者该植物需对野生群体进行保护。为此，可以在其自然分布或栽培范围内，扩大种植面积，实行集约化生产或推广种植。如将野生川贝引种驯化，在当地进行人工栽培已有报道，且家种川贝母的鳞茎要大于野生者。

第二节　药用植物引种驯化的程序

一、药用植物引种驯化的主要任务

植物的引种驯化是指通过人工栽培、自然选择和人工选择，使野生植物、外地或国外的植物适应本地自然环境和栽培条件，成为能满足生产需要的本地植物。植物引种是有目的的人类生产活动，而自然界中依靠自然风力、水流、鸟兽等途径传播而扩散的植物分布，则不属于植物引种。本章内容所说的引种主要是指为解决药用植物栽培地区生产上的需要而引入的外地药用植物品种或类型，也就是说希望从引入药用植物中得到的主要不是育种的原始材料，而是直接或稍加驯化就能供生产上推广栽培的野生的、外地的或外目的药用植物栽培类型或品种，因此又可以称为生产性引种或直接利用引种。

药用植物引种驯化的主要任务如下。

一是大面积推广种植常用的，特别是对常见病及多发病有疗效的药用植物。如甜叶菊、番红花、西洋参、罗汉果、伊贝母、川贝母，以及胖大海、血竭、白豆蔻等。

二是积极引种需求量大的野生药用植物，如肉苁蓉、金莲花、美登木（*Maytenus hookeri* Loes.）等。尤其对珍稀濒危药用植物，如金钗石斛、冬虫夏草等，更应积极采取有效的保护措施。

三是引种需进口的紧缺药用植物，如乳香、没药、肉豆蔻、胖大海等。

四是引种对临床确有疗效的新药资源，如金荞麦、水飞蓟、绞股蓝、三尖杉（*Cephalotaxus fortunei* Hook.f.）等。

二、药用植物引种驯化的工作程序

（一）确定引种驯化目标

根据当地药用植物发展情况，了解生产和人们的生活需求，结合当地自然、经济条件和现有品种存在的问题，有目的、有计划地从国内外引进新品种。

（二）引种材料的收集和筛选

药用植物种类繁多，性状各异。引种驯化前，首先根据育种目标了解种的分布范围和种内变异类型。根据引种驯化原理进行分析，筛选出适合引进的植物种类。通过交换、购买、赠送或考察收集的方式获取引种材料。引种中，应把引种植物自然分布与栽培分布范围内的各种生态类型同时引入新的环境条件下作种源试验，以便比较它们的新环境中的反应，从中选出最适宜的类型，作为进一步引种驯化试验的原始材料。

（三）种苗检疫

引种中，必须对国外新引进的药用植物材料进行严格的检疫。此外，还要通过特设的检疫圃隔离种植，以便进一步发现新的病虫害和杂草，及时采取措施。

（四）登记编号

对引进的药用植物，一旦收到材料，就应详细登记，以便于日后查对，避免混乱。对于收到的每种材料，只要地方不同，或收到的时间不同，都要分别编号。登记的主要内容包括：名称、来源、材料种类（插条、球茎、种子、苗木等）和数量，寄送单位和人员，收到日期及收到后采取的处理措施等。

（五）引种驯化试验

新引进的品种在推广之前，必须先进行引种驯化试验，以确定其优劣和适应性。试验时应当以当地具有代表性的优良品种作为对照。试验的一般程序如下。

1. 种源试验

种源试验是指对同一种药用植物分布区中不同地理种源提供的种子、插条、球茎或苗木等繁殖材料进行的栽培对比试验。通过种源试验可以了解药用植物不同生态类型在引进地区的适应情况，以便从中选出适应性强的生态型进行下一步的引种驯化试验。

种源试验中，要注意选择引进地区有代表性的多种地段栽培各种种源，以便了解各种生态型适宜的环境条件，对引进的药用植物材料在相对不同环境条件下进行全面鉴定。对初步鉴定符合要求的生态型，则应选留足够的种苗，以供进一步进行品种比较试验。对于个别优异的植株，可进行选择，以供进一步育种试验采用。

2. 品种比较试验

将通过观察鉴定表现优良的生态型，参加大试验区、有重复的品种比较试验，进一步作更精确的鉴定。

3. 区域化试验

区域化试验是在完成或基本完成品种比较试验的条件下开始的。目的是为了查明适于引进药用植物的推广范围。因此，需要把在少数地区进行品种试验的初步成果，放到更大的范围和更多的试验点上栽培。

4. 引种驯化产品的质量对比

引种驯化的药用植物若属国家药典或地方标准收载种，其产品质量应与国家药典或地方标准对比，其结果应不能低于国家药典标准或地方标准拟定的质量标准。若引种驯化的药用植物没有收载到国家药典或地方标准的种，其产品的品质应与原产地或野生种比较，有效成分的含量不能低于原产地或野生种的产品含量。对比的内容包括：① 分类学比较，即了解引种驯化后的物种与原产地或野生的物种，经过人工选育和栽培后，在分类学上是否发生变异形成新的变种或新的品种；② 生药学比较，即了解引种驯化后的物种所生产的药材，与原产地或野生种的药材，经过人工选育和栽培后，在基源药材性状、显微结构、理化鉴别等方面是否发生变化；③ 化学成分比较，即了解引种驯化后的物种与原产地或野生的物种的药材，经过人工选育和栽培后，在有效成分方面是否发生变化。其结果应等于或高于药典和地方标准以及原产地和野生的含量。

5. 栽培推广

引种驯化试验往往是由少数科研和教学单位进行的，没有经过实践的考验。因此，引种驯化试验成功的药用植物，还必须经过生产栽培推广后才能使引种试验的成果产生经济效果。

三、药用植物引种驯化技术

常用的栽培技术主要有以下几方面。

（一）材料繁殖阶段

繁殖材料到达目的地后应立即进行检疫，并把一切包装物彻底烧毁清除，避免病原物及害虫、杂草种子传入。然后按它们的习性与引种要求及时处理，如消毒、贮藏、催芽、播种等。处理时应充分了解各类种子的生理特性，避免在处理过程中由于技术不当造成损失。依靠种子繁育的材料，根据种子特性，对于有休眠特性的种子在进行破眠处理后进行播种，种粒大小采用不同播种方式，播期可以采用春播或秋播，当药用植物从南向北引种时，由于南北方日照长短不同，可适当延期播种。这样做可减少植物的生长，增强植物组织的充实度，提高抗寒能力。反之，由北向南引种时，可提早播种以增加植株在长日照下的生长期和生长量。如夏季需要遮阴或冬季需要保暖的植物，都应相对集中播种，以便统一搭置棚架。珍贵稀有的药用植物种子宜用盆播容器育苗，以便精细管理。为保持苗床水分，播种后应加一层覆盖物，如稻草、麦秆等，但不宜过厚，否则会降低地温，延缓发芽。

采用扦插繁殖的材料，插穗的成活率与生根时间同植物种类、习性、插穗的类型、年龄、采穗时间及扦插地环境条件有密切关系。综合分析植物的生理生态条件和运用各项促进生根的技术措施可以有效地提高插穗的成活率。例如在云南西双版纳傣族自治州引入难生根的植物锡兰肉桂（*Cinnamomum zeylanicum*），通过不同母树年龄、不同枝龄、母树环剥、不同季节扦插、激素处理等综合技术研究，获得 88% 的成活率，比对照提高 3 倍以上。

嫁接在药用植物引种中亦是常用的方法。嫁接有利于保持品种的优良特性，提早结实年龄，增加药用植物对环境的适应性。此外，嫁接还可以增加产量，改进品质。嫁接的方法可归纳为营养器官嫁接与繁殖器官嫁接。在日常引种中，以前者为主。

（二）苗期管理阶段

通过育苗繁殖之后，接着就要对幼苗进行锻炼与定向培育，尤其是实生苗，容易适应改变了的新环境。当原分布地与引种地的生态环境差异较大时，苗木一时难以适应，必须给以锻炼，使其逐步地适应。锻炼的方法随植物种类、迁移方向、引种目的不同而异。从南向北引种，在生长季后期，应适当控制浇水，以控制植株生长，促进枝条木质化，从而提高植物的抗寒性。同时在苗木生长季后期，应少施氮肥，适当增加磷肥、钾肥，也有利于促进组织木质化，提高抗寒性。当从北向南引种时，为了延迟植株的封顶时间，提高越夏能力，应该多施氮肥和追肥，增加灌溉次数。对于从南向北引种的植物，在苗期遮去早、晚光，进行 8 ～ 10 h 短日照处理，可使植物提前形成顶芽，缩短生长期，增强越冬抗寒能力。而对从北向南引种的植物，可采用长日照处理以延长植物生长期，从而提高生长量，增强越夏抗热能力。对于从南向北引种的植物，在苗木生长的第一、二年的冬季要适当地进行防寒保护。例如，可设置风障，在树干基部培土、覆草等，以提高温度、降低风速、从而使幼苗、幼树安全越冬。而对于由北向南引种的植物，为使其安全越夏，可在夏季搭荫棚，给予适当的遮阴。

育苗难度较大的植物，苗期管理就要特别小心，从光照、湿度等方面进行调节，基本满足幼苗生长所需要的生态要求，育苗才能成功。待苗木长到一定高度时，应加强管理，除草、松土、施肥及病虫害的防治。有的植物根系不发达，移植前可切断主根，促进侧根的生长，以提高移植成活率。移植时间宜选择阴雨天进行，移植后浇足定根水，成活后及时施肥管理。

（三）保护地选择与建造

植物引种驯化过程中，小环境、小气候的作用是不可低估的，许多植物引入新地区后在一般大环境条件下不易成功，而选择了适宜的小环境、小气候，却取得了明显效果。因此，南种北移植物时应选择向阳的南坡或坐北朝南的“V”形地形较适宜。北种南引的植物，宜选择北坡的通风低谷及高山凉爽的环境。选择小环境一定要与整个大环境相配合，必须依靠大、中、小地形相互结合，相互影响，才能取得效果。选择小环境、小气候还可利用一些与引种植物生态习性相近似的植物作指示植物。

（四）杂交育种

通过杂交可以把亲本双方控制不同性状的有利基因综合到杂种个体上，使杂种个体不仅双亲的优良性状，而且在生长势、抗逆性、生产力等方面超越其亲本，从而获得某些性状都更符合要求的新品种。基本程序可归纳如下。

1. 杂交亲本选择

①基于形态性状差异进行亲本选择，如天麻、姜花属等的杂交育种。②基于栽培农艺性状差异进行亲本选择。如枸杞。③基于生理生化性状差异进行亲本选择。④基于生态地理差异进行亲本选择，如银杏。在亲本选择中一方面要注意亲本的染色体倍性问题。属种

间杂交育种中，杂交亲本染色体数目的不一致可能会导致亲本双方不亲和，部分染色体倍型多样的药用植物，如半夏、黄姜等在作为亲本时，应摸清其遗传背景。另一方面注意亲本花期相遇问题，如乌天麻与红天麻杂交后代具有明显优势的生药性状，但乌天麻和红天麻花期相差较远，可通过改变两种天麻生长环境来调控其生长发育过程，从而促使亲本花期相遇，从而有效提高其杂交结实率。

2. 去雄和套袋

去雄处理是防止自交干扰的有效手段。人工去雄时通过测定花粉活力来确定雄花成熟时期，也可根据花序外观形态特征或花序开放时间作为确定去雄时间的间接标志，另外根据雄花序大小，可采用不同的去雄处理，可选择直接摘除雄花或剥除花药的方式，如在半夏雄蕊即将散粉之前，在雄蕊与雌蕊之间的不育区用小剪刀剪除上端雄蕊和附属器官部分，达到人工去雄的目的。

套袋处理是植物杂交育种中防止不可控异交、产生假杂交种子的有效措施。套袋时期的确定也是套袋处理中一个关键点，对于雄蕊先熟型或雌雄蕊同时成熟的药用植物，如当归、半边莲等应在雄蕊成熟之前将其去除；对于雌蕊先熟型的药用植物，如川贝母、滇重楼等可在雌蕊成熟而雄蕊未成熟时将雄蕊去除。

3. 花粉活力检测

高质量的花粉是植物杂交育种中成功授粉的基础，可用花粉萌发法和染色法进行活力测定，花粉萌发法是测定花粉活力准确度较高的测定方法，但前期操作和准备工作较烦琐，在野外或大田中操作不便。常用的活力测定方法还有染色法，目前较常见的染色方法有 TTC 染色法、I–KI 染色法、MTT 染色法、醋酸洋红染色法等，用不同的方法测定不同植物的花粉生活力，其灵敏度也不同，一般因药用植物不同，选择方法不同。如 TTC 法在药用植物花粉活力的测定中应用较为广泛，如对丹参、刺五加等药用植花粉活力的测定中，都能快速有效的反映出花粉存活状态。

4. 人工授粉

人工授粉是杂交育种中杂交操作的最后一个技术环节，不同的人工授粉方法可直接影响杂交植株的结实率。常见的授粉方法有涂抹法、混水喷施法等，常见的授粉工具有毛笔、棉球、牙签和喷雾器等。一般情况下，当外界环境干燥时，容易出现花粉干燥且柱头黏性较差的现象，可通过采用涂抹法，即使用用水湿润的毛笔或棉花蘸取花蜜后用牙签挑出花粉或直接蘸取花粉进行授粉；为风媒花且能产生较大花粉量的药用植物，可采用花粉和水混合的方式对柱头进行喷雾从而达到授粉的目的。如采用涂抹法对肉苁蓉进行人工授粉，借助毛笔蘸取成熟花粉去涂抹已去雄后的柱头上，从而增加花粉与柱头接触机率，提高授粉效率；在对银杏进行人工授粉时，可采用混水喷雾法（花粉量：水 =1 ：2500），用高压喷雾器均匀喷施雌树来进行人工授粉，此法可充分利用花粉且授粉均匀。

第三节　药用植物野生抚育

一、野生抚育的概念与意义

药用植物野生抚育是指根据药用植物生长特性及对生态环境条件的要求，在其原生或相类似的环境中，人为或自然增加种群数量，使其资源量达到能为人们采集利用，并能继续保持群落平衡的一种药用植物生产方式。药用植物野生抚育有时也称为半野生栽培或仿野生栽培。

我国目前80%的药材来源于野生抚育，野生抚育是一种新兴的药材生态产业模式，是环境友好的药用植物资源再生技术，在药用植物资源可持续利用中发挥重要作用。

一是提供高品质的道地野生药材。野生抚育药用植物在原生环境中生长，人为干预少，不易发生病虫害，远离污染源，产品为近乎天然的野生药材，地道性好。

二是能较好保护珍稀濒危药用植物，促进中药资源可持续利用。物种保护的主要措施有“就地保护”和“迁地保护”。“就地保护”是物种保存最为有力和最为有效的保护方法，它不仅保持了物种正常的生长发育、物种在原生环境下的生存能力及种内遗传变异度，还保护了包括物种、种群和群落的整个生态环境。野生抚育是药用植物资源迁地保护、就地保护及栽培三者的有机结合。通过合适的药用植物采挖方法，种群自然繁殖或及时补种，将实现抚育药用植物种群的可持续更新，较好地保护了珍稀濒危药用植物及其生物多样性。

三是有效保护中药资源生长的生态环境。野生抚育模式下药用植物采挖和生产是在生物群落动态平衡的基础上进行，野生抚育基地药用植物所有权专有化克服了野生药用植物滥采、滥挖对生态环境的严重破坏，实现了药用植物生产与生态环境保护的协调发展。

四是有效节约耕地。以低投入获高回报，野生抚育不占用耕地，只在补种和药用植物生长中实施最低限度的人为干预，充分利用了药用植物的自然生长特性，大幅降低了人工管理费用。

二、药用植物野生抚育的应用范围

与药用植物栽培和野生药用植物采集相比，药用植物野生抚育存在独特优势，代表了药用植物生产的一个新方向。但在考虑是否采用野生抚育生产药用植物时，应考虑以下几点：① 野生抚育技术研究有一定基础。② 采用自然繁殖或人工补种，可以较快增加种群数量。③ 抚育措施能明显增加药用植物产量或提高药用植物品质。④ 抚育措施现实可行。⑤ 能有效控制抚育基地药用植物的采挖。

据此，较适合野生抚育的药用植物种类为：① 目前人们对其生长发育特性和生态条件认识不深入、生长条件较苛刻、种植（养殖）成本相对较高的野生药用植物，如川贝、雪莲、冬虫夏草等。② 人工栽培后药材性状和品质会发生明显改变的植物，如防风、黄芩（枯芩）、人参等。③ 野生资源分布较集中，通过抚育能迅速收到成效的药用植物，如连翘、龙血树等。

三、药用植物野生抚育的基本方式

药用植物野生抚育的基本方式有：封禁、人工管理、人工补种、仿野生栽培等。在生产实践中依照药用植物种类、药用植物所处的自然、社会经济环境及技术研究状况不同，采用其中的一种或多种方法。

（一）封　禁

封禁是以封闭抚育区域、禁止采挖为基本手段，促进目标药材种群的繁殖。目前采用较多的是围栏养护方法。由于天然围封见效快、收益高、易掌握，符合人民群众脱贫致富的愿望，因而具有广阔的发展前景。阿鲁科尔沁旗地区启动实施 66 667 hm^2 麻黄封育种植工程，采取围栏封闭并加以适当人工管护，使麻黄产量大幅度提高的同时，有效的开发利用了荒山荒坡等非耕地资源，达到产业优势和自然资源优势的有机结合，较好的实现了物种保护、经济、生态和社会效益的统一。

（二）人工管理

在封禁基础上，对野生药材种群及其所在的生物群落或生长环境施加人为管理，创造有利条件促进药材种群生长和繁殖。如五味子采用就地抚育与栽植相结合的政策、使用补栽技术，在缺株处或株、行距过大处进行补栽。再加以修剪、人工辅助授粉及施肥、灌水、松土、除草等保护抚育管理措施。实践证明，选择在原生境重新栽植，符合药用植物的生物学特性，不仅成活率高，长势好，更重要的是能保证药材的道地性。加之将管理规范化，只需补栽及加强人工保护抚育管理，投资少且见效快。

（三）人工补种

人工补种指在封禁基础上，根据野生药用植物的繁殖方式和繁殖方法，在药用植物原生地人工栽种种苗或播种，人为增加药用植物种群数量。如刺五加采用带根移栽等。

（四）仿野生栽培

仿生栽培是指利用田间工程技术模仿生物结构和功能进行再创造。这种栽培方法是在对植物的生理、生态特性均有深入了解的基础上，模拟植物个体内在的生长发育规律以及植物与外界环境的生态关系进行的栽培。如根据野山参的生长发育习性和对生态环境的要求发明了林下培育人参的人参仿生栽培模式；在林下模仿、创造出适宜朝鲜淫羊藿生长的自然环境条件，进行朝鲜淫羊藿人工栽培，从而摸索出一套朝鲜淫羊藿林下仿生栽培技术。

四、药用植物野生抚育的实例介绍

（一）甘草的围栏养护

甘草（*Glycyrrhiza uralensis* Fisch.）为豆科甘草属多年生草本，以干燥根和根茎入药，是重要的大宗药材。甘草是需求量最大的药材品种之一，在 20 世纪 80 年代以前，甘草药材一直依靠野生资源提供。近年来，由于长期过度采挖，甘草野生资源已日趋枯竭，栽培甘草已经成为商品药材的主要来源，在宁夏灵武马家滩野生甘草分布区采取围栏封闭措施，并加以适当的人工管护，建成围栏护育地 5.069×10^7 m^2，较好实现了物种保护、经济、生态和社会效益的统一。

（二）山参的仿野生栽培

野生人参是不可多得的珍贵药材，由于其对生长环境等条件要求苛刻，人工种植繁育一直是个难题，为此近年来在人参的原产地——我国东北地区一直在尝试摸索一种能够产出近似野生品的方法，如吉林瑞祥山参股份有限公司在长白山地区建立了约 15 万 hm^2 的林下山参仿野生栽培基地。通过创造与野山参类似生长环境，即：林下栽培山参。针对其易发生病虫害的特点，采取生物防治的措施，具体如：人工香饵诱捕害虫、定期更新表土、间种细辛等，真正实现了绿色、无公害药材的目标。

（三）黄芪人工补种

在封禁基础上，根据野生药材的繁殖方式和繁殖方法，在药材原生地人工栽种种苗或播种，人为增加药材种群数。在黑龙江省适于黄芪资源恢复的山林，进行了野生黄芪资源的人工更新和恢复，采取人工撒播栽培繁育种子的方法以增加种群数量，也使得野生黄芪资源恢复有了种子保障。

（四）金莲花的野生抚育

金莲花以花入药，具有清热解毒、抗菌消炎等功效，除临床应用外，还被广泛用于保健、美容、花卉、环境保护等方面，具有较高的医药、经济和生态价值。随着金莲花药材需求量的日益增加，野生资源蕴藏量逐年减少。2006 年 7 月中旬，当地药农在河北围场对部分抚育基地正在实施围栏封闭、人工管理等措施，并在密度较小地块适当进行了人工补植，从无性繁殖到有性繁殖、种子发芽试验、适宜的栽培气候条件等，已建立符合 GAP 标准的规范化种植基地约 330 hm^2；北京市喇叭沟门自然保护区金莲花抚育栽植 300 000 株，平均每公顷产量 570 kg，由于采收金莲花不破坏土壤和植被且病虫害较少；符合保护水土及生态平衡的需求，选为有机农业的示范品种进行推广。

除此之外，西北地区甘草、麻黄、肉苁蓉等药材围栏养护面积超过 6.7 万 hm^2；川贝母、雪莲、冬虫夏草等珍稀濒危药材野生抚育正在走向产业化生产；五味子、罗布麻、刺五加、防风、连翘、龙血树、金莲花等野生抚育基地也陆续建立起来。

（五）川贝母的野生抚育

川贝类药材需求量很大，但引种栽培的川贝母药材性状变异较大，繁殖速度慢，目前我国川贝商品仍主要依靠野生，连年采挖已导致资源趋于濒危，市价达 800 ～ 1 000 元/kg，市场上代用品或伪品很多。在对暗紫贝母（*F.unibracteata* Hsiao et K.C. Hsia.）的生态分布土壤、植物群落与松贝药材品质的相关性，以及川贝母群落生态学、种源繁育学、药用植物抚育学研究基础上建立了川贝母二段式野生抚育方法体系。即在海拔 3 200 ～ 3 500 m 的平地地区采挖野生川贝鳞茎建立了种源繁育基地，利用采收的川贝母种子经过层积处理后在四川甘孜州康定折多山海拔 3 500 ～ 4 000 m 的高山灌丛及高山草甸中人工模拟野外群落播种，建立了几百公顷的川贝野生抚育基地。

第七章　药用植物采收加工与质量管理

第一节　采　收

采收是影响中药材质量的一个重要因素。药用植物采收作为中药现代化的一个重要组成部分，必须从多学科角度加以系统地研究，最终完善采收加工制度来指导生产实践。我国可供药用的植物多达10 000多种，目前应用的有近千种，其中有500多种常用中药材，至2002年年底，200多种道地性很强的品种在各主产区按GAP要求开始规范化种植，还有200多种药材主要是靠野生资源来补充，由于没有一个统一的、可执行的采收标准，质量参差不齐，不仅浪费了资源，而且破坏了资源。采收时间的确定应视种类、入药部位不同，及其生长发育特点和活性成分积累动态变化。

一、根与根茎类

特点：种类多，生长期差异大，形态多样。

采收时间：在植株停止生长之后或者在枯萎期采收，也可以在春季萌芽前采收。如人参、党参、黄芪、玉竹、知母等。有些植物生长期较短，夏季就枯萎了，如元胡、浙贝母、平贝母、半夏、太子参等；天麻则在初冬时采收，体重，质优；而柴胡、关白附等部分品种花蕾期或初花期活性成分含量较高。

采收方法：采收时用人工或机械挖取均可。

二、皮　类

（一）干皮类

采收时间：春末夏初，多云，无风或小风天气，或清晨、傍晚时剥取。皮部和木质部容易剥离，皮中活性成分含量也较高，剥离后伤口也易愈合。

采收方法：全环状剥皮、半环状剥皮和条剥，深度以割断树皮为准，一次完成，向下剥皮时要减少对形成层的污染和损伤；之后把剥皮处进行包扎，根部灌水、施肥。

（二）根皮类

采收时间：根皮的采收应在春秋时节。

采收方法：用工具挖取，除去泥土、须根，趁鲜刮去栓皮或用木棒敲打，使皮部和木部分离，抽去木心，然后晒干或阴干。

三、茎木类

采收时间：乔木的木质部或其中的一部分，如苏木（心材）、沉香等。大部分全年都可采收；木质藤本植物宜在全株枯萎后采收或者是秋冬至早春前采收；草质藤本植物宜在开花前或果熟期之后采收。

采收方法：茎类采收时用工具砍割，有的需要修剪去无用的部分，如残叶或细嫩枝条，根据要求切块、段或趁鲜切片，晒干或阴干。

四、叶　类

采收时间：在植物开花前或者果实未完全成熟时采收，色泽、质地均佳；少数的品种需经霜后来收，如桑叶等；有的品种一年当中可采收几次，如枇杷叶、菘蓝叶（大青叶）等。

采收方法：叶类药材采收时要除去病残叶、枯黄叶，晒干、阴干或炒制。

五、花　类

花类药材入药时有整朵花，也有使用花的一部分，如番红花（柱头）。在整朵花中有的是用花蕾，如金银花、辛夷、款冬花、槐花等；有的是用开放的初花，如菊花、旋复花等，这些只能根据花期来采收；有的则须根据色泽变化来采收，如红花；有些品种还要分批次采收，如红花、金银花；花粉类中药材的采收，宜早不宜迟，否则花粉脱落，如蒲黄、松花粉等。

采收方法：人工采收或收集，花类药材宜阴干或低温干燥。

六、全草类

分类：地上全草；全株全草。

采收时间：地上全草宜在茎、叶生长旺盛期的初花期采收，如淡竹叶、龙芽草、紫苏梗、益母草、荆芥等；全株全草类宜在初花期或果熟期之后采收，如蒲公英，辽细辛等。

采收方法全草类采收时割取或挖取，大部分需要趁鲜切段，晒干或阴干，带根者要除净泥土。

七、果实、种子类

从入药部位来看，有的是果实与种子一起入药，如五味子、枸杞子；还有用果实的一部分，如陈皮和大腹皮（果皮）、丝瓜络（果皮中维管束）、柿蒂（果实中的宿存萼）。果实入药，多数是成熟的，有少量的是以幼果或未成熟的果实入药，如枳实。种子入药时基本上是成熟的，如决明子、白扁豆、王不留行等；也有使用种子的一部分，如龙眼肉（假种皮）、肉豆蔻（种仁）、莲子芯（胚芽）。

采收时间：以果实或种子成熟期为准则，外果皮易爆裂的种子应随熟随采。采收方法：果实多是人工采摘，种子类为人工或机械收割，脱粒，除净杂质，稍加晾晒。

第二节　药用植物产地加工

一、概　念

产地加工：凡在产地对药材的初步处理与干燥，称之为“产地加工”或“初加工”，产地加工是将鲜品通过干燥等措施，使之成为“药材”。

炮制：药房、药店、饮片厂、制药厂或病人对药材进行的再处理，则称为“炮制”，炮制是将药材进行切片、炒、灸等，使之成为直接提供病人服用的“饮片”。

二、产地加工的目的

由于药用植物种类繁多，根据其药材的形、色、气味、质地及其含有的物质不同要求，加工的要求也各不相同。

产地加工的目的是要提高药效和活性成分的含量，保证药材的品质，达到医疗用药的目的，便于包装，贮藏和运输。

三、产地加工的任务

加工主要包括以下方面。

一是去除非药用部位、杂质、泥沙等，纯净药材。如根和根茎类药材要除去残留茎基和叶鞘等；全草类药材要除去其他杂草和非入药的根与根茎；花类药材要除去霉烂或不合要求的花类等。

二是按药典规定的标准，加工修制成合格的药材。

三是保持活性成分，保证疗效。一些含有苷类药材如苦杏仁、白芥子、黄芩等经过初加工后可破坏其含有的酶，从而使活性成分稳定不受破坏，保证疗效。

四是降低或消除药材的毒性、刺激性或副作用，保证用药安全。

五是进行干燥、包装成件，以利于贮藏和运输。

四、加工所需设备

药材加工所需设备因药材而异，主要设备包括工具、机械、熏烟设备、蒸煮烫设备、浸渍设备和干燥设备。

工具：刀剪；筛；刷子；筐；蒌等。

机械：药材加工所使用的机械主要用于去皮、切片、清选、分级、包装、脱粒等。如山茱萸去核机，半夏去皮机、牛蒡脱粒机。

蒸煮烫设备：蒸、煮、烫药材使用的设备 ，如蒸笼等。如附子加工用的大蒸笼、大铁锅等。

浸渍、漂洗设备：浸渍、漂洗药材依具体情况配置设备。产量小可以利用生活用具，如缸、盆、桶等；产量大的多建筑专用的大池。

五、加工处理方法

加工程序：清选、清洗、去皮、修整、蒸、煮、烫、浸漂、切制、发汗（鲜药材加热或半干燥后，停止加温，密闭堆积使之发热，内部水分就向外蒸发，当堆内空气含水气达到饱和，遇堆外低温，水气就凝结成水珠附于药材的表面，如人出汗）揉搓、干燥。

干燥的标准：以贮藏期间不发生变质霉变为准。药材的含水量《中国药典》及有关部省标准均有一定规定，可采用烘干法，甲苯法及减压干燥法等检测。

值得注意的是：除了上述方法外，在中药材传统加工上经常采用熏硫的方法，一般在干燥前进行，主要是利用硫黄燃烧产生的二氧化硫，达到加速干燥，使产品洁白的目的，并有防霉、杀虫的作用，如白芷、山药、菊花的产地加工大多使用硫黄熏蒸等。但因硫黄颗粒及其所含有毒杂质等残留在药材上影响药材质量，国家卫生部已禁止在食品生产加工使用硫黄。

六、各类药材加工原则

根与根茎类药材加工原则：采后应去净地上茎叶、泥土和须毛，而后根据药材的性质迅速晒干、烘干或阴干。有些药材还应刮去或撞去外皮后晒干如桔梗、黄芩等；有的应切片后晒干，如威灵仙、商陆等；有的在晒前须经蒸煮，如天麻、黄精等；半夏、附子等晒前还应水漂或加入其他药（如甘草或明矾）以去毒性；有的应去芦如人参、黄芪等；

有的还应分头、身、尾，如当归、甘草；有的药材还应扎把，如防风、茜草等。

叶、全草类药材加工原则：一般含挥发油较多，故采后宜阴干，有的在干燥前须扎成小把，有的用线绳把叶片串起来阴干。

花类药材加工原则：除保证活性成分不致损失外，还应保持花色鲜艳、花朵完整。

果实、种子类药材加工原则：果实采后须直接晒干。

皮类药材加工原则：一般在采收后除去内部木心，晒干。有的应切成一定大小的片块，经过热焖、发汗等过程而后晒干，如杜仲、黄檗等。

七、注意的几个问题

加工场地：加工场地应就地设置，周围环境应宽敞、洁净、通风良好，并应设置工作棚（防晒、防雨）及除湿设备，并应有防鸟、禽畜、鼠、虫的设施。

防止污染：在中药材产地加工中，常常因为加工方法不当，引起污染导致中药材质量下降。① 水制污染。加工过程中需水洗的应水洗，使之洁净，以除去泥沙等杂质。但由于水质不洁，会引起中药材的污染。② 熏制污染。药材加工中有用硫黄熏制药材，用以漂白、杀虫的目的。青岛药检所检查了金银花用硫黄熏制前后含砷量的变化。结果表明，产地在采收金银花后以硫黄熏干，即可防止霉变又可杀虫，外观也较洁白整齐，但所用的硫黄经检测导致其含砷量为 50 ～ 300 μg/g。从实验结果可以看出，用硫黄熏 4 h 后与熏前相比，含砷量明显增加。

第三节　质量标准与影响因素

一、衡量中药材质量的标准

目前，我国药用植物栽培与管理模式大部分仍然处于传统、粗放型的阶段，中药材生产栽培和加工技术相对落后，对中药材产品质量管理监控力度小，和国际市场要求差距较大，影响中医药的现代化和国际化。因此，研究中药材质量管理，应大力推行中药材 GAP 生产技术，促使我国中药产品质量符合国际市场需求，尽早实现中医药现代化和国际化。

外在因素包括中药材基原鉴定、外观要求和杂质含量等。

内在因素包括活性成分组成和含量、重金属［As、Hg、Pb（铅）、Cr、Co、Sn（锡）、Sb（锑）和 Cu 等八种微量重金属元素］和农药残留（包括杀虫剂、杀螨剂、杀菌剂、除草剂、杀鼠剂等）、卫生指标等。

1. 中药材基原的鉴定

中药材基原鉴定技术是经历不断改进的发展过程。20 世纪 80 年代前，主要是本草考证和采用原植物性状、显微和理化来鉴别正伪品。目前，除采用传统鉴别技术外，还采用电镜、HPLC、毛细管电泳、光谱、色谱、聚合链酶（PCR）、指纹图谱、以及数学理论和计算机等先进技术。使中药材的基原鉴定由单一指标成分发展到多组分整体分析 DNA 分子鉴别。不同基原中药材的活性成分组成和含量不同，是决定其内在质量的区别，因此，中药材基原鉴定是保证质量的根本。

2. 外观要求和杂质含量

中药材外观和杂质含量是判断其质量优劣的指标之一。杂质是指所有非药用部分的物质。当前国家药典对不同中药所具有的外观规定要求是中药材生产的主要依据。

3. 活性成分的组成和含量

中医处方强调的是处方整体作用理论，即中药中化学成分的整体作用，其作用特点是多成分，多靶点，虽其机理尚不明确，但单一成分的含量测定，很难完全反映中医用药所体现的整体疗效。因此，中药化学成分强调中药活性成分组成和含量作为评价质量标准指标的重要性。显然，强调中药中某一种活性成分含量高低，作为判断中药优劣的标准不符合中医处方整体作用理论。近年来，随着人们对中药质量研究不断深入，更为科学地评价中药质量标准的方法不断建立，如应用 HPLC、GC-MS（气相—质谱）、GC-IR（气相—红外光谱）等现代方法和技术手段研究化学成分的指纹谱图，控制中药质量标准。这种方法对一些活性成分不明的中药质量评价尤其重要。

4. 重金属、农药残留和卫生指标

我国中药在 20 世纪 70 年代末、80 年代初曾因细菌、真菌、螨等污染而使中药出口受阻，80 年代末、90 年代初又因重金属污染中药出口遇到很大阻力，至今仍困扰出口。有鉴于此，对重金属、农药残留和卫生指标进行严格控制，制定能获得国际认可的限量标准已刻不容缓。大力提倡绿色中药栽培，鼓励使用腐熟的有机肥，推广优良生态环境种植药用植物，使用高效、低毒、易降解的农药，并加强研究中药材去污处理方法，如水洗、熏蒸、微生物分解等。

二、影响中药材质量的因素

影响因素主要有：① 产地生态环境；② 种质与繁殖材料；③ 栽培技术；④ 采收与加工；⑤ 包装、贮藏和运输；⑥ 培训 GAP 操作人员。

三、控制中药材内在质量标准的方法

1. 化学指纹图谱控制中药材质量

如何准确地反映出中药内在质量标准的控制方法，多年来一直为国内外学者所关注。中药材中化学成分（或活性成分）的指纹图谱控制法越来越为人们所接受，在2005年版《药典》中得到应用。化学成分指纹图谱强调的是中药材中多种成分对质量标准的贡献，尽管有些成分可能是未知的。值得注意的是，该方法要求实验条件一致的情况下实验结果能够得到重复。因此，对实验的人员素质要求显得很重要，因为实验中包括对成分的提取、纯化（尽管有时实验过程简单）、分析等。目前使用在化学指纹图谱的分析仪器很多，如HPLC、GC、CG-MS、MS、IR、UV（紫外线）、NMR（核磁共振）、TLC（薄层层析）扫描等。

2. 中药材 GAP 生产过程与化学成分的指纹图谱

如何在中药材GAP生产过程中实施对中药材质量的有效控制是摆在当前对中药现代化和国际化研究面前的新课题，特别是在药用植物的药用部分尚未形成时，或药用部分正在形成过程中，如何控制其质量标准是新的难题。如以果实入药的中药，在果实形成之前的许多方面因素均可能对果实形成过程产生影响，进而影响其内在质量标准。

3.“道地药材”与化学成分的指纹图谱

由于“道地药材”质量长期以来为中医临床所认可，因此，建立“道地药材”化学成分的指纹图谱，选定图谱中指标性成分作为衡量中药材GAP生产中的质量标准判定依据。强调“道地药材”传统生产的重要性，比较多种传统生产方法与质量关系，进一步规范“道地药材”传统生产，使中药材质量达到稳定、有效、安全、可控。

技术篇

第八章　根茎用药用植物栽培技术

第一节　黄　芪

黄芪（又名绵芪）有两种原植物，即蒙古黄芪或膜荚黄芪，均为豆科黄芪，属多年生草本植物，一般以根入药，为植物和中药材的统称，别名棉芪、黄耆、独椹、蜀脂、百本、百药棉黄参、血参等。黄芪性微温，味甘，具有补气固表、利尿、拔毒排脓、生肌等功能。现代医学研究表明，黄芪具有提高免疫、抗衰老、抗应激、抗心肌缺血、抗肾炎、抗肝炎、拭胃溃疡、抗骨质疏松、中枢镇静、镇痛、促智及治疗高血压、糖尿病等作用。黄芪还用于治疗消化道肿瘤、肝癌、肺癌、妇科肿瘤等各种肿瘤有气虚表现者。

蒙古黄芪分布于黑龙江、吉林、河北、山西、内蒙古等省区，膜荚黄芪分布于黑龙江、吉林、辽宁、河北、山东、山西、内蒙古、陕西、宁夏、甘肃、青海、新疆、四川和云南等省区，为国家三级保护植物。

一、植株形态特征

蒙古黄芪主根长而粗壮，顺直。茎直立，高 40 ～ 80 cm。奇数羽状复叶，小叶 12 ～ 18 对；小叶片小，宽椭圆形、椭圆形或长圆形，长 5 ～ 10 mm，宽 3 ～ 5 mm，两端近圆形，上面无毛，下面被柔毛；托叶披针形。总状花序腋生，常比叶长，具花 5 ～ 20 余朵；花萼钟状，密被短柔毛，具 5 萼齿；花冠黄色至淡黄色，长 18 ～ 20 mm；旗瓣长圆状倒卵形，翼瓣及龙骨瓣均有长爪；雄蕊 10，二体；子房光滑无毛。荚果膜质，膨胀，半卵圆形，先端有短喙，基部有长的子房柄，均无毛，花期 6—7 月，果期 7—9 月。见图 8–1–1。

膜荚黄芪多年生草本，株高 50 ～ 100 cm。主根深长，棒状，稍带木质，浅棕黄色。茎直立，上部多分枝，有细棱，被白色柔毛。奇数羽状复叶互生；小叶 6 ～ 13 对，小叶片椭圆形或长卵圆形，长 7 ～ 30 mm，宽 3 ～ 12 mm，顶端钝圆或微凹，具小尖头或不明显，基部圆形，全缘，上面近无毛，下面被服贴的白色柔毛；托叶披针形或三角形，长 4 ～ 10 cm。总状花序稍密，有 10 ～ 20 朵花总花梗与叶近等长或较长；苞片线状披针形，长 2 ～ 5 mm，背面被白色柔毛；花梗长 3 ～ 4 mm，连同花序轴稍密被棕色或黑色柔毛；

小苞片 2；花萼钟状，长 5 ～ 7 mm，5 齿裂，外面被白色或黑色柔毛，有时萼筒近于无毛，仅萼齿有毛，萼齿短，三角形至钻形，长仅为萼筒的 1/4 ～ 1/5；花冠蝶形，黄色或淡黄色，旗瓣倒卵形，长 12 ～ 20 mm，顶端微凹，翼瓣较旗瓣稍短，瓣片长圆形，龙骨瓣与翼瓣近等长，瓣片半卵形；雄蕊 10，二体；子房有柄，被细柔毛，柱头无毛；荚果薄膜质，稍膨胀，半椭圆形，长 20 ～ 30 mm，宽 9 ～ 12 mm，顶端具尖刺，两面被白色或黑色细短柔毛，果颈超出萼外；种子 3 ～ 8 颗。花期 6—8 月，果期 7—9 月。见图 8-1-1。

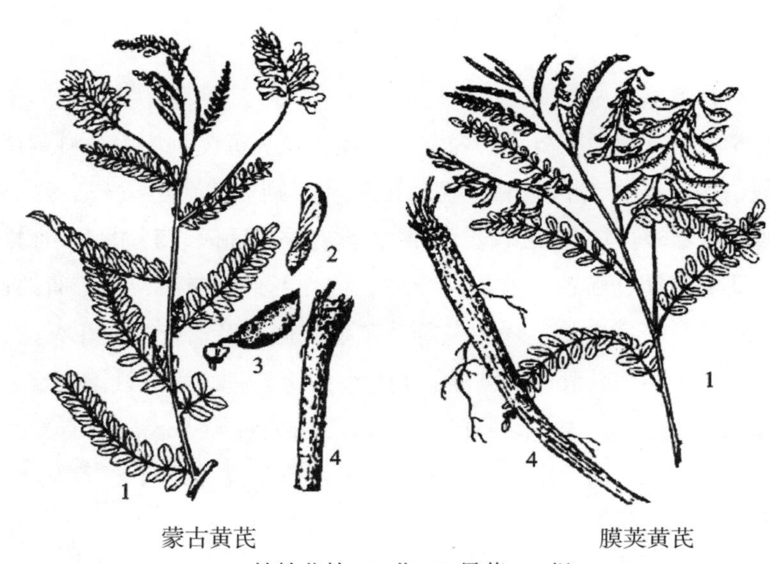

蒙古黄芪　　　　膜荚黄芪

1. 植株花枝；2. 花；3. 果荚；4. 根

图 8-1-1　蒙古黄芪和膜荚黄芪植株形态

二、生态习性及生长发育周期

（一）生态习性

黄芪喜阳光，怕炎热，耐干旱，不耐涝，喜凉爽气候，有较强的耐寒能力，虽可耐受 -30℃以下低温，但安全越冬温度要求不低于 -40℃。

黄芪 1 年生和 2 年生幼苗的根对水分和养分的吸收功能强。随着生长发育的进行，吸收功能逐渐减弱，但贮藏功能增强，主根变得粗大。如果水分过多，易发生烂根，故栽培黄芪应选择渗水性能良好的地块，保护植株根系的正常生长。

黄芪对土壤要求虽不甚严格，但人工栽培宜选在地势较高、土质疏松、土层深厚的土地上进行，因为黄芪是一种深根性植物。土壤质地和土层厚薄不同对根的产量和质量有很大影响：黏重，根生长缓慢，主根短，分枝多，常畸形；土壤砂性大，根纤维木质化程度大，粉质少；土层薄，根多横生，分枝多，呈鸡爪形，品质差。在 pH 7 ～ 8 的砂壤土或冲积土中黄芪根垂直生长，长可达 1 m 以上，俗称“鞭竿芪”，品质好，产量高。黄芪忌重茬，不宜与马铃薯、菊花、白术等连作。

（二）生长发育周期

黄芪从播种到种子成熟要经过 5 个时期：幼苗生长期、枯萎越冬期、返青期、孕蕾开花期和结果种熟期。

幼苗生长期：黄芪种子萌发后，在幼苗五出复叶出现前，根系发育不完全，入土浅，吸收差，怕干旱、高温、强光。五出复叶出现后，根系吸收水分、养分能力增强，叶片面积扩大，光合作用增强，幼苗生长速度显著加快。通常当年播种的黄芪处于幼苗生长期不开花结果。黄芪幼苗见图 8–1–2。

图 8–1–2　黄芪幼苗

越冬期：地上部分枯萎到第 2 年植物返青前称为枯萎越冬期。一般在 9 月下旬气温降低，光合作用显著减弱后，叶片开始变黄，地上部枯萎，地下部根头越冬芽形成，此期需经历 180 ～ 190 d。黄芪抗寒能力强，不加覆盖物也可安全过冬。

返青期：越冬芽萌发并长出地面的过程称为返青。春天当地温达到 5 ～ 10℃时，黄芪开始返青。首先长出丛生芽，然后分化茎，枝、叶，形成新的植株。返青初期生长迅速，30 d 左右即可长到正常株高，随后生长速度又减缓下来，这一时期受温度和水分的影响很大。

开花期（图 8–1–3）：从花蕾由叶腋现出到小花凋谢为现蕾开花期。2 年生以上植株一般 6 月初在叶腋中出现花蕾，先是中部枝条叶腋现蕾，而后陆续向上逐渐现蕾，蕾期 20 ～ 30 d。先期花蕾于 7 月初开放，花期为 20 ～ 25 d。开花期若遇干旱，会影响授粉结实。在生育期长的地方，春播黄芪于 8 月下旬现蕾开花。

图 8–1–3　黄芪开花期

结果期（图 8–1–4）：从小花凋谢至果实成熟为结果期。2 年生黄芪 7 月中旬进入果期，约为 30 d。果实成熟期若遇高温、干旱，种皮不透性增强，会造成种子硬实率增加，使种子品质降低。黄芪的根在开花结果前生长速度最快，此时地上光合产物主要运输到根部积累，而以后则由于开花结果会大量消耗养分，使得根部生长减缓。

黄芪的种子半卵圆形，千粒重约 5.83 g（图 8–1–5）。黄芪种子具硬实性，一般硬实率在 40% ～ 80%，造成种子透性不良，吸水力差，在正常温度和湿度条件下，约有 80% 左右的种子不能萌发，影响了自然繁殖。生产上，一般播种前要对种子进行前处理，打破种皮的不透水性，提高发芽率。黄芪种子吸水膨胀后，在地温 5 ～ 8℃时即可萌发，以 25℃时发芽最快，仅需 3 ～ 4 d。

图 8–1–4　黄芪结果期

图 8–1–5　黄芪种子

三、栽培技术

（一）选地与整地

黄芪对土壤酸碱度要求不严，一般以 pH 值 6.5 ～ 8.0 的砂壤土最为适宜。平地栽培应选择地势高、排水良好、疏松而肥沃的砂壤土；山区应选择土层深厚、排水好、背风向阳的山坡或荒地种植。选好地后进行整地，以秋季翻地为好。一般耕深 30 ～ 45 cm，结合翻地施基肥，每亩施农家肥 2 500 ～ 3 000 kg、饼肥 50 kg、过磷酸钙 25 ～ 30 kg，也可春季翻地，但要注意土壤保墒，然后耙细整平，作畦或垄，一般垄宽 40 ～ 45 cm，垄高 12 ～ 15cm。

（二）繁殖方法

黄芪的繁殖既可种子直播，也可育苗移栽。

1. 选　种

黄芪种子不耐贮藏，以膜荚黄芪为例，贮藏 2 年的种子发芽率为 50% 左右，3 年为 10% 左右。应选择当年或前 1 年采收的籽粒饱满、无虫蛀的良种作种用。黄芪播种前，要对种子进行风选或筛选，淘汰秕粒、杂粒、杂物等。

2. 种子处理

黄芪种子有硬实现象，即使在适宜的温度、水分和氧气条件下硬实的种子也不能吸胀萌发。黄芪种子的硬实率与采种期有关，应在种子呈褐色时采收，种子老熟变为黑色带斑点时则成为硬实，很少发芽。为加速吸水萌发，促使苗齐苗壮，应进行种子处理，目前有两种处理方法。

温汤浸种法：播种前，将黄芪种子置于容器中，加入适量开水，不停搅动约 1 min，然后加入冷水调水温至 40℃，放置 2 h，将水倒出，种子加覆盖物焖 8 ～ 10 h，待种子膨大或外皮破裂时，可趁雨后播种。

砂磨法：将种子与粗砂按 1∶1 比例混匀，用碾子碾至划破种皮为止，也可用碾米机快速碾一遍，以种皮起毛刺为度，随即可播种。

3. 种子直播

黄芪春、夏、秋三季均可播种。春播在“清明”节前后进行，最迟不晚于“谷雨”，一般地温达到 5 ～ 8℃时即可播种，保持土壤湿润，15 d 左右即可出苗；夏播在 6—7 月雨季到来时进行，土壤水分充足，气温高，播后 7 ～ 8 d 即可出苗；秋播一般在“白露”前后，地温稳定在 0 ～ 5℃时播种。要注意适期晚播以保证种子播后不萌发，以休眠状态越冬；播种较早，种子萌动易被冻死。目前，播种黄芪主要采用穴播、条播等方法。其中，穴播方法较好，因穴播保墒好，覆土一致，镇压适度，有利于种子萌发。另外，种子集中有利于出苗，出苗后苗丛内互相遮光保温，有利于保苗。穴播多按 20 ～ 25 cm 穴距开穴，每穴点种 3 ～ 10 粒，覆土 1.5 cm，踩平，播种量 15 kg/hm^2。条播按 20 ～ 30 cm 行距开浅沟（沟深 1 cm），将种子拌适量细沙，均匀撒于沟内，覆土 1.5 ～ 2.0 cm 厚，轻轻镇压一遍，播种量 22.5 ～ 30 kg/hm^2。

4. 育苗移栽

优点是既可集中利用时间和地力，又可减少投资，便于人工采挖，提高产量和质量。由于黄芪入土较深，起收费工，近年来一些地区采用育苗移栽的方法栽培黄芪，其做法是育苗 1 年，起收后平栽，栽后 1 ～ 2 年采收，经济收益较好。

（1）育　苗

选土壤肥沃、灌溉和排水方便、疏松的沙壤土作苗床。要求土层厚度 40 cm 以上，土壤板结，应施足农家肥，并深翻 30 cm 以上。在春夏季育苗，可采用撒播或条播。撒

图 8-1-6　黄芪壮苗

播的，直接将种子撒在平畦内，覆土 2 cm，用种子量 225 ～ 300 kg/hm^2，加强田间管理，适时清除杂草；条播的，行距 15 ～ 20 cm，每亩用种量 2 kg。亦可与小麦套作。黄芪壮苗见图 8-1-6。

（2）移　栽

移栽时间可在秋末、初春进行，要求边起边栽，忌日晒。起苗时要深挖，保证根长不小于 20 cm，严防损伤根皮或折断芪根，同时将细小、自然分叉苗淘汰。移栽时按行距 40 ～ 50 cm 开沟，沟深 10 ～ 15 cm，将根顺直放于沟内，株距 15 ～ 20 cm，栽后踩实或镇压紧密，利于缓苗。移栽最好是浇水后或趁雨天进行，利于成活。土壤墒情适宜时，浅锄 1 次，以防板结。黄芪定植见图 8-1-7。

图 8-1-7　黄芪定植

图 8-1-8　黄芪人工除草

（三）田间管理

1. 中耕除草

（1）人工除草

黄芪齐苗后可进行第 1 次锄草。苗期根系较浅应浅锄，否则会引起幼苗死亡。黄芪苗期生长慢，于植株封行前适时中耕除草，可使地面疏松、无杂草，利于黄芪生长，封行后视草情酌情人工除草（图 8-1-8）。

（2）化学除草

黄芪化学除草应根据当地种植经验，结合“GAP”规范化生产要求，在杂草较多的幼龄期，用黄芪专用除草剂喷杀 1 次（除草剂每年只能用 1 次），基本保证田间无杂草。

2. 间苗、定苗

黄芪小苗对不良环境抵抗力弱，不宜过早间苗，一般在苗高 6 ～ 10 cm 时，按株距 6 ～ 8 cm 进行间苗。结合间苗进行中耕除草，苗高 8 ～ 10 cm 时，进行第二次中耕除草，以保持田间无杂草，地表层不板结，当苗高 10 ～ 12 cm 时，按株距 10 ～ 15 cm 定苗，穴栽的按每穴 2 ～ 3 株定苗。

3. 追　肥

黄芪生长需肥量大，每年可结合中耕除草施肥 1 ～ 2 次，每次按每亩沟施厩肥 500 ～ 1 000 kg。如用化肥，应以 P、K 肥为主。定苗后要追施 N 肥和 P 肥，一般田块每亩追施硫铵 15 ～ 17 kg 或尿素 10 ～ 12 kg、硫酸钾 7 ～ 8 kg、过磷酸钙 10 kg。花期每亩追施过磷酸钙 5 ～ 10 kg、N 肥 7 ～ 10 kg，促进结实和种熟。在土壤肥沃的地区，尽量少施化肥。

4. 灌溉与排水

黄芪"喜水又怕水"，管理中要注意"灌水又排水"。黄芪有两个需水高峰期，即种子发芽期和开花结荚期。幼苗期灌水需少量多次，小水勤浇；开花结荚期视降水情况适量浇水。灌溉水质应严格执行国家农田灌溉水质量标准，以井水、雨水及无污染的河水灌溉。黄芪地中湿度过大易诱发（加重）沤根、麻口病、根腐病及地上白粉病等病害，故生长季雨季应随时进行排水。

5. 打　顶

黄芪以根部入药，因此，为了控制黄芪的营养生长，应在 6 月中下旬至 7 月中旬之前完成打顶工作，以减少地上部分对于养分的消耗，这样有利于黄芪根系生长，提高产量。

（四）病虫害防治

1. 白粉病（*Erysiphe Polygoni* D. C.）

（1）症　状

主要为害叶片，也可侵染叶柄、茎和荚果，苗期至成株期均可发生。受害叶片和荚果表面如覆白粉，后期在病斑上出现很多小黑点，造成叶片早期脱落，严重时使叶片和荚果变褐或逐渐干枯死亡。

（2）发病原因

一般在 8 月上旬发病，平均气温在 19 ～ 21℃，空气湿度为 40% ～ 60% 时蔓延迅速。高温多湿年份发病严重。

（3）防治措施

彻底清除病残体，加强田间管理，合理密植，注意株间通风透光，可减少发病。施肥以有机肥为主，注意 N、P、K 肥比例配合适当，不要偏施 N 肥，以免植株徒长，导致抗病性降低。实行轮作，尤其不要与豆科植物和易感染此病的作物连作。

药剂防治：① 用 25% 粉锈宁可湿性粉剂 800 倍液或 50% 多菌灵可湿性粉剂 500 ～ 800 倍液喷雾；② 用 75% 百菌清可湿性粉剂 500 ～ 600 倍液或 30% 固体石硫合剂 150 倍液喷雾；③ 50% 硫黄悬浮剂 200 倍液或 25% 敌力脱乳油 2 000 ～ 3 000 倍液喷雾；

④ 25% 敌力脱乳油 3 000 倍液加 15% 三唑酮可湿性粉剂 2 000 倍液喷雾。用以上任意一种杀菌剂或交替使用，每隔 7 ～ 10 d 喷 1 次，连续喷 3 ～ 4 次，具有较好的防治效果。

2. 白绢病（*Sclerotium rolfsii* Sacc.）

（1）症　状

发病初期，病根周围以及附近表土产生棉絮状的白色菌丝体。由于菌丝体密集而成菌核，初为乳白色，后变米黄色，最后呈深褐色或栗褐色。被害黄芪，根系腐烂殆尽或残留纤维状的木质部，极易从土中拔起，地上部枝叶发黄，植株枯萎死亡。

（2）发病原因

白绢病菌主要以菌核在土中过冬。在 10℃始萌发，20℃萌发受到抑制，50℃以上菌核死亡。翌年温湿度适宜时，菌核萌发产生菌丝体，侵害黄芪根部引起发病。此外，土杂肥及感染带菌的黄芪苗，也是初次侵染的病源。田间发病期间，菌核可通过水源、杂草及土壤的翻耕等向各处扩散传播为害。

（3）防治措施

合理轮作：轮作的时间以间隔 3 ～ 5 年较好。

土壤处理：可于播种前施入杀菌剂进行土壤消毒，常用的杀菌剂为 50% 可湿性多菌灵 400 倍液，拌入 2 ～ 5 倍的细土。一般要求在播种前 15 d 完成，可以减少和防止病菌为害。另外，也可以 60% 棉隆作消毒剂，但需提前 3 个月进行，10 g/m^2 与土壤充分混匀。

药剂防治：可用 50% 混杀硫或 30% 甲基硫菌悬浮剂 500 倍液，或 20% 三唑酮乳油 2 000 倍液，用其中一种，每隔 5 ～ 7 d 浇注 1 次；也可用 20% 利克菌（甲基立枯磷乳油）800 倍液于发病初期灌穴或淋施 1 ～ 2 次，每 10 ～ 15 d 防治 1 次。

3. 紫纹羽病（*Helicobasidium mompa* Tanaka.）

（1）症　状

主要为害 1 年生以上的植株根部。发病从小根开始，逐渐向主根蔓延。病根初期形成不明显黄褐色斑块，外表较正常的根皮略深，内部皮层组织则变褐色，病健交界明显。菌丝层及菌索的色泽较红，后逐渐变紫，药农俗称“红根病”。根表面着生 1 ～ 2 mm 半球形暗褐色菌核。后期病根皮层剥离，木质部腐朽。秋后在病根表面及土壤缝隙处可见到大小形状不定的菌丝块。病株叶片黄化，生长衰弱或枯萎死亡。

（2）发病原因

该病由担子菌亚门木耳目卷担菌属真菌所致。病菌寄主范围广，药用植物中除为害黄芪外，还可为害黄连、党参、桔梗、巴戟天、北沙参、丹参、紫苏等。病菌以菌丝体、根状菌索或菌核在病根及土壤中残留越冬，并可存活多年。遇到寄主首先侵染细根的柔软组织，引起软化腐烂，而后蔓延到主根。病菌主要靠病健根接触、菌索的扩展而传播，灌溉水和农具等也能传播。孢子在雨季形成但寿命较短，不能起传播作用。在新开垦的生荒地和树林边迹地黄芪发病重。根部被牲畜践踏受伤、长势衰弱的植株以及土壤偏酸性的易发病。黄芪整个生长季节都能发生病害，以 8—9 月症状最为显著。

（3）防治措施

加强栽培管理，增强生长势和提高抗病力，并进行土壤消毒。山林迹地栽培，应尽量清除土壤中的残留树根，不用林间土渣肥作基肥。合理安排与非寄主植物轮作。发现病株立即清除销毁。

药剂防治：用 70% 甲基托布津 1 000 倍液、50% 苯来特 1 000 ～ 2 000 倍液或多菌灵等药液浇灌。病土处理可施用石灰氮（300 ～ 375 kg/hm^2）消毒，但必须早期（2 周前）耕翻入土壤中，使其有效成分氰氨分解成尿素后才可种植。

4. 根腐病

（1）症　状

病原有多个，但主要为 [*Fusarium solani*（Mart.）App. et Wollenw.]。被害黄芪地上部枝叶发黄，植株萎蔫枯死。地下部主根顶端或侧根首先罹病，然后渐渐向上蔓延。受害根部表面粗糙，呈水渍状腐烂，其肉质部红褐色。严重时，整个根系发黑溃烂。极易从土中拔起。

（2）发病原因

土壤湿度较大时，在根部产生一层白毛。带菌的土壤和种苗是根腐病的主要初次侵染来源。病害常于 5 月下旬至 6 月初开始发病，7 月以后严重发生，常导致植株成片枯死。

（3）防治措施

深翻土壤，施用腐熟有机肥；整地时进行土壤消毒，山林地栽培，应尽量清除土壤中的残留树掉根，不用林间土渣肥作基肥，与非寄主植物轮作倒茬。对带病种苗进行消毒后再播种，发现病株立即清除销毁。

药剂防治：参考白粉病。

5. 锈病（*Uromyces punctatus*）

（1）症　状

主要为害叶片。被害叶片背面生有大量锈菌孢子堆，常聚集成中央一堆。锈菌孢子堆周围红褐色至暗褐色。叶面有黄色的病斑，后期布满全叶，最后叶片枯死。

（2）发病原因

黄芪锈病由担子菌亚门锈菌目单胞锈菌属真菌所致。病菌有转主寄生现象，性孢子和锈孢子阶段寄生于大戟属植物，在芦头病残叶内存活越冬。田间种植密度过大、氮肥过多、高湿多雨有利发病。一般在北方地区于 4 月下旬发生，7—8 月为盛发期。

（3）防治措施

选择排水良好、向阳、土层深厚昀砂壤土种植。实行轮作，合理密植。彻底清除田间病残体，降低越冬菌源基数；注意开沟排水，降低田间湿度，减少病菌为害。

药剂防治：发病初期，用25%粉锈宁600～800倍液、80%代森锰锌600～800倍液喷雾，或用敌锈钠喷雾防治。

6. 根结线虫病（*Meloidogyne incognzta* var. acrita）

（1）症 状

黄芪根部被线虫侵入后，导致细胞受刺激而加速分裂，形成大小不等的瘤结状虫瘿。主根和侧根能变形成瘤。瘤状物小的直径为1～2 mm，大的可以使整个根系变成一个瘤状物。罹病植株枝叶枯黄或落叶。

（2）发病原因

在土中遗留的虫瘿及带有幼虫和卵的土壤是线虫病的传染来源。一般在6月上、中旬至10月中旬均有发生。砂性重的土壤发病严重。

（3）防治措施

忌连作，最好与禾本科作物轮作或水旱轮作综合防治。及时拔除病株。施用农家肥应充分腐熟。土壤消毒参照白绢病。

7. 食心虫（*Bruchophagus* sp., *Etiella zinckenella* Treitschke）

（1）种 类

为害黄芪的食心虫主要是黄芪籽蜂。黄芪籽蜂对种子为害率一般为10%～30%，严重者达到40%～50%。其他食心虫还有豆荚螟、苜蓿夜蛾、棉铃虫、菜青虫等，这四类害虫对种荚的总为害率在10%以上。

（2）防治措施

①及时消除田内杂草，处理枯枝落叶，减少越冬虫源。②种子收获后用1∶150倍液的多菌灵拌种。药剂防治：在盛花期和结果期各喷乐果乳油1 000倍液1次；种子采收前喷5%西维因粉22.5 kg/hm^2。

8. 芫 菁

（1）种 类

为害黄芪的芫菁共9种，在内蒙古丘陵或山区为害尤重。芫菁取食茎、叶、花，喜食幼嫩部分，严重的可在几天之内将植株吃成光秆。

（2）防治措施

①农业防治，冬季翻耕土地，消灭越冬幼虫。②人工网捕成虫，因有群集为害习性，可于清晨网捕。药剂防治：2.5%敌百虫粉剂喷粉，用量22.5～30 kg，或喷施90%晶体敌百虫1 000倍液，用药液量1 125 kg/hm^2，均可杀死成虫。

9. 蚜 虫

（1）种 类

为害黄芪的蚜虫有槐蚜和无网长管蚜。主要为害枝头幼嫩部分及花穗等，常群居吸食植株汁液，使嫩芽枯萎，幼叶卷缩。每年发生多代，主要是以无翅的胎生雌性蚜虫和若蚜在背风、向阳的山坡、沟边、路旁杂草的根茎处越冬。第2年春季在越冬寄主上大量繁殖，4月中下旬或5月中下旬形成第1次的为害期。花果期为害严重，导致植株生长不良，落花、落果或空荚现象严重，影响了根及种子的产量。

（2）防治措施

应该充分考虑气候及天敌的自然控制作用；在天敌非敏感期选用40%乐果乳油1 500～2 000倍液、5%敌百虫粉或1.5%乐果粉剂、10%杀灭菊100倍液等药剂喷雾防治，每3 d喷1次，连续2～3次。

四、留种技术

秋季收获时，选植株健壮、主根肥大粗长、侧根少、当年不开花的根留作种苗，芦头下留10 cm长的根。留种田宜选排水良好、阳光充足的肥沃地块，施足基肥，按行距40 cm，开深20 cm的沟，按株距25 cm，将种根垂直排放于沟内，芽头向上，芦头顶离地面2～3 cm，覆土盖住芦头顶1 cm厚，压实，顺沟浇水，再覆土10 cm左右，以利防寒保墒，早春解冻后，扒去防寒土。随着植株的生长结合松土进行护根培土，以防倒伏。7—9月开花结果后，待荚果下垂、果皮变白、种子变绿褐时摘下荚果，随熟随摘，晒干脱粒，去除杂质，置通风干燥处贮藏。留种田，如加强管理，可连续采种5～6年。

五、采收与加工

（一）采　收

黄芪品质以3～4年采挖的最好，年头过久内部易造成黑心甚至朽根，不能药用。目前生产中一般都在1～2年采挖，影响了黄芪的药材品质。建议3年采挖（收获场景见图8-1-9）。黄芪在萌动期和休眠期的有效成分黄芪甲苷含量较高。据此，黄芪应在春（4月末至5月初）和秋（10月末至11月初）两季采挖。蒙古黄芪不同物候期总皂苷含量是随着植物的生长发育而逐渐升高的，9月可达到最高值，因此从得到总皂苷角度考虑，应在9月采收。此外，就氨基酸含量来说，3年生的高于1年生的，2年生的最低，因此最好采收3年生的。采收时，先用镰刀割去地上茎蔓，然后从地边开挖深沟，然后用铁钗顺畦深挖，尽量保全根，严防伤皮断根。

图8-1-9　黄芪收获

（二）加　工

黄芪采收后要先去净泥土，趁鲜将芦头切除，再切掉侧根，然后分级，并剔除破损、虫害、腐烂变质的部分。挑选分级的黄芪在太阳下晒到含水 7 成时搓条。搓条是黄芪初加工过程中重要的一道工序，黄芪在晒干的过程中反复搓 2 ～ 3 次，能使皮紧实，保持营养成分，特别是对糖分保持有重要作用，搓条还能使黄芪外观性状整齐一致，便于进一步加工和贮运。

搓条是将晒至 7 成左右的黄芪取 1.5 ～ 2 kg，用无毒编织袋包好，放在干整的木板上来回揉搓，搓到条直、皮紧实为止。然后将搓好的黄芪平晾在洁净的场院内，晒上二天，进行第 2 次搓条，此时黄芪含水量达 5 成左右，搓条方法同第 1 次。当黄芪含水量在 2 ～ 3 成时进行第 3 次搓条，方法同前两次。搓好的黄芪用细铁丝扎 0.5 ～ 1 kg 的小把晾晒到将干时待加工或贮藏。黄芪初加工场景见图 8–1–10。

图 8–1–10　黄芪初加工

（三）药材质量标准

黄芪以无芦头、尾梢、须根、枯朽、虫蛀及霉变为合格。以条粗、皱纹少、断面色黄白、粉性足、味甜者为优。共分四个等级。黄芪药材尺寸示例见图 8–1–11。

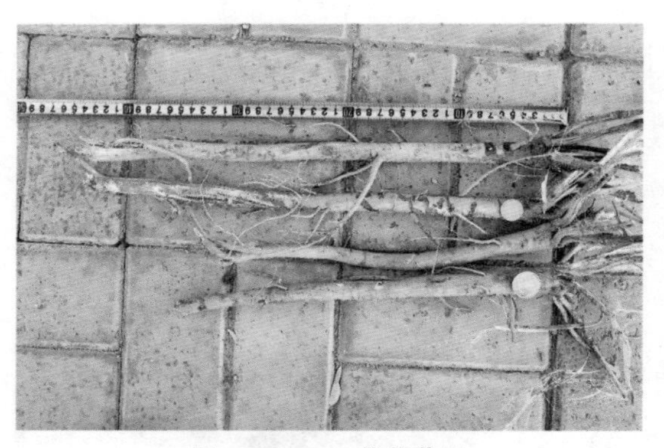

图 8–1–11　黄芪药材

特等：干货。呈圆柱形的单条，去掉疙瘩头或喇叭头，顶端尖有空心。表面灰白色或淡褐色。质硬而韧。断面外层白色，中间淡黄色或黄色，有粉性。味甘，有生豆气。长 70 cm 以上，上中部直径 2 cm 以上，末端直径不小于 0.6 cm。无须根、老皮、虫蛀、霉变。

一等：干货。呈圆柱形的单条，去掉疙瘩头或喇叭头，顶端尖有空心。表面灰白色或淡褐色。质硬而韧。断面外层白色，中间淡黄色或黄色，有粉性。味甘，有坐豆气。长 50 cm 以上，上中部直径 1.5 cm 以上，末端直径不小于 0.5 cm。无须根、老皮、虫蛀、霉变。

二等：干货。呈圆柱形的单条，去掉疙瘩头或喇叭头，顶端尖有空心。表面灰白色或淡褐色。质硬而韧。断面外层白色，中间淡黄色或黄色，有粉性。味甘，有生豆气。长40 cm以上，上中部直径1 cm以上，末端直径不小于0.4 cm。无须根、虫蛀、霉变。

三等：干货。呈圆柱形的单条，去掉疙瘩头或喇叭头，顶端尖有空心。表面灰白色或淡褐色。质硬而韧。断面外层白色，中间淡黄色或黄色，有粉性。味甘，有生豆气。上中部直径0.7 cm以上，末端直径不小于0.3 cm。无须根、虫蛀、霉变。

另本品按干燥品计算，含黄芪甲苷（$C_{48}H_{68}O_{14}$）不得少于0.04%。

六、包装、贮藏与运输

（一）包　装

选用不易破损、干燥、清洁，无异味以及不影响黄芪品质的材料制成的专用袋或麻袋包装，每袋25 kg，误差控制在每袋 ±100 g内，然后抽真空封口，装箱封口打包，包装要牢固。箱外应有品名、批号、重量、产地、等级、采收时间、生产日期、含水量、注意事项、质量检查结果等。

（二）贮　藏

储存包装好的黄芪不能暴晒、风吹、雨淋，应妥善保管，在清洁和通风、干燥、避光、温度、湿度等符合黄芪贮存要求的专用库房内贮存，库房要设有通风窗，以便晴天能开窗通风，阴天能闭窗防止水蒸气侵入室内，做到库内干燥，室内相对湿度应控制在70%以内，室内温度不超过25 ℃。

制定严格的仓储养护规程和管理制度，确定专人负责。在贮存的1～2年不使用任何保鲜剂和防腐剂。在贮存前先将地面清扫干净，铺一层棚膜，以防潮，在棚膜上铺上木板，将打成捆或装箱的黄芪架起，按不同规格堆成长、宽、高3～4捆（箱）的正方体，码起的药堆中间留2 m宽的走廊，便于通风和防止发热。

本品安全含水10%～13%，必要时安装空调及除湿设备，并具有防鼠、虫、禽畜的措施。本品易吸潮后发霉，虫蛀，为害的仓库害虫有家茸天牛、咖啡豆象、印度谷螟，贮藏期应定期检查、消毒，经常通风，必要时可以密封氧气充氮养护，发现虫蛀可用磷化铝等熏蒸。

（三）运　输

药材批量运输时，不应与其他有毒、有害、易串味物品混装。运载容器应具有较好的通气性，以保持干燥，并应有防潮措施。

第二节　甘　草

甘草（*Glycyrrhiza uralensis* Fisch.）为豆科甘草属多年生草本，以根和根状茎入药，药材名甘草。甘草是一种重要的大宗药材，同时又是食品、香烟及其他轻工业的重要辅料。甘草性平味甘，具有清热解毒、润肺止咳、调和诸药的功效，主治脾胃虚弱、中气不足、咳嗽气喘、痈疽疮毒、腹中挛急作痛等症。

甘草的有效成分主要为三萜类化合物和黄酮类化合物。三萜类化合物主要包括甘草酸、甘草次酸等，黄酮类化合物主要为甘草苷等。除乌拉尔甘草外，甘草属的胀果甘草 *Glycyrrhiza Inflata* Bat. 和光果甘草 *Glycyrrhiza glabra* L. 也为我国《药典》所收录，作为甘草使用。在我国，以乌拉尔甘草的分布范围最广，药材质量最优，目前生产上引种栽培的基本都是乌拉尔甘草。

商品甘草按产地不同有东甘草、西甘草和新疆甘草之分。东甘草原植物为乌拉尔甘草，主产于东北三省及内蒙古的赤峰、通辽一带；西甘草原植物也主要是乌拉尔甘草，主产于宁夏、陕西和内蒙古的东胜等地；新疆甘草的原植物以胀果甘草为主，也有乌拉尔甘草和光果甘草。

一、植株形态特征

甘草株高 50 ～ 80 cm，全株被覆白色短柔毛和腺毛。根茎圆柱状，多横生；主根长而粗大，外皮红棕色至暗褐色，有甜味。茎直立，下部木质化。叶互生，奇数羽状复叶，小叶 5 ～ 17 枚，倒卵形或阔椭圆形，全缘，两面具腺鳞及白短毛。总状花序腋生，花萼钟形；花冠蝶形，紫红色或蓝紫色，二体雄蕊；子房无柄，上部渐细呈短花柱。荚果呈镰刀状或环状弯曲。多数密集排列成球状，褐色，密被刺状腺毛。内有种子 6 ～ 8 粒。种子扁卵形，褐色或墨绿色，千粒重 8 ～ 14g（照片）。花期 6—7 月，果期 7—9 月。甘草植株形态见图 8-2-1。

1. 花枝；2. 果实；3. 根

图 8-2-1　甘草植株形态

二、生态习性

（一）对环境条件的要求

甘草是喜光植物，野生甘草分布区的年日照时数为 2 700 ～ 3 360 h，充足的光照条件是甘草正常生长的重要保障。

甘草对温度具有较强的适应性，野生甘草分布区的年均温度平均在 3.5 ～ 9.6℃，最低温度在 –30℃以下，最高温度在 38.4℃。

甘草具有较强的耐干旱、耐沙埋的特性。野生甘草分布区的降水量一般在 300 mm 左右，不少地区甚至在 100 mm 以下，在干旱的荒漠地区甘草能形成单独的种群。

甘草对土壤具有广泛的适应性。在栗钙土、灰钙土、黑垆土、石灰性草甸黑土、盐渍土上均能正常生长，但以含钙土壤最为适宜。土壤 pH 值在 7.2 ～ 9.0 范围均可生长，但以 8.0 左右较为适宜。此外，甘草还具有一定的耐盐性，总含盐量在 0.08% ～ 0.89% 范围的土壤上均可生长，但不能在重盐碱化的土壤或重盐碱土上生长。

甘草是深根性植物，适宜于土层深厚、排水良好、地下水位较低的砂质或砂壤质土上生长，不宜在涝洼地和地下水位高的土中生长。

（二）生长发育

甘草的地上部分每年秋末死亡，以根及根茎在土壤中越冬。次春 4 月在根茎上长出新芽，5 月中旬出土返青，6—7 月开花结果，8—9 月荚果成熟。甘草根茎萌发力强，在地表下呈水平状向老株的四周延伸。一株甘草种后 3 年，在远离母株 3 ～ 4 m 处，可见新的植株长出。土层深厚，根长达 10 m 以上。甘草苗期见图 8–2–2，甘草结果期见图 8–2–3。

图 8–2–2　甘草苗期

图 8–2–3　甘草结果期

（三）种子及其萌发特性

甘草的种皮致密，不易透水透气，存在着大量硬实的种子。成熟的种子硬实率高达80% 以上，种子萌发困难，所以在播种以前必须对种子进行处理。干燥的成熟甘草种子具有很高的抗逆性，以 60 ～ 80℃烘烤 4 h，或 90 ～ 100℃烘烤 10 min，对其发芽率都没有任何影响。在有霉菌和细菌侵染的环境条件下，培养 15 个月，种子表面长满了霉菌和细菌，但种子的发芽率仍然高达 96%。储藏 13 年的种子仍可保持约 60% 的发芽率。甘草种子的吸水能力非常强，在极度干旱的条件下（4 bar），也能迅速吸足萌发所需的水分。甘草种子发芽的最低温度 6℃，适宜温度 15 ～ 35℃，最适温度 25 ～ 30℃，最高温度 45℃ ；种子萌发的适宜土壤含水量为 7.5% 以上。

三、栽培技术

（一）选地整地

选择地势干，土层深厚、疏松、排水良好的向阳坡地。土壤以略偏碱性的砂质土、砂壤质土或覆砂土为宜。忌涝洼地及黏土地种植。选好地后，一般于播种的前一年秋季施足基肥（每亩施厩肥 2 000 ～ 3 000kg），深翻土壤 20 ～ 35 cm，然后整平耙细，灌足底水以备第二年播种。

（二）繁殖方法

1. 种子繁殖

（1）种子选择及处理

选种：目前甘草种子几乎全部来自野生，还未见有人工栽培品种的报道。因此，在选择种子时应尽量遵循就近取种的原则，在距离栽培区较近的野生甘草分布区，选择子粒成熟饱满无虫害的种子用于生产，以保障药材的高产优质。甘草种子见图 8-2-4。

图 8-2-4　甘草种子

种子处理：甘草种子的处理方法有物理方法和化学方法两大类。物理方法主要有机械碾磨法、温水浸种法、湿沙埋藏法等。化学方法主要是硫酸处理法。

机械碾磨法：根据碾米机的类型、甘草种粒大小、种子的干燥程度，合理控制碾种的强度和次数。特别是种粒的均匀程度对于处理效果至关重要。一般在碾磨处理前，首先将种子过筛分级，然后分级进行碾磨处理。碾磨 1 ～ 2 遍，处理效果以用肉眼观察绝大部分种子的种皮失去光泽或轻微擦破，但种子完整，无其他损伤为宜。更为可靠的方法是进行种子吸胀检查，方法是随机抽取一定量的种子，用温水浸泡 3 h 左右，如果有 90% 以上的种子吸水膨胀，说明种子已处理好可用于播种，如吸水膨胀的种子低于 70%，还需要继续碾磨。

硫酸处理法：这种方法造价相对较高，但种粒大小不均匀，不影响处理效果，比较适合少量种子样品的处理。具体做法是采用浓硫酸（98%）处理，按照每千克种子 30 ～ 40 mL 浓硫酸的比例进行均匀混合，并不时搅拌，使种子与浓硫酸充分接触，1 分钟后迅速用大量清水漂洗种子，去掉硫酸晾干即可。硫酸处理的技术要点是尽量使种子与浓硫酸充分接触，并根据种皮厚度，合理控制腐蚀时间。处理好的种子发芽率可达 90% 左右。

（2）直　播

播种分春播、夏播和秋播。春播一般在公历的 4 月中下旬、阴历的谷雨前后进行；对于灌溉困难的地区，可在夏季或初秋雨水丰富时抢墒播种，夏播一般在 7 — 8 月，秋播一般在 9 月进行。但具体播种期的确定应该视土壤温度和水分状况，在土壤含水量适合的情况下，温度是种子萌发的限制因子。甘草在土壤温度大于 10℃时即可萌发（幼苗出土见图 8-2-5），最适宜的温度范围为 25℃左右。

图 8-2-5　甘草幼苗出土

播种前首先作畦。畦宽 4 m，然后灌透水一次，蓄足底墒。播种前种子可先进行催芽处理，也可直接播处理好的干种子。播种量为 1.5 ～ 2 kg/ 亩，播种行距 30 cm，播种深度 2.0 cm 左右。可采用人工播种，也可采用播种机进行机械播种。播后稍加镇压，一般经 1 ～ 2 周即可出苗。对于春季气候多变的地区也可选在 5 月播种，当日平均气温升至 10℃以上，地面温度升至 20℃以上即可进行播种。

（3）育苗移栽法

育苗也可分春季育苗、夏季育苗和秋季育苗。一般多采用春季育苗，选择有灌溉条件、土层深厚、质地疏松较肥沃的砂壤地，施足底肥，作为育苗用地。播种时间与直播法基本相同，但下种量较大，3.0 ～ 5.0 kg/ 亩，种植株行距小，采用宽幅条播（幅宽 20 cm，幅间距 25 cm），保证每亩不少于 7 万株苗。

移栽分秋季移栽和春季移栽。秋季移栽一般在 10 月初土壤上冻前进行，春季移栽一般在 4—5 月，土壤解冻后进行。春季移栽比秋季移栽第二年春季返青早，可适当延长生长期，有利于高产。为了保证速生丰产，可采用分级移栽，即将幼苗主根挖出后，保留芽头，去掉尾根，整成 30 ～ 40 cm 长的根条，按粗细长短分级：粗 0.8 ～ 1.0 cm、长 30 ～ 40 cm 为 1 级根条；粗 0.5 ～ 0.8 cm、长 30 ～ 40 cm 为 2 级根条；粗度小于 0.5 cm 的短根为 3 级根条。用此方法，1、2 级苗移栽当年即可成材，3 级苗经 2 ～ 3 年也可成材，产量 0.6 kg/m^2 左右，商品等级较高。开沟移栽，沟深 8 ～ 12 cm，沟宽 40 cm 左右，沟间距 20 cm，将根条水平摆于沟内，株距（根头间的距离）10 cm，覆土即可。

甘草幼苗见图 8-2-6。

图 8-2-6　甘草幼苗

2. 根茎繁殖

在春秋采收甘草时，将无伤、直径 0.5 ～ 0.8 cm 左右的根茎剪成 10 ～ 15 cm 长、带有 2 ～ 3 个芽眼的小段。在整好的田畦里按行距 30 cm，开 8 ～ 10 cm 深的沟，将剪好的根茎节段按株距 15 cm 平放沟底，覆土压实即可。根茎繁殖以秋季进行较好，可减少春天因采挖或移栽不及时造成的新生芽的损伤，提高成活率。

（三）田间管理

1. 中耕除草

当年播种的甘草幼苗生长缓慢，易受杂草侵害。一般在幼苗出现 5 ～ 7 片真叶时，进行第一次锄草松土，入伏后进行第二次中耕除草，立秋后拔除大草。地上部枯黄，霜后上冻前培土、压护根头越冬。第二年返青后，株高 10 ～ 15 cm 时中耕除草，结合施追肥，趟垄培土一次，入伏后再中耕除草，秋后趟垄培土越冬。第三年管理同第二年，但三年龄植株根头萌发较多根茎，串走垄间，宜适当增加趟垄次数，切断根茎，促进主根生长。甘草人工除草场景见图 8-2-7。

2. 间苗、定苗

当幼苗出现 3 片真叶、苗高 6 cm 左右时，结合中耕除草间去密生苗和重苗，定苗株距以 10 ～ 15 cm 为宜（图 8-2-8）。

图 8-2-7　甘草人工除草

图 8-2-8　甘草间苗定苗

3. 浇水、排水

无论直播或根茎繁殖的甘草，在出苗前都要保持土壤湿润，特别是直播甘草，在播种前一定要灌足底墒。甘草具有较强的抗旱性，出苗后一般自然降水可满足其生长需要。但久旱时应浇水，浇水次数不宜过频，特别是要注意“迟浇头水”。甘草是深根性植物，在出苗后，甘草主根随着土壤水层的下降，迅速向下延伸生长，形成长长的主根。而如果这时浇水过勤则会导致甘草萌发大量侧根，影响药材根形。一般在苗高 10 cm 以上，出现 5 片真叶后浇头水，并保证每次浇水浇透，这样有利于根系向下生长。雨季土壤湿度过大会使根部腐烂，所以应特别注意排除积水，充分降低土壤湿度，以利根部正常生长。

4. 追　肥

甘草追肥应以 P 肥、K 肥为主，少施 N 肥，N 肥过多，会引起植株徒长，使营养向枝叶集中，影响根茎的生长。甘草喜碱，若种植地为酸性或中性土壤，可在整地时或在甘草停止生长的冬季或早春，向地里撒施适量熟石灰粉，调节土壤为弱碱性，以促进根系生长。第一年在施足基肥的基础上可不追肥，第二年春天在芽萌动前可追施部分有机肥，以棉饼和圈肥为宜，第三年可在雨季追施少量速效肥，一般追施磷酸二铵 15 kg/ 亩，以加速甘草的生长。每年秋末甘草地上部分枯萎后，每亩用 2 000 kg 腐熟农家肥覆盖畦面，以增加地温和土壤肥力。

（四）病虫害及其防治

1. 病　害

（1）锈　病

一般于5月甘草返青时始发，为害幼嫩叶片，感病叶背面产生黄褐色疱状病斑，表皮破裂后散出褐色粉末，即为夏孢子。8—9月形成黑色冬孢子堆。　防治方法：集中病株残体烧毁；发病初期喷97%敌锈钠400倍液防治。

（2）褐斑病

病原是真菌中一种半知菌。为害叶。受害叶片产生圆形和不规则形病斑，病斑中央灰褐色，边缘褐色，在病斑的正反面均有灰黑色霉状物。防治方法：集中病残株烧毁；发病初期喷1∶1∶120液尔多液或70%甲基托布津粉剂1 000～1 500倍液。

（3）白粉病

病原是真菌中一种子囊菌，为害叶。被害叶正反面产生白粉，后期叶变黄枯死。防治方法：喷相关农药。

2. 虫　害

（1）甘草种子小蜂

为害种子。成虫产卵于青果期的种皮上，幼虫孵化后即蛀食种子，并在种子内化蛹，成虫羽化后，咬破种皮飞出。被害籽被蛀食一空，种皮和荚上留有圆形小羽化孔。此虫对种子的产量、质量影响较大。防治方法：清园，减少虫源；种子处理，去除虫籽或用西维因粉拌种。

（2）蚜　虫

成虫及若虫为害嫩枝、叶、花、果，刺吸汁液，严重时使叶片发黄脱落，影响结实和产品质量。防治方法：发生期用飞虱宝1 000～1 500倍液；赛蚜朗1 000～2 000倍液；吡虫啉1 500倍液；蚜虱绝2 000～2 500倍液喷洒全株，并在5～7 d后再喷一次，便可较长期有效控制蚜虫为害。

四、留种与采收、加工

从野生甘草采得种子，8—9月种子成熟，割下晒干脱粒。家种的甘草，直播至第四年开花结籽，根茎及分株繁殖当年开花结实。

直播栽培甘草第四年、根茎及分株繁殖第三年、育苗移栽者第二年可以采收。栽培甘草1～4年期间是甘草酸快速积累期，第四年采收较为适宜。采收期春季、秋季均可，秋季于甘草地上部枯萎时至封冻前均可采收，春季采收于甘草萌发前进行。有研究认为，春季采收的药材质量优于秋季采收。

加工时去掉芦头、毛须、支根，晒至半干，按照条草的商品规格分级捆扎。干货顶端直径≥ 1.5 cm，长 20 ～ 50 cm 为一等草；顶端直径为 1.0 ～ 1.5 cm，长 20 ～ 50 cm 是二等草；顶端直径为 0.7 ～ 1.0 cm，长 20 ～ 50 cm 是三等草。也可采用人工或机械的方法将在甘草半干时加工成切片。甘草初加工场景见图 8-2-9。

图 8-2-9　甘草初加工

第三节　苦　参

苦参，别名野槐、苦骨、牛参、凤凰爪、山槐子等。为豆科多年生落叶亚灌木植物。以根供药用。味苦性寒，具有清热利尿、燥湿杀虫的功能。主治痈肿、下血肠风、眉脱赤癞、痢疾便血等症。药理及临床研究认为治疗外阴瘙痒、滴虫性阴道炎、湿疹、皮炎等症状。苦参注射液可以抗癌，对恶性肿瘤具有抑制作用，被誉为“生命之光”。因此，大力发展苦参的人工栽培，前途广阔。主产于内蒙古、辽宁、河北、河南、山西等省（自治区）。全国大部分省区均有分布和栽培。

一、植株形态特征

株高 1 ～ 3 m。根圆柱形，外皮黄色。茎直立，绿色，多分枝，有稀疏细毛。叶互生，奇数羽状复叶，小叶长椭圆形，全缘，先端尖或钝，叶面绿色，叶背苍白色。总状花序，腋生或顶生，花蝶形，淡黄色。雄蕊 10，雌蕊 1。荚果长圆柱形，先端具长喙，成熟后黑褐色，不开裂。种子 1 ～ 14 粒，淡褐色，长圆柱形。花期 5 ～ 6 个月，果期 7 ～ 9 个月。

苦参幼苗期、花期、果期形态见图 8-3-1 至图 8-3-3。

图 8-3-1　苦参幼苗期

图 8-3-2 苦参花期

图 8-3-3 苦参果期

二、生长习性

苦参为多年生草本植物，根系发达，深度可达 60 ～ 80 cm，所以在土层深厚、质地疏松的砂质壤土上，最有利于根系生长。土壤过黏，通气和排水不良时，常引起烂根，以致全株枯萎，根的萌芽力较强，可采用分根法繁殖。根条上、中段要比下段发芽生根快。研究表明，苦参根是随着地上部的生长而生长的，后期随着气温逐渐下降，地上部生长逐渐缓慢，养分向下部转移，根部的生长更加迅速。

苦参适应性强，分布广，从北到南均有分布。野生于山坡草地、丘陵、平原、路旁、向阳砂壤地。喜温和高燥气候环境，耐寒，可耐受 -30℃以下的低温，亦耐高温。苦参属深根系植物，以土壤疏松，土层深厚，排水良好的砂质壤土为宜。喜肥又耐盐碱。怕涝害，忌在土质黏重、低洼积水地种植。

三、栽培技术

（一）选地与整地

宜选土层深厚，疏松肥沃，排水良好沙质壤土栽培。地下水位要低。前茬以禾本科作物为宜。每亩施氮磷钾 51% 复合肥 50 kg，均匀撒施地面。深翻 30 ～ 40 cm，以秋翻，秋整地，秋起垅或做畦为宜。垅距 60 cm，作畦宽 1.2 m 高畦，畦沟宽 45 cm。

（二）繁殖方法

用种子直播的方法繁殖。

1. 种子的采收与处理

于 8—9 月种子成熟时，选生长健壮，无病虫害的植株采种，将荚果采回后，脱粒去杂晒干备用。播种前将种子与细砂按 1 : 1 混匀，摩擦划破种皮。因为苦参的种子中有硬实种子，即种皮坚硬，不透水、不透气，因此在适宜条件下也不发芽。经砂磨处理的种子发芽率显著提高。

2. 播　种

播种前将砂磨处理好的种子，放在 50° C 的水温中浸泡 24 h，之后在起好的垅上按株距 30 cm 开穴，或在作好的畦上按行株距 60 cm × 30 cm 开穴，穴深 10 cm，每穴抓一把粪肥，盖一层土，点种 3 ～ 5 粒，覆细土 2 ～ 3 cm，每亩播种量 3 ～ 5 kg。

（三）田间管理

1. 中耕除草

当苗高 5 cm 时进行中耕除草，在封行前进行三次，每半个月一次，第一次要浅松土，逐渐加深，第三次要深并培土防止倒伏（图 8-3-4）。垅种着可进行三铲三遍。

图 8-3-4　苦参培土

2. 间苗、补苗

结合中耕除草进行，第一次中耕除草，去弱苗，留壮苗，第三次中耕除草定苗，每穴留 2 ～ 3 株。如有缺苗，用间下的苗选壮者补苗。

3. 追肥

结合中耕除草进行，第一次亩施厩肥 1 000 kg，人畜粪水 1 000 kg，第二次在定苗时，每亩追施人畜粪水 1 500 kg，厩肥 2 000 kg，过磷酸钙 30 kg。

4. 摘花苔

当 6 月抽苔时，除留种的外，全部摘除，因花苔较韧，最好用剪刀剪除。可以显著增产。

（四）病虫害及其防治

苗期有地老虎和蝼蛄咬断茎基部，可按常规方法诱杀。

四、采收与加工

（一）采　收

于播后 2 ～ 3 年秋季茎叶枯萎后采挖根部（图 8-3-5）。因为根扎得深，所以应深

图 8-3-5　苦参药材

挖，注意不要挖断。也可以用深耕犁翻收。

（二）加　工

将收回的苦参根，按根条的长短分别晾晒，除去芦头和尾根。晒干或烘干即成。

产量为亩产干货 300 ～ 400 kg。折干率 30% ～ 40%。质量以身干、整齐、顺长均匀、内淡黄白色、无枯朽、味苦者为佳。

第四节　北沙参

为伞形科植物珊瑚菜（*Glehnia lit-toralis F.Schmidt ex Miq.*），以根入药。别名莱阳参、海沙参、银沙参、辽沙参、苏条参、条参、北条参。北沙参味甘甜，是临床常用的滋阴药，养阴清肺，祛痰止咳。主治肺燥干咳、热病伤津、口渴等症。主产于山东、河北、辽宁、内蒙古等地。

一、植株形态特征

图 8-4-1　北沙参苗期

多年生草本，株高 30 cm 左右。主根细长，圆柱形。茎直立，少分枝。茎生叶具长柄，基部略成宽鞘状，叶 1 ～ 3 回三出分裂至深裂，叶片革质；卵圆形，边缘有锯齿、茎上部叶不裂，两面疏生细柔毛。复伞形花序，密生灰褐色绒毛，伞幅 10 ～ 20，不等长；无总苞，小总苞片 8 ～ 12，披针形；小伞形花序有小花 15 ～ 20，被绒毛，花小，白色，萼齿 5，窄三角状披针形，疏生粗毛；花瓣 5，先端内折；雄蕊 5；雌蕊 1，子房下位，花柱基部扁圆锥形，柱头 2 裂。双悬果球形或椭圆形，果棱有翅，被棕色粗毛，表面黄褐色或黄棕色，种子 1 枚。花期 5—7 月，果期 6—8 月。北沙参苗期、花期、果期形态特征见图 8-4-1 至图 8-4-3。

二、生态习性

北沙参种子发芽起点温度为 8 ℃，萌发适宜温度为 15 ～ 18 ℃，生长发育适温 15 ～ 25℃，温度低于 10℃生长发育不良，高于 25 ℃时，长茎叶而不利于根生长。6—8

图 8-4-2　北沙参花期

图 8-4-3　北沙参果期

月为根生长膨大期，8—9 月开花，9—10 月结果。北沙参在不同的生长发育阶段对气温要求不同，种子萌发必须通过低温阶段，营养生长期内则在温和的气温条件下发育较快。气温过高，植株会出现短期休眠。开花结果期需要较高的气温。冬季植株地上部枯萎，根部能露地越冬。北沙参的适应性广、抗逆性强。对土壤和栽培制度要求不严，但以土层深厚、质地疏松、微酸或微碱性砂质壤土、壤土、紫色土为宜。前茬以禾本科、豆科作物为好。

三、栽培技术

（一）选土整地

选土层深厚、土质疏松肥沃、排灌方便的沙质壤土种植，前茬以小麦、谷子、玉米等为好。黏土、低洼积水地不宜种植。每 1 000 m^2 施农家肥 6 000 kg 作基肥，深翻 50 ～ 60 cm，整细耙平后作成 1.5 m 宽的畦，四周开好深 50 cm 的排水沟。

（二）繁殖技术

北沙参用种子繁殖，以秋播为好。播种方法有两种。宽幅条播：播幅宽 15 cm 左右，沿畦横向开 4 cm 深的沟，沟底要平，行距 25 cm，将种均匀撒入，种子间距 4 ～ 5 cm，覆土方法是开第二条沟时溢土覆盖前沟，覆土厚度以 3 cm 为宜。窄幅条播：播幅宽 6 cm，行距 15 cm 左右，其他同宽幅条播。播种量依土质而定，一般每 1 000 m^2 用种 6 ～ 9 kg。纯沙地播种后需用黄泥或小酥石镇压，以免大风吹走种子。

（三）田间管理

除草：北沙参地里的杂草，一般不用锄头除草而用手拔，以免锄坏幼苗，影响参根生长。做到有草就拔，每年至少 5 次。

浇水：以往种植北沙参，多不浇水，认为浇水使参根容易腐烂。山东莱阳有一年 6 月间，天气特别干旱，他们打破常规，进行参田浇水，结果浇水比不浇水的北沙参，产量增加 1 倍以上。这充分说明在干燥的情况下，适量地浇水，能够促使北沙参更好地生长。

（四）病虫害防治技术

1. 病　害

（1）病毒病

5 月上中旬发生，一般种子田发病较重。病株叶皱缩、扭曲、生长矮小、畸形、发育迟缓，重者死亡。防治方法：轮作，拔除烧毁或深埋病株，选无害植株留种。

（2）锈　病

立秋后，病株先在老梗叶上发生红褐色的病斑，后期病斑表面破裂，叶片或全株枯死。防治方法：收获后要清园，处理残茎枯叶；发病初期用敌锈钠 300 倍液（加 0.2% 洗衣粉）每隔 7 ～ 10 d 喷 1 次，或用波美 0.2 ～ 0.3 度石硫合剂喷洒。

（3）根部线虫害

苗刚出土即可发生。线虫侵入根部吸取汁液，形成根瘤，使苗发黄，枝叶枯萎，甚至死亡。防治方法：忌连作或以花生、豆类作物为前茬；可与禾本科植物轮作，或选用无病虫的土地。

2. 虫　害

（1）大灰象甲

4 月开始从麦田转移到北沙参地，首先为害未出土的嫩芽，接着为害出土后的子叶，造成严重缺苗。防治方法：地边种芥子诱食，后用人工捕杀，或用鲜菜加 90% 敌百虫 100g 做成毒饵诱杀。

（2）钻心虫

1 年可繁殖 5 代，以蛹在土表面结茧越冬。5—10 月均能造成为害。幼虫钻入植株的叶、茎、根和花蕾中，使根、茎中空，花不结子。防治方法：7—8 月用灯光诱杀成虫，在卵期及幼虫钻入植株前，可用 90% 敌百虫 800 倍液或 20% 乐果 2 000 倍液喷雾；如幼虫已钻入根茎部，可用 90% 敌百虫 500 倍液浇灌根部。

（3）蚜虫

常在 5 月上旬开始为害，使叶片皱缩，发生腥臭味，严重影响产量和质量。防治方法：用 40% 乐果乳剂 1 000 ～ 1 500 倍液，或 90% 敌百虫 1 000 倍液喷雾叶背面。

四、收获与加工

（一）收　获

北沙参分春参与秋参两种（系指种植地肥瘠与收获参的季节不同，而分春参与秋参）。春参在初伏与中伏之间收获，秋参在白露秋分之间收获，过早或过迟都会降低参根的质量。北沙参的根部入土较深，为了不掘断参根，采收时先靠畦边掘 1 条沟，使参根似露不露的样子，再用手扒一下参的根颈处，然后用手拔起，除去茎叶。每亩产北沙参 50 ～ 100 kg。

（二）加　工

北沙参挖出之后，洗去泥土，分别大小捆成小把，放入开水锅内去烫煮，烫煮至能剥下皮时，即取出剥皮，然后将去皮的北沙参用火炕干或太阳晒干即成。一般炕的比晒的色泽均匀较好。用上面这种方法制出来的北沙参称“毛参”，供国内应用。在毛参的基础上，再用小刀刮去其上面的疙瘩，捆成小把，称“净参”，多供出口用。

五、药材形状

根细长圆柱形，偶有分枝，长 15 ～ 45cm，直径 3 ～ 8 cm。表面淡黄白色，微粗糙（或光洁），有纵皱纹或纵沟，可见残存的黄棕色栓皮及浅黄色点状皮孔样疤痕及须根痕（图 8-4-4）。上端较细，常留有黄棕色根茎残基，中部略粗，尾部渐细。质紧密细脆，易折断，断面中心木部淡黄色。气微，味微甜。

图 8-4-4　北沙参药材

第五节　桔　梗

桔梗为桔梗科桔梗属多年生草本植物，主要以干燥根入药，为常用中药，药材名桔梗，别名铃铛花、和尚头、僧冠帽、苦根菜、四叶菜、梗草、包袱花、爆竹花、六角荷、白药，土人参、道拉基等。性平，味苦、辛。有宣肺、利咽、祛痰、排脓之功效，用于咳嗽痰多、胸闷不畅、咽痛、喑哑、肺痈吐脓、疮疡脓成不溃。在我国栽培历史悠久，各省区均有分布，主产于安徽、山东、江苏、河北、河南、辽宁、吉林、内蒙古、浙江、四川、湖北和贵州等地。以东北、华北产量较大，称为“北桔梗”，华东地区产品品质最佳，称为“南桔梗”。

一、植株形态特征

桔梗为多年生草本植物，全株光滑无毛，体内有乳管，有白色乳汁。主根长圆锥形（似胡萝卜形）或纺锤形，长达 20 cm 以上，肉质粗壮，表皮土黄白色，易剥离，内面白色，疏生侧根。茎直立，高 30 ～ 120 cm，通常单一生长，不分枝或上部有分枝。叶近无柄，着生在茎中下部为对生、互生或 3 ～ 4 叶轮生，茎上部叶互生。叶片卵形或卵状披针形，先端渐尖，基部宽楔形，边缘有不整齐的锐锯齿，长 1.5 ～ 7cm，宽 0.4 ～ 5 cm，叶面绿色，叶背蓝绿色，被白粉，脉上有时有短毛。花单生于茎顶，或数朵生于枝端成假总状花序，或有花序分枝而集成圆锥花序；花萼无毛，筒部半圆球状或圆球状倒锥形，被白粉，裂片 5，三角形，或狭三角形，有时齿状；花冠阔钟状，紫色或蓝紫色。直径 3 ～ 6cm，长 2 ～ 3.5 cm，裂片 5；雄蕊 5，离生，花丝基部变宽呈片状，密生白色细毛；雌蕊 1，子房半下位，5 室，柱头 5 裂。蒴果倒卵形或近球形，熟时顶端 5 瓣裂，成熟时外皮黄色。种子多数，狭卵形，有 3 棱，黑褐色有光泽，一侧有褐色狭窄的薄翼，长 1.5 ～ 3.5 mm，宽 0.8 ～ 1.2 mm，千粒重约 1.4 g。花期 7—9 月，果期 8—10 月。桔梗植株、花期、果期形态见图 8-5-1 至图 8-5-4。

1. 植株；2. 雄蕊；3. 根

图 8-5-1 桔梗植株形态

图 8-5-2　桔梗植株

图 8-5-3　桔梗花期

图 8-5-4　桔梗果期

二、生态习性与生物学特性

（一）生态习性

桔梗喜湿润凉爽气候，对温度要求不严格，既能在严寒的北方安全越冬，又能在高温的南方生存，20℃左右最适宜生长。桔梗是喜阳植物，在荫蔽的环境条件下，植株生长细弱，发育不良，易徒长和倒伏。种子萌发期怕旱，成株忌涝、土壤过潮易烂根。怕风害，遇大风易倒伏。桔梗根系肥大，喜肥，土层深厚、肥沃、疏松、排水良好的壤土或沙壤土有利于其生长，土壤 pH 值以 6.5 ～ 7 为宜，重黏土、盐碱地、白浆土和涝洼地不利于桔梗生长。

（二）生物学特性

桔梗播后 1 ～ 3 年采收，一般 2 年采收。

桔梗种子细小，不同产地桔梗种子的活力、发芽率不同。种子千粒重 0.87 ～ 1.21 g，含水量 6% ～ 15%。10 ～ 15℃条件下即可萌发，温度 20 ～ 25℃，7 ～ 8 d 萌发，15 d 左右出苗，出苗率 50% ～ 70%。陈种子发芽率极低。5℃以下低温贮藏，可以延缓种子寿命，活力可保持 2 年以上。赤霉素可促进桔梗种子的萌发。

桔梗为直根系。种子萌发后胚根当年主要是延长生长，特别当土质疏松，表层水分较少时更是如此。当年生每株仅一个地上茎，生长期约为 150 d 左右。主根一般可延长至 15 cm 以上，径粗 1 cm 左右，单株平均鲜重 6.22 ～ 10.56 g。2 年生桔梗由于根茎侧芽发育，每株地上茎常 2 个以上，生长迅速，光合面积显著增加，根系增重亦较快，在形态上主要表现为根长达 40 ～ 50 cm，侧根增多，质量明显增加，单株鲜重 35 g 左右。

从种子萌发至倒苗，一般把桔梗生长发育分为 4 个时期。从种子萌发至 5 月底为苗期，这个时期植株生长缓慢，高度至 6 ～ 7 cm。此后，生长加快，进入生长旺盛期，至 7 月开花后减慢。7—9 月孕蕾开花，8—10 月陆续结果，为开花结实期。1 年生开花较少，5 月后晚种的次年 6 月才开花，两年后开花结实多。10—11 月中旬地上部开始枯萎倒苗，根在地下越冬，进入休眠期，至次年春出苗。种子萌发后，胚根当年主要为伸长生长，1 年生主根长可达 15 cm，2 年生长可达 40 ～ 50 cm，并明显增粗。第 2 年 6—9 月为根的快速生长期。1 年生苗的根茎只有 1 个顶芽，2 年生苗可萌发 2 ～ 4 个芽。

三、栽培技术

（一）品种类型

桔梗属仅有桔梗一种，但在种内出现不同花色的分化类型，主要有紫色、白色、黄色等，另有早花、秋花、大花、球花等，也有高秆、矮生，还有半重瓣、重瓣。其中白花类型因常作蔬菜用，入药者则以紫花类型为主（图 8–5–5），其他多为观赏品种。

图 8–5–5　药用品种

（二）选地与整地

桔梗对土壤的物理性状要求并不严，除过黏、过砂的土壤外，一般都可以种植，但桔梗为深根性植物，应选向阳、背风的缓坡或平地，要求土层深厚、肥沃疏松、地下水位低、排灌方便和富含腐殖质的砂质壤土种植为好。前茬作物以豆科、禾本科作物为宜。适宜 pH 6 ～ 7.5。选地后及时翻耕、碎土，播种前一般先深翻土地 25 ～ 50 cm，秋耕越深越好，以消灭越冬虫卵、病菌。除净草根等杂物。因桔梗的主根能深入土中 40 cm 左右，深耕细耙可以改善土壤的理化性状促使主根生长顺直，光滑，不分叉。如土壤墒情不足，应先灌水造墒再耙。

桔梗生长期长，扎根较深。为了保证全生长期不缺肥，必须重施基肥。基肥以有机肥为主，每亩施腐熟的农家基肥 3 000 ～ 4 000 kg，草木灰 150 kg、过磷酸钙 30 kg，深耕 30 ～ 40 cm，拣净石块，除净草根等杂物。犁耙 1 次，整平耙细，做畦或打垄。

（三）繁殖方法

桔梗的繁殖方法有种子繁殖、扦插繁殖、切根繁殖和芦头繁殖等，生产中以种子繁殖为主，其他方法很少应用。种子繁殖在生产上有直播和育苗移栽两种方式，因直播产量高于移栽，且根条直，分叉少，便于刮皮加工，质量好，生产上多采用此种方法。

1. 种子繁殖

春播、夏播、秋播或冬播均可。春播一般在 3 月下旬至 4 月中旬，华北及东北地区在 4 月上旬至 5 月下旬。夏播于 6 月上旬小麦收割完之后，夏播种子易出苗。秋播于 10 月中旬进行，秋播产量和质量高于春播。冬播于地冻前进行，第 2 年出苗。

播种前亦可将种子用 0.3% ～ 0.5% 高锰酸钾溶液浸种 12 ～ 24 h，取出冲洗去药液，稍晾后用适量细土拌匀播种，可提高发芽率。也可将种子放在 40 ～ 50℃温水中浸泡 24 h 后，用湿布包上，上面用湿麻袋片盖好，在 25 ～ 30℃条件下催芽，期间每天早晚用温水淋 1 次，约 3 ～ 5 d 种子萌动，即可播种。另外，50 ～ 250 mg/L 的 GA_3 处理能够提高桔梗种子的发芽率。

直播：种子直播也有条播和撒播两种方式。条播便于施肥管理。在整好的畦面上，按 15 ～ 18 cm 行距开条沟，沟深 1.5 ～ 2cm，将种子均匀撒入沟内，也可将种子拌细沙（按

1∶10）均匀撒入沟内（可节省种子用量，且易播撒均匀）。播后覆细土约 1 cm，或以盖住种子为度，稍加镇压，再覆盖约 3 cm 厚的麦秸秆或稻草，浇一次透水，以防雨水冲刷，并可保持土壤湿润和地温，一般 10 ～ 15 d 出苗。每亩用种子 0.8 ～ 1 kg。撒播，将种子拌细沙，均匀撒播畦面，薄盖一层细土，再覆盖一层麦秸秆或稻草。

育苗移栽：育苗地选向阳、避风的地方，施足基肥，耕耙整平，作 120 cm 宽、15 ～ 20cm 高的苗床、长度不限，畦土要松软细碎。采用畦面撒播或大田撒播。每年 3 月播种，播种前种子按直播方法进行处理和催芽。种子与草木灰加适量人畜粪水拌均，均匀撒入土壤内，覆盖肥土 0.5 ～ 1 cm，最后盖草保湿，防止雨水冲刷。春播后 10 ～ 15d 出苗，这时应及时把盖草揭除，苗高 1.5cm 时，进行间苗，拔除和细弱苗，苗高 3 cm 时，按株距 3 ～ 4 cm 定苗，以后加强管理，注意拔除杂草，天旱时浇水保持畦土湿润，以利幼苗生长，并适当施肥，待秋后或春季发芽前，出圃栽种。以便于苗期管理，省工省地，但主根不明显。

移栽分秋栽与春栽两种。秋栽在地上部分枯萎后，即 10 月中、下旬至地冻前进行。春栽一般在每年 3 月中旬至 4 月下旬栽种。栽前将种根挖起，按大、中、小分三级，分开栽种。栽时在畦上按行距 20 ～ 25 cm 开横沟，深 20 cm，株距 5 ～ 7 cm，将种根斜放入沟内，根头抬起，根梢伸直，注意不要伤其主根、须根，否则易生侧根，影响质量。栽后覆细土高于根头 2 ～ 3cm，稍压即可，淋足定根水。

2. 扦插繁殖

从地里发出的当年生枝条茎的中下部，小段插条长约 10 cm，去掉下半部叶，以 10^{-4} NAA（萘乙酸）处理 3 h，出入基质约 1/2 长，插后及时浇透水，以后经常喷水保湿。

3. 切根繁殖

在收获桔梗时，选取中等大小、无病虫害、健康饱满植株，距顶芽 2 ～ 3 cm 横切，然后根据芽的分布进行纵切，每个切块上有芽 2 ～ 3 个，切面要求平滑整齐。切口用生根粉处理后即可进行栽种。栽植地选择砂土地，床面宽 1 m，高 20 cm，按照株行距 14 cm × 10 cm 开沟栽植，栽后上覆 4 ～ 5 cm 细土。

（四）田间管理

1. 苗期管理

播种后保持土壤湿润，防止土壤板结。如遇干旱，每 5 ～ 6 d 在覆盖的麦秸秆或稻草浇一次透水，以保持土壤湿度。出苗后及时将覆盖物分 2 次除去，结合去掉覆盖物，拔净杂草。苗高 10 ～ 12 cm 时进行定苗，按株距 6 ～ 8 cm 留壮苗 1 株，拔除小苗、弱苗、病苗。栽种地若有缺苗，则宜选择阴雨天进行补苗，补苗时，根要直立放入穴中，以免增加侧根数。撒播的可按株距 6 cm 左右三角形定苗；条播，一般行距 15 ～ 18 cm，每亩留苗

3 万～ 4 万株。过密则植株生长细弱，易遭害虫为害，过稀则产量低，因而合理密植是增产的关键。秋播的桔梗，11 月下旬幼苗经霜枯萎后立即浇一层掺水畜粪，上盖一层土杂肥，保护苗根安全越冬，于翌年 3 月至 4 月发芽前揭去覆盖肥，以利于出苗，以后管理和春播相同。

2. 中耕除草

幼苗期宜勤除草松土，苗小时宜用手拔除杂草，以免伤害小苗，每次间苗应结合除草 1 次。定植以后适时中耕、除草、松土，保持土壤疏松无杂草，松土宜浅，以免伤根。中耕宜在土壤干湿度适中时进行，一般播种当年要除草 3 ～ 4 次。种植第 2 年，植株尚未封垄前，可除草 1 ～ 2 次，植株长大封垄后，不宜再进行中耕除草以免折断茎秆。

3. 追肥

桔梗除在整地时施足基肥外，在生长期还要进行多次追肥，以满足其生长的需要。一般追肥 4 ～ 5 次。促苗肥：定苗后应及时追施 1 次稀的人畜粪水（粪水比例 1∶10），用量 30 000 kg/hm^2，或尿素 30 ～ 45kg/hm^2；壮苗肥：在苗高约 15 cm 时，再施 1 次同量的人畜粪水，或追施过磷酸钙 300 kg/hm^2，尿素 120 kg/hm^2，在行间开沟施入，施后盖土，及时浇水；花期肥：6—7 月开花时，为使植株充分生长，可追施稀人畜粪水 1 次，用量 7 500 ～ 12 000 kg/hm^2，或磷钾复合肥 450 kg/hm^2；越冬保温肥：入冬地上植株枯萎后，可结合清沟培土 3 ～ 5 cm，加施草木灰或土杂肥 30 000 kg/hm^2，及过磷酸钙 750 kg/hm^2；返青肥：第 2 年开春齐苗后，施 1 次稀的人畜粪水 12 000 ～ 15 000 kg/hm^2，以加速植株返青生长。适当施用 N 肥，以农家肥和 P 肥、K 肥为主，对培育粗壮茎秆，防止倒伏，促进根的生长有利。2 年生桔梗，植株高，易倒伏。若植株徒长可喷施矮壮素或多效唑以抑制增高，使植株增粗，减少倒伏。

4. 灌水排水

定苗后，视植株生长情况，进行浇水和追肥。若天气干旱，可结合追肥进行灌水。多雨地区和雨季，要及时清沟理墒，畦间沟加深，大田四周加开深沟，以利及时排水，避免田间积水、烂根。

5. 清沟培土、防倒伏

二年生桔梗植株高达 60 ～ 90 cm，一般在开花前易倒伏。所以种植一年的桔梗，入冬后，结合施越冬肥，在株旁进行培土，防止风害折断茎秆和倒伏。翌年春季适当控制氮肥用量，配合磷钾肥的施用，使茎秆生长粗壮。在雨季前结合松土进行清沟培土，可防止或减轻倒状。

6. 摘除花蕾

桔梗花期长达 3 个月，会消耗大量养分，影响根部生长。除留种田外，其余需要及时除去花蕾，以提高根的产量和品质。生产上多采用人工摘除花蕾，但是，桔梗花期长，而且摘除花蕾以后又迅速萌发侧枝，形成新的花蕾。十多天就要摘 1 次，整个花期需摘蕾 5 ～ 6 次，费工费时，而且易损伤枝叶。近年来开始使用生长调节剂进行疏花疏果，在生长旺盛期喷多效唑（300 g/hm^2）对桔梗地上部的生殖生长有明显的抑制作用，可明显延缓桔梗地上部的生殖生长，主要表现为桔梗株高变矮，主茎变粗分枝数减少提高桔梗根的产量和品质。

7. 岔根防治

桔梗商品以顺直、坚实、少岔根为佳。采用直播、撒播或宽幅撒播种植是防止产生岔根的有效措施。另外，为了促进桔梗的主根生长，必须要进行打芽，每株只留主芽 1 ～ 2 个，其余枝芽在每年春季全部摘除，保持一株一苗。同时多施磷肥，少施氮钾肥，防止地上部分徒长，促使根部正常生长。可以减少岔根、支根。

（五）病虫害防治

1. 轮纹病（*Leptosphaerulina platycodonis* J. F. Lue et P. K. Chi）

（1）症　状

病原属半知菌类，壳单膈孢属，分生孢子近圆形，双胞。该病 6 月开始发病，7—8 月发病严重。叶片病斑通常由叶尖或叶缘开始，先为黄绿色小斑，后呈褐色、近圆形、半圆形或不规则形大斑，一般有深浅褐色相间的同心轮纹，边缘有褐色隆起线与健部分界明显；以后病斑中央变为灰白色，上生墨黑色小粒点。病害主要发生在成叶和老叶上，也可为害嫩叶和新梢。病菌以菌丝体或分生孢子器在病组织中越冬，翌年春天条件适宜时产生分生孢子，借风雨传播。分生孢子在水滴中发芽，由伤口侵入叶片和新梢，并在组织中扩展蔓延，产生新的病斑，以后形成孢子，不断进行侵染。整个生长季节中均能发生，而以高温、多雨的夏秋发病为盛；尤以气温 25 ～ 28℃、相对湿度 80% ～ 85% 时病害发生更烈。该菌是一种弱寄生菌，伤口是其侵入的主要途径，因此管理粗放、杂草丛生以及螨类等虫害严重时病害发生常较重。此外，排水不良、密植、湿度大发病亦较重。

（2）防治措施

加强管理，注意氮、磷、钾肥配合施用，使植株生长健壮；及时清除杂草和疏松土壤；发病季节，做好田间排水工作；冬季清除枯枝落叶并烧毁，以减少侵染来源；发病初期用 1∶1∶100 波尔多液，或 65% 代森锌 600 倍液，或 50% 多菌灵可湿剂 1 000 倍液，或 50% 甲基托布津的 1 000 倍液等喷洒。

2. 枯萎病（*Fusarium oxysporum* Schlecht.）

（1）症　状

病原菌为半知菌亚门，丝孢纲，丛梗孢目，镰刀属真菌。该病一般多在 6 月开始发生，7—8 月严重。发病初期，茎基呈干腐状态，并且变褐色，病原菌通过茎杆逐渐向茎上部蔓延扩展，致使整株桔梗感染枯萎病，在高温高湿条件下，茎基部表面产生粉白色霉层，即为病菌的分生孢子，最后导致整株枯萎致死。

（2）防治措施

与禾本科作物进行轮作；在田间发现发病的桔梗植株应及时拔掉，而在拔出桔梗的病穴中及时用生石灰粉灭菌，并且把拔下的发病桔梗植株集中在一起烧毁，防止病菌的蔓延；为了降低田间土壤的湿度，可在雨后及时排水；而在给桔梗苗除草时切忌碰伤根部，可通过此方法减轻桔梗的发病率；发病初期可用 50% 甲基托布津 1 000 倍液喷雾防治，或用 50% 多菌灵可湿性粉剂 800 ～ 1 000 倍液，喷药时除上部茎叶外，茎的基部也要注意喷到，可连续喷 2 ～ 3 次，每次间隔 7 ～ 10d。

3. 根腐病（*Fusarium* sp.）

（1）症　状

该病是由真菌中半知菌类刀菌引起的一种根部病害。一般发病期在 6—8 月，主要为害桔梗根部，初期根局部黄色而烂，以后逐新扩大，导致叶片和枝条变黄枯死，湿度大时，根部和茎部产生大量粉红色霉层，即病原菌的分生孢子，最后严重发病时，全株枯萎。

（2）防治措施

轮作防病，在重病区实行水、旱轮作或非寄主植物轮作，可降低土境带苗量，减轻发病程度，并及时在喷施消毒药剂加新高脂膜对土壤进行消毒处理，减少病菌源；加强栽培管理，精耕细作，增施熟有机肥，雨后注意排水，并结合喷施新高脂膜提高植株抗病能力，促使茎叶生长。适时向叶面喷施药材根大灵，促使叶面光合作用产物（营养）向根系输送，提高营养转换率和松土能力，使根茎快速膨大，药用物质含量大大提高；发现病株及时拔除销毁，并在病穴处浇注 10% 石灰水、加新高脂膜 800 倍液进行消毒，并根据植保要求喷施 50% 甲基托布律 600 倍液等针对性药剂进行防治，同时配合新高脂膜 800 倍液提高药剂有效成分利用率，巩固防治效果。

4. 斑枯病（*Septoria platycodonis* Syd.）

（1）症　状

病原为桔梗多隔壳针孢，属半知菌亚门壳针孢属真菌。一般发病期在 5—6 月，7—8 月病情严重，为害叶部。受害叶片两面产生直径 2 ～ 5 mm 白色圆形或近圆形病斑，病斑上面生有小黑点，即病原菌的分生孢子器，发生严重病斑融合成片，叶片枯死。病菌以分生孢子器在病残组织上越冬，或以菌丝体在根芽、残茎上越冬；次年产生分生孢子引起初侵染，新形成的病斑上产生大量分生孢子又不断因其再侵染。偏施氮肥造成倒伏后发病严重，导致叶片干枯；栽植密度大，多雨潮湿时发病重。

（2）防治措施

秋季桔梗地上枯萎的叶片应彻底清理，减少菌源；雨季注意排水，降低土壤湿度；

可通过磷肥、钾肥的增施，来增强植株抗病能力；创造适应桔梗生长，不利于斑枯病菌蔓延的环境，能起到减轻病害发生的效果。发病初期用50%甲基托布津可湿性粉剂1 000～1 500倍液，或用50%多菌灵可湿性粉剂800～1 000倍液，或用65%代森锌可湿性粉剂600倍液喷雾。每7～10 d喷施1次，连续2～3次，即可达到良好的防效。

5. 炭疽病（*Colletotrichum* sp.）

（1）症　状

该病由半知菌亚门→腔孢纲→黑盘孢目→刺盘孢菌属真菌侵染引起。一般5—6月开始发病，7—8月为害严重。发病初期叶面出现褐色斑点，逐渐扩大蔓延至茎、枝、表皮粗糙，黑褐色，后期病斑收缩凹陷，多雨、高湿条件下病斑呈水渍状，后期植株茎叶枯萎。病原菌以菌丝和分生孢子在田间病残体上越冬，翌年春季降雨后，释放分生孢子进行初侵染发病。桔梗生长期病斑产生大量新的分生孢子，通过风雨传播，不断进行多次再侵染，导致田间病害流行。高温、多雨和露雾较大的天气条件，粗放管理和生产不良有利于发病和流行，如果防治不力，常导致叶片大量枯死。

（2）防治措施

秋后桔梗自然枯萎后，彻底清除田间病残体，集中深埋或烧毁可有效降低越冬初侵染基数；加强田间管理，合理密植，注意雨后及时排水降湿；播种前用40%福尔马林100～150倍液浸种10 min，然后在播种，可杀灭种子上的各种病原菌；发病前喷施1∶1∶100波尔多液600倍液防治，发病后可根据发病种类选用下列药剂喷施，80%大生600倍液、50%甲基托布津600倍液、50%多菌灵600倍液。10 d喷1次，连续3～4次。

6. 紫纹羽病（*Helicobasidium mompa* Tanak）

（1）症　状

该病由担子菌亚门→层菌纲→木耳目→卷担子属真菌侵染所致。症状一般9月发病严重，引起根部病变，先在须根部发病，再延至主根；病部初呈黄白色，可见白色菌索，后变紫褐色，病部由外向内腐烂破裂时流出糜渣。地上病株自下向上逐新发黄枯萎，最后死亡。

（2）防治措施

实行轮作，及时拔除病株烧毁；较低洼地区或多雨地区应作高畦或垄作，雨季注意排水；整地时，每公顷用25%多菌炭75 kg，或敌克松75 kg进行土壤消毒。病区用10%石灰水消毒，以防蔓延；种植时每亩施石灰粉50～100 kg，可以减轻为害。

7. 根结线虫病（*Meloidogyne incognita* Chitwood.）

（1）症　状

该病是由根结线虫属的南方根节线虫侵害所致，雄虫体线形细长，雌虫体膨大呈梨形。根部被根结线虫为害后，须根上形成大小不等的瘤状物，主根上则形成瘤状疙瘩，即虫瘿。挑开虫瘿，肉眼可见白色或黄色小点，为雌线虫在瘤内为害所致。受害植株生长缓慢，叶片退绿，色变浅，逐渐变黄，最后全株死亡。病原菌可在土壤中越冬存活多年，属典型的土传病害，只要植株生长不良，抗病性下降，随时可能受侵染发病。6—8月高温多雨，田间积水，植株过密，耕作管理粗放地下害虫多时发病严重。

（2）防治措施

实行水旱轮作或与禾谷类轮作；在整地时每公顷用3%米乐尔颗粒剂60～90 kg或5%涕灭威颗粒剂45～60 kg或5%杀线灵颗粒剂45～60 kg拌干细土375 kg均匀撒施，先撒后犁。或在播种前每公顷用1.8%北农爱福丁乳油6.75～7.5 L，拌细沙土375 kg均匀施，然后深耕10 cm，防效较好，达90%以上，且对土壤无污染，对梗无残毒。二是灌根。在发病初期用1.8%虫螨克乳油1 000倍液灌根，10～15 d灌根1次能有效地控制根结线虫病的发生为害。

8. 蚜虫（*Aphis* sp.）

（1）症　状

在桔梗嫩叶、新梢上吸取汁液，致使桔梗叶片发黄，植株萎缩，生长不良。4—6月为害最烈，6月以后气温升高，雨水增多，蚜虫量减少，至8月虫口增加，随后因气候条件不适，产生有翅胎生蚜，迁飞到其他植物寄主上越冬。

（2）防治措施

清除田间杂草，减少越冬虫口密度；发生初期可选用0.3%苦参碱植物杀虫剂500倍液连续（隔5～7 d）喷药2次可控制其为害；或喷洒50%敌敌畏1 000～1 500倍液，或40%乐果1 500～2 000倍液；发生期喷洒5%杀螟松1 000～2 000倍液，每7～10 d 1次，连喷数次。

9. 小地老虎（*Agrotis ypsilon* Rottemberg）

（1）症　状

常从地面咬断幼苗并拖入洞内继续咬食，或咬食未出土的幼芽，造成断苗缺株。当桔梗植株基部硬化或天气潮湿时也能咬食分枝的幼嫩枝叶。幼虫3龄后白天潜伏在表土下，夜间活动为害。4月下旬至5月上旬为害严重，苗期桔梗受害较重。

（2）防治措施

3—4月清除田间周围杂草和枯落叶，消灭越冬幼虫和蛹；清晨日出之前，检查田间，发现新被害苗附近土面有小孔，立即挖土捕杀幼虫；4—5月，小地老虎开始为害时，每公顷用50%辛硫磷250～300 mL，拌湿润细土约225 kg做成毒土；或每公顷用90%敌百虫晶体3.75 kg加适量水，拌炒香的棉籽饼75 kg做成毒饵，于傍晚顺行撒施于幼苗根际；也可用90%敌百虫1 000倍液浇穴。

10. 红蜘蛛

（1）症　状

以成虫、若虫群集于叶背吸食汁液，并拉丝结网，为害叶片和嫩梢，使几十片变黄，最后脱落；花果受害后造成缩、干瘪，蔓延迅速，为害严重，以秋季天旱时为甚。

（2）防治措施

冬季清园，拾净枯枝落叶，并集中烧毁。清园后喷波美 1 ～ 2 度石硫合剂，或 0.3% ～ 0.6% 苦参碱 1 000 倍液喷洒 2 ～ 3 次；4 月开始喷 0.2 ～ 0.3 度石硫合剂，或 50% 杀螟松 1 000 ～ 2 000 倍液，或 40% 乐果乳油 800 ～ 1 500 倍液防治。每周 1 次，连续数次。

11. 大青叶蝉［*Tettigoniella viridis*(Line)］

（1）症　状

又名大青叶跳蝉。分布很广，国内各省（区）皆有分布，成虫、若虫主要为害叶片。

（2）防治措施

利用黑光灯诱杀成虫；清除药材园内及周围杂草，减少越冬虫源基数；还可用 50% 杀螟松 1 000 ～ 1 500 倍液，或 50 ～ 1 000 敌敌畏倍液，或 40% 乐果乳油 1 000 倍液进行叶面喷雾。

四、留种技术

（一）移植法

在收获桔梗时，选择个体发育良好、健壮、无病虫害的植株，从芦头以下 1 cm 处切下芦头、用细火灰拌一下，按 20 cm 行距，开 10 cm 左右的沟深，再按株距 15 cm 栽种芦头 1 个。

（二）播种法

栽培桔梗用 2 年生植株新产的种子。制种田应除去与种植品种形态特征不同的杂株，提高品种纯度，选生育健壮植株留种。采籽桔梗的其它管理措施与采药桔梗相同。

桔梗花期长，达 3 个月左右，其先从上部抽薹开花，果实也由上部先成熟。在北方后期开花结果的种子，常因气候影响而不成熟。为了培育优良的种子，留种田桔梗植株在 6—7 月剪去小侧枝和顶端部的花序，以集养分促使上中部果实充分发育成熟，使种子饱满，提高种子质量。9—10 月桔梗蒴果由绿转黄，果柄由青变黑，种子变黑色成熟时，分批带果梗割下，应注意种子成熟时及时采收，否则蒴果干裂，种子散落，难以收集。将采收的果穗放通风干燥的室内后熟 3 ～ 4 d，然后晒干，脱粒，除去杂质。贮藏备用。种子寿命仅一年，发芽率 75%。种子千粒重平均 0.98 g。无生活力的种子无光泽、呈黑灰色，这是区分种子质量优劣的外观标志之一。

将去杂的种子置于通风干燥处保管，防止受潮、虫蛀。一般情况桔梗保存时间为 1 年，存放 2 年的种于发芽率下降。采好的种子晒干后，每 100 kg 种子拌生石灰 1 kg，装入细布袋和木箱中保存。忌与盐、油、化肥等物接近，以免影响发芽率。

五、采收加工

（一）采收时期

桔梗收获年限因地区和播种期不同而不同，一般种植 2 ～ 3 年收获。采收时间可在秋季地上茎叶枯萎后至次年春桔梗萌芽前进行。以秋季 9—10 月采者体重质实，质量较好。过早采挖，根不充实，折干率低，影响产量和品质；过迟收获，不易剥皮。2 年生的采收后，大小不合规格者，可以再栽植一年后收获。

（二）采收方法

采收时，先将茎叶割去（图 8-5-6），在畦旁开挖 60 cm 深的沟，然后依次深挖取出，或用犁翻起，将根拾出。要防止伤根，以免汁液外流，更不要挖断主根，影响桔梗的等级和品质。

图 8-5-6　收获前割去茎叶

（三）产地加工

去净鲜根泥土、芦头，浸入水中。用竹刀、木棱、瓷片等刮去外皮（栓皮），洗净，晒干或烘干。皮要趁鲜刮净，时间长了，根皮就很难刮了。刮皮后应及时晒干，否则易发霉变质和生黄色水锈。桔梗收回太多加工不完，可用沙埋起来，防止外皮干燥收缩，不易刮去。刮皮时不要伤破中皮，以免内心黄水流出影响质量。晒干时经常翻动，到近干时堆起来发汗 1 天，使内部水分转移到体外再晒至全干。阴雨天可用无烟煤炕烘，烘至桔梗出水时出炕摊晾，待回润后再烘，反复至干。断面以色白或略带微黄、具菊花纹者为质佳。

（四）规格标准

国家医药管理局、中华人民共和国卫生部于 1984 年 3 月制定了《七十六种药材商品规格标准》，该标准将桔梗商品分为南桔梗和北桔梗：南桔梗 3 个等级，北桔梗为统货。

南桔梗分三等。

一等品：干货，呈顺直的长条形，去净粗皮及细梢，表面白色，体坚实。断面皮层白色，中间淡黄色。味甘苦、辛，上部直径 1.4 cm 以上，长 14 cm 以上。无杂质、虫蛀、霉变。

二等品：上部直径 1 cm 以上，长 12 cm 以上，其余同一等。

三等品：上部直径不小于 0.5 cm，长不低于 7 cm，其余同一等。

北桔梗商品为统货。统货：干货。呈纺锤形或圆柱形，多细长弯曲，有分枝。去净粗皮。表面白色或淡黄白色。体松泡。断面皮层白色，中间淡黄白色。味甘。大小长短不分，上部直径不小于 0.5 cm。无杂质、虫蛀、霉变。

栽培桔梗按照南桔梗标准收购。

（五）药材质量标准

以条粗均匀、坚实、洁白、味苦者为佳。水分不得超过 15%，桔梗总皂苷含量不得少于 6%。

六、包装、贮藏与运输

（一）包　装

桔梗用麻袋包装，每件 30 kg 或压缩打包件，每件 50 kg。在每件包装上，应注明品名、规格、产地、批号、包装日期、生产单位，并附有质量合格的标志。包装必须牢固、防潮、整洁、美观、无异味，便于装卸、仓储和集装化运输。

（二）贮　藏

桔梗应贮于干燥通风处，温度在 30℃以下，相对湿度 70% ～ 75%，商品安全水分为 11% ～ 13%。本品易虫蛀、发霉、变色、泛油。久贮颜色易变深，甚至表面有油状物渗出。注意防潮，吸潮易发霉。害虫多藏匿内部蛀蚀。贮藏期间应定期检查，发现吸潮或轻度霉变、虫蛀，要及时晾晒，并用磷化铝熏杀。气调养护，效果更佳。

（三）运　输

运输工具或容器应具有较好的通气性，以保持干燥，应有防潮措施，并尽可能缩短运输时间，同时不与其他有毒、有害药材混装。

第六节　牛　膝

牛膝（Achyranthes bidentata Bl.）为苋科，牛膝属多年生草本植物，以干燥肉质根入药。药材名牛膝，别名：百倍、牛茎、脚斯蹬、怀夕、怀膝、淮牛膝、红牛膝、粘草子根等。产于河南省称怀牛膝，其茎叶亦供药用。牛膝味苦、酸，性平；归肝、肾经；具有补肝肾，强筋骨，逐瘀通经，引血下行功能。生用散瘀血、消痈肿，用于淋病、尿血、经闭、癥瘕、难产、胞衣不下、产后瘀血腹痛、喉痹、痈肿和跌打损伤等症；熟用补肝肾、强腰膝，用于腰膝酸痛、四肢拘挛、痿痹、跌打瘀痛等症。以河南产质量最佳，产量最大，每亩干货可达 350 ～ 400 kg，为著名地道药材“四大怀药”之一。

一、植株形态特征

牛膝系多年生草本植物，株高 70 ～ 120 cm。主根粗壮，圆柱形，直径 5 ～ 10 mm，黄白色或红色，肉质；茎直立，高 60 ～ 100 cm，四棱形或方形，茎节略膨大，似牛膝状，绿色或带紫色，有白色贴生或开展柔毛，或近无毛，每个节上有对生分枝。叶片对生，椭圆形或椭圆披针形，少数倒披针形，全缘，长 4.5 ～ 12 cm，宽 2 ～ 7.5 cm，顶端尾尖，尖长 5 ～ 10 mm，基部楔形或宽楔形，两面有贴生或开展柔毛，叶柄长 5 ～ 30 mm，有柔毛，穗状花序顶生及腋生，长 3 ～ 5 cm，花期后反折；总花梗长 1 ～ 2 cm，有白色柔毛；花多数，密生，长 5 mm；苞片宽卵形，长 2 ～ 3 mm，顶端长渐尖；小苞片刺状，长 2.5 ～ 3 mm，顶端弯曲，基部两侧各有 1 卵形膜质小裂片，长约 1 mm；花被片披针形，长 3 ～ 5 mm，光亮，顶端极尖，有 1 中脉；雄蕊长 2 ～ 2.5 mm；退化雄蕊顶

1. 植株；2. 有两小苞的花

图 8-6-1　牛膝植株形态图

端平圆，稍有缺刻状细锯齿。胞果矩圆形，长 2 ～ 2.5 mm，黄褐色，光滑。种子矩圆形，长 1 mm，黄褐色。花期 7—9 月，果期 9 ～ 10 月。形态特征见图 8-6-1。

二、生态习性与生物学特性

（一）生态习性

牛膝适宜在海拔 200 ～ 1 750 m 的地区生长，常分布在山坡林下，喜温暖而干燥的气候环境，最适宜的温度为 22 ～ 27℃，不耐寒。冬季地温 -15 ℃时，根能越冬，过低则不宜，气温 -17 ℃时，植株被冻死。牛膝为深根性植物，耐肥性强，喜土层深厚而透气性好的砂质壤土，并要求富含有机质，土壤肥沃，含水量 27% 左右，pH 7 ～ 8.5。适宜生长于干燥、向阳、排水良好的砂质壤土，要求土层深厚，土壤疏松肥沃，利于根生长；黏性板结土壤，涝洼盐碱地不适合种植。

怀牛膝耐连作，而且连作的牛膝地下根部生长较好，根皮光滑，须根和侧根少，主根较长，产量高、品质佳。牛膝在不同生长期对水分要求不同，幼苗期保持湿润，可加速幼苗的生长发育，中期（生长期）水分不宜过多，否则引起植物地上茎徒长，后期（8 月以后）根生长较快，需较多水分，否则会影响根的产量和品质。地势低洼，地下水位高，含水过多时则长分杈多，不长独根，对生长发育不利。

（二）生物学特性

牛膝人工栽培生长期为 130 ～ 140 d。若生长期太长，植株花果增多，根部纤维多，易木质化而品质差。植株生长不繁茂，当年开花少，则主根粗壮，产量高，品质好。牛膝种子，宜选培育 2 ～ 3 年（秋薹籽），主根粗大，上下均匀，侧根少，无病虫害的植株的种子，品质好，发芽率高，根分枝少。当年植株的种子（蔓籽）不饱满，不成熟，出苗率低，根分枝多。播种后，一般 4 ～ 5 d 出苗，7—10 月为生长期，10 月下旬植株开始枯黄休眠，整个生育期可分为以下四个生育时期。

幼苗期：怀牛膝的最佳播种期在夏收后的伏天，此时的日平均温度较高（26 ℃左右）。幼苗生长比较缓慢，大约经过 30 d，这一时期根据苗情追施提苗肥，当植株高度达到 20 ～ 30 cm 时，进入快速发棵期。

快速发棵期：这时期为植株生长发育的旺盛期，此时要求水肥充足，在管理上应增施 N 肥、P 肥，补充养分，增加植株的抗病能力。经过 30 d 左右植株高度可达 1 m 左右，同时开始开花结实。

根部伸长发粗期：进入 9 月，地上部植株发育成型，制造疏松充足的养分供地下根部生长，这一时期怀牛膝根部迅速向下生长、发粗，此时不需要过多水分，此期管理上要做好防涝排水工作。

枯萎采收期：10月以后，气温逐渐下降，月平均气温在15 ℃左右，怀牛膝的生长发育逐渐缓慢，霜降后，植株开始进入采收期。

三、栽培技术

（一）品种类型

在河南，怀牛膝的主要栽培品种有核桃纹、风筝棵、白牛膝等。

核桃纹（怀牛膝1号）：为传统的药农当家品种。因其产量高，品质优而大面积种植。特征特性：株型紧凑，主根匀称，芦头细小，中间粗，侧根少，外皮土黄色，肉白色；茎紫色，叶圆形，叶面多皱；喜阳光充足、高温湿润的气候，不耐严寒，适宜于土层深厚、肥沃的砂质壤土，生育期为100～125 d。

风筝棵（怀牛膝2号）：为传统的药农当家品种。特征特性：株型松散，主根细长；芦头细小，中间粗，侧根较多，外皮土黄色，肉白色；茎紫色，叶椭圆形或卵状披针形，叶面较平。喜阳光充足、高温湿润的气候，不耐严寒，生育期100～120 d，适宜于土层深厚、肥沃的砂质壤土。

白牛膝：根圆柱形，芦头细小，中部粗，侧根少，主根均匀，根短外皮白色，断面白色。茎直立，四方形有棱，青色。单叶对生，有柄，叶片圆形或椭圆形，全缘，叶面深绿色。此品种在产区零星种植。

（二）选地与整地

宜选土层深厚、疏松肥沃、排水良好、地下水位低、向阳的砂质壤土种植。因牛膝的根可深入土中60～100 cm，所以一般宜深翻，每亩施基肥（堆肥或厩肥）3 000～4 000kg，加入25～40 kg过磷酸钙，饼肥100 kg，然后把沟填平整好，浅耕20 cm左右，耕后耙细、耙实，同时也就使肥料均匀，以利于保肥保墒。土地整平后作畦1 m左右，并使畦面土粒细小。

（三）繁殖方法

多采用种子繁殖。种子分秋子、蔓薹子。蔓薹子又可分为秋蔓薹子、老蔓薹子。实践表明，秋子发芽率高，不易出现徒长现象，且产品主根粗长均匀，分杈少，产量高，品质较好。

1. 采　种

选择核桃纹、风筝棵两品种的牛膝薹种植所产的秋子最佳。当年种植的牛膝所产的种子质量差，发芽率低。

2. 种子处理

播种前，将种子在凉水中浸泡 24 h，然后捞出，稍晾，使其松散后播种。也有用套芽（即催芽，其方法类似生豆芽）的方法，生芽后播种。

3. 播　种

将处理过的种子拌入适量细土，均匀地撒入土畦中，轻耙一遍，将种子混入土中然后用脚轻轻踩一遍，保持土壤湿润，3 ～ 5 d 后出苗。如不出苗，须用水浇 1 次。每公顷需种子 7.5 ～ 11.25 kg，为增加种子顶土能力，可加大播种量。

（四）田间管理

1. 中耕除草

结合浅锄松土，除掉田间杂草。牛膝幼苗期，怕旱、忌高温，应及时进行中耕松土，既可起到降温、保蓄土壤水分和清除杂草的作用，同时也可顺带将幼苗四周表土内的毛根锄断除掉，而有利于主根的生长。幼苗长高后，不再中耕，但要注意及时除草。

2. 间苗定苗

牛膝播种后 1 周即可出苗。当苗高 3 ～ 4 cm 时进行第 1 次间苗，苗高 5 ～ 6 cm 时第 2 次间苗，苗高约 15 cm 时结合松土除草按 9 ～ 12 cm 株距定苗，间苗时要把过密、徒长、茎基部颜色不正常的苗和病苗、弱苗拔除，留大、小一致的苗。

3. 水分管理

定苗后随即浇水 1 次，使幼苗直立生长。幼苗生长期间如遇高温天气，还应注意再适当浇水 1 ～ 2 次，以降低地温，利于幼苗正常生长。大雨后，要及时排水，如果地湿又遇大雨，易造成茎基部腐烂。8 月初以后，根生长最快，此时应注意浇水，特别是天旱时，每 10 d 要浇 1 次水，一直到霜降前，都要保持土壤湿润。在雨季应及时排水，否则容易染病害。并应在根际培土防止倒伏。

4. 追　肥

牛膝以基肥为主，一般不再追肥。若肥力不足，植株叶色发黄，定苗后封垄前可追施稀薄人粪尿 2 250 ～ 3 000 kg/hm^2 或尿素 300 kg/hm^2，追肥后及时浇水。

5. 打　顶

在植株高 40 cm 以上，长势过旺时，应及时打顶，以防止抽薹开花，消耗营养。为控制抽薹开花，可根据植株情况连续几次适当打顶，使株高 45 cm 左右为宜。生产上打顶后结合施肥，促进地下根的生长，是获得高产的主要措施之一。但不可留枝过短，以免叶片过少而影响根部营养积累。

（五）病虫草害防治

1. 白锈病 [*Albugo achyranthis* (P. Henn.) Miyabe.]

（1）症　状

病原属真菌鞭毛菌亚门，卵菌纲，霜霉目，白锈菌科，白锈菌属。该病在春秋低温多雨时容易发生。虽然植株地上部分均可受害，但主要为害叶片，在叶面出现淡黄绿色斑块，相应背面长出色疱状突起，直径 1 ～ 2 mm，表皮破裂后散出白色有光泽粘滑性粉状物。疱斑发生多时病叶枯黄变褐。发生在叶柄幼芽等部位上，产生淡黄色斑点，后成白色疱斑，病茎往往肿大扭曲。病菌主要以卵孢子在被害组织中或粘附在种子上越冬，以后萌发产生孢子囊和游动孢子。游动孢子萌发生出芽管，从气孔侵入寄主引起发病。寄主病斑上产生的孢子囊，借风雨传播，引起再侵染。此外，菌丝体也可在留种株上越冬，产生孢子囊传播为害。

（2）防治措施

收获后清园，病株集中烧毁或深埋，以消灭或减少越冬菌；春寒多雨季节，开沟排水降低田间湿度；发源病初期喷 1：1：120 波尔多液或 65% 代森锌 500 倍液，每 10 ～ 14 d 喷 1 次，连续 2 ～ 3 次。

2. 叶斑病（*Cercospora achyranthis* H. et P. Syd.）

（1）症　状

病原属真菌半知菌亚门，丝孢纲，丛梗孢目，暗色孢科，尾孢属。该病 7—8 月发生。为害叶片，产生多角形不规则叶斑，主要在背面生淡褐色霉层，严重时，整叶变成紫褐色枯死。病菌以子座在闰残叶上越冬，次年产生分生孢子，借风雨传播。早秋雨水多、露水重易引起大量发病。

（2）防治方法

同白锈病防治法。

3. 根腐病（*Fusarium* sp.）

（1）症　状

在雨季或低洼积水处易发病。发病后叶片枯黄，生长停止，根部变褐色，水渍状，逐渐腐烂，最后枯死。

（2）防治措施

实行合理轮作；合理施肥，提高植株抗病力；及时除病株烧毁；注意排除田间积水，选择干燥的地块种植，忌连作；发病初期用 50% 琥胶肥酸铜可湿性粉剂 350 倍液，或 12.5% 敌萎灵 800 倍液喷灌，或 3% 广枯灵（有效成分：恶霉灵、甲霜灵）600 ～ 800 倍液灌根，7 d 喷 1 次，喷 3 次以上。

4. 银纹夜蛾（*Plusia agnata* Standinger）

（1）症　状

俗称青虫，是一种杂食性害虫，属鳞翅目夜蛾科，该种虫害多发生在幼苗期。幼虫为害寄主植物的叶片，轻则食成缺口，重则将叶片吃光，只留主脉。

（2）防治措施

在苗期幼虫发生期，利用幼虫的假死性进行人工捕杀；幼虫低龄期用100亿/g活芽孢Bt可湿性粉剂200倍液，或卵解化盛期用氟啶脲（5%抑太保）2 500倍液，或25%灭幼脲悬浮剂2 500倍液，或25%除虫脲悬浮剂3 000倍液，或氟虫脲（5%卡死克）乳油2 500～3 000倍液，或0.36%苦参碱（维绿特、京绿、绿美、绿梦源等）水剂800倍液，或天然除虫菊（5%除虫菊素乳油）1 000～1 500倍液，或用烟碱（1.1%绿浪）1 000倍液，或用多杀霉素（25%菜喜悬浮剂）3 000倍液喷雾防治。7 d喷1次，防治2～3次；低龄幼虫期，用1.8%阿维菌素乳油3 000倍液，或1%甲胺基阿维菌素苯甲酸盐乳油3 000倍液，或高效氯氟氰菊酯（2.5%功夫乳油）4 000倍液，或联苯菊酯（10%天王星乳油）1 000倍液，或50%辛硫磷乳油1 000倍液喷雾防治。7 d喷1次，一般连续防治2～4次。

5. 棉红蜘蛛（*Tetranychus telarius* L.）

（1）症　状

一般6—7月发生为害，干旱时为害严重。成虫在叶背面吸取汁液，病叶干枯脱落。

（2）防治方法

① 清园，收挖前将地上部收割，处理病残体，以减少越冬基数；与棉田相隔较远距离种植；发生期用40%水胺硫磷1 500倍液或20%双甲脒乳油1 000倍液喷雾防治。

② 寄生性种子植物菟丝子（*Cuscuta japonica* Choisy）的种子比牛膝稍晚萌发，可形成黄色丝状体，向寄主牛膝茎上缠绕后，可造成牛膝植株枯萎或死亡。防治措施：播种前清洗去除混杂在种子中的菟丝子种子；田间如杂有菟丝子种子，应进行与禾本科植物轮作；发现少量发生时，可在菟丝子开花前，将其人工拔除，并带出田外曝晒后烧掉除去；用"鲁保1号"粉剂直接撒施（在下午4时以后施药，最好在雨后或下小雨时撒施），每亩用药1.5～2.5 kg；如用喷雾法，在田间菟丝子基本都出土后，将"鲁保1号"每亩0.4 kg药加水100 kg溶解，在傍晚喷雾施药，也可用40%地乐胺乳油喷雾，用法是：每亩用药200～250 mL，兑水40～60 kg。

四、留种技术

霜降后，在怀牛膝采挖时节，选择植株高矮适度，枝密叶圆，叶片肥大，根部粗长，表皮光滑，无分叉及须根少的植株，去掉地上部，保留芦头（芽）。取芦头下20～25 cm

根部即为牛膝薹，在阴凉处挖坑深 30 cm，垂直放入牛膝薹，填土压实越冬。次年 3 月下旬或 4 月上旬，按株行距 60 cm × 75 cm 植入牛膝薹，苗高 20 ～ 30 cm 时，每株施尿素 150 g，适量浇水。也可在收获时选优良植株的根存放在地窖里，次年解冻后再按上述方法栽种、栽培。秋后种子成熟后采种即为秋子，秋子种植的牛膝所产的种子为秋蔓薹子，秋蔓薹子种植的牛膝所产的种子为老蔓薹子。

五、采收与加工

（一）采　收

牛膝收获期以霜降后，封冻前最好。北方在 10 月中旬至 11 月上旬收获。过早收获则根不壮实，产量低；过晚收获则易木质化或受冻影响品质。采收前清浇一次水，再一层一层向下挖，挖掘时先从地的一端开沟，然后顺次采挖，要做到轻、慢、细，不要将根部损伤，要保持根部完整。采用人工采挖进行采收，用镰刀割去牛膝地上部分，留茬 3 cm 左右，从田间一头起槽采挖，尽量避免挖断根部。

（二）加　工

挖回的牛膝，先不洗涤，去净泥土和杂质，将地上部分捆成小把挂于室外晒架上，枯苗向上根条下垂，任其日晒风吹；新鲜牛膝怕雨怕冻，因此，应早上晒晚上收。若受冻或淋雨，会变紫发黑，影响品质。应按粗细不同晾晒，晒 8 ～ 9 d 至 7 成干时，取回堆放室内盖席。闷 2 d 后，再晒干。此时的牛膝称为毛牛膝。传统上是将毛牛膝打捆投入水中，使之蘸水，立即拿出，交错分熏炕中，用席覆盖后，用硫磺熏。每 50 kg 毛牛膝用硫磺 0.5 ～ 0.75 kg，到烧完硫磺为止。然后取出，削去芦头，再按长短选出特膝、头肥、二肥、平条等不同等级。将其主根细尖与支根摘去，依级 3.5 ～ 4 kg 成捆，再蘸水后，用硫磺熏，熏后将其分成小把，每把 200 g 左右（为 7 ～ 8 根或 10 余根不等），捆好后再上炕以小火烘焙干。但一般多为晒干，只有天气不好时，才用火烘干。

（三）药材质量标准

怀牛膝以皮细、肉肥、质坚、色好、根条粗长、黄白色或肉红者为佳。外皮显黑色，端茬黑色有油的为次。依大小（长度、直径）分 3 个等级，分别对应为头肥、二肥和平条，其特征如下：

头肥：呈长条圆柱形。内外黄白色或浅棕色。中部直径 0.6 cm 以上，长 50 cm 以上，根条均匀。无冻条、油条、破条、杂质、虫蛀、霉变。

二肥：中部直径 0.4 cm 以上，长 35 cm 以上。余同头肥。

平条：中部直径 0.4 cm 以下，但大于 0.2 cm，长短不分，间有冻条、油条、破条。余同头肥。

本品含蜕皮甾酮（C27H44O7）不得少于 0.040%。

六、包装、贮藏与运输

（一）包　装

将干的牛膝小把用木箱装，内衬防潮纸或纸箱包装。装箱时做到闷不好不装，残条不装，碎条不装，冻条不装，霉条不装，油条不装，散把不装，混等级不装。每箱 20 kg 左右，放置通风阴凉处。在每件包装上注明品名、规格、产地、批号、包装日期、生产单位，并附有质量合格的标志。

（二）贮　藏

加工与包装好的牛膝要求放在清洁、通风、阴凉、干燥、避光、无异味的专用仓库中，置于货架上。适宜温度 28 ℃以下，相对湿度 68% ～ 75%。商品安全水分 11% ～ 14%。夏季最好放在冷藏室，防止生虫、发霉、泛糖（油）。贮藏期应定期检查，消毒，保持环境卫生整洁，经常通风。商品存放一定时间后，要换堆，倒垛。有条件的地方可密封充氮降氧保护。发现轻度霉变、虫蛀，要及时翻晒，严重时用磷化铝等熏灭。

（三）运　输

运输工具或容器应具有较好的通气性，以保持干燥，并应有防潮措施，同时不应与其他有毒有害、有异味的物质混装。

第七节　黄　芩

黄芩（*Scutellaria baicalensis* Georgi.）为唇形科黄芩属多年生草本植物，以根入药，药材名黄芩，别名山茶根、黄芩茶、土金茶根、黄花黄芩、大黄芩、下巴子、川黄芩等。黄芩味苦、性寒，有清热燥湿、泻火解毒，止血安胎等效用。现代药理学研究表明，黄芩的根、茎叶提取物，尤其是黄酮类化合物，具有抗菌、抗病毒、抗炎、抗氧化、抗艾滋病、抑制肿瘤、降血脂和提高机体免疫力等多种药理作用。黄芩属植物有 300 余种之多，广布世界各地，我国有 101 种及 29 个变种，但古今本草皆以黄芩的干燥根供正品药用。黄芩主产于河北、山东、陕西、内蒙古、辽宁、黑龙江等省区。

一、植株形态特征

黄芩是多年生草本植物，高 30 ～ 120 cm。主根粗壮，略呈圆锥形，外皮棕褐色，断面黄色。茎钝四棱形，具细条纹，无毛或被上曲至开展的微柔毛，绿色或常带紫色，基部多分枝；叶对生，叶坚纸质，披针形至线状披针形，长 1.5 ～ 4.5 cm，宽 0.3 ～ 1.2 cm，顶端钝，基部圆形，全缘，上面暗绿色，无毛或疏被贴生至开展的微柔毛，下面色较淡，无毛或沿中脉疏被微柔毛，密被下陷的腺点，侧脉 4 对，与中脉上面下陷下面凸出，叶柄短，长 2 mm，腹凹背凸，被微柔毛；花序在茎及枝上顶生，总状，长 7 ～ 15 cm，常再于茎顶聚成圆锥花序，花梗长 3 mm，与序轴均被微柔毛；花萼二唇形，紫绿色，上唇背部有盾状附属物；花冠二唇形，蓝紫色或紫红色，上唇盔状，先端微缺，下唇宽，中裂片三角状卵圆形，宽 7.5 mm，两侧裂片向上唇靠拢，花冠管细，基部膝曲；雄蕊 4，稍露出；子房褐色，无毛，4 深裂，生于环状花盘上；花柱细长，先端微裂。小坚果 4，三棱状椭圆形，长 1.8 ～ 2.4 mm，宽 1.1 ～ 1.6 mm，表面粗糙，黑褐色，有瘤，着生于宿存花萼中，果内含种子 1 枚；花期 6—9 月，果期 8—10 月。植株花期形态特征见图 8-7-1 至图 8-7-3。

1. 植株；2. 花；3. 花冠纵剖面；4. 根

图 8-7-1　黄芩植株形态图

图 8-7-2　黄芩植株

图 8-7-3　黄芩花

二、生态习性

黄芩喜温和气候，耐寒冷，较耐高温。原野生于山坡、地堰、林缘及路旁等向阳较干燥的地方，喜阳较耐阴。

黄芩种子发芽的温度范围较宽，15 ～ 30℃均可正常发芽；发芽最适温度为 20℃。成年植株的地下部分在 -35℃低温下仍能安全越冬，在山东、山西、河北中南部等炎热的夏季，气温达 35℃以上，甚至 40℃左右也可正常生长。

黄芩幼苗喜湿润，早春怕干旱；成株耐旱怕涝，生长期间，地内积水或雨水过多，都会影响黄芩正常生长，轻者生长不良，重者导致烂根死亡。

黄芩对土壤要求不甚严格，但若土壤过于黏重，既不便于整地出苗和保苗，也会影响根的生长和品质，导致根色发黑，烂根增多，产量低，品质差。过砂的土壤，肥力低，保水保肥性差，不易高产。以土层涤厚、疏松肥沃、排水渗水良好，中性或近中性的壤土、砂壤土等最为适宜。

黄芩忌连作，因其根部中心腐烂，有传染性，应轮作，隔 3 年后再种植效果更好。

三、栽培技术

（一）选地与整地

选择地势高燥、排水良好、地下水位低、背风向阳、光照充足、无树木遮光、土层深厚、土质疏松、富含腐殖质的沙质壤土地块。平地、缓地、山坡梯田均可。宜单作种植，也可利用幼龄林果行间种植，提高退耕还林地的利用效率及其经济效益和生态效益。结合整地，每亩均匀撒施腐熟的农家肥 2 000 ～ 4 000 kg，磷酸二铵等复合肥 10 ～ 15 kg。施后适时深耕 25 cm 以上，随后整平耙细，去除石块杂草和根茬，达到土壤细碎、地面平整。并视当地降雨及地块特点做成宽 2 m 的平畦或高畦。春季采用地膜覆盖种植的，做畦面宽 60 ～ 70 cm，畦沟宽 30 ～ 40 cm，高 10 cm 的小高畦更为适宜。

（二）繁殖方法

分直播和育苗移栽两种技术。

1. 直播技术

（1）种子播前处理

将种子用 40 ～ 45℃温水浸泡 5 ～ 6 h 或室温下自来水浸泡 12 ～ 24 h，捞出稍晾，置于 20℃左右温度下保湿催芽，待部分种子裂口出芽时即可播种。

（2）种子直播技术

播种期：在土壤水分有保障的情况下，以 4 月中旬前后，地下 5 cm 地温稳定在 15℃时为宜；一般春播在 3—4 月，秋播 9—10 月。播种方法为散播、点播、条播三种，一般宜浅不宜深，以免幼芽细弱。

播种量：干种子 0.8 ～ 1 kg/ 亩。

播种方法：播后覆盖细湿土 1 ～ 2 cm，并适时镇压和覆盖地面。保持土壤湿润至出苗。

2. 育苗移栽技术

（1）选地做畦

选择温暖、向阳、疏松肥活、排灌水方便的田块，做成畦面宽 1.2 ～ 1.3 m 畦埂宽 0.5 ～ 0.6 m 长，长 10 m 左右的平畦。

（2）施肥整地

在做好的畦内，每平方米均匀撒施 7.5 ～ 15 kg 腐熟的优质农家肥和 25 ～ 30 g 磷酸二铵，施后与畦内 10 ～ 15 cm 深的土壤充分拌匀，随后砸碎土块，拣净石块、根茬，搂平畦面待播。

（3）适时播种

4 月上旬，先在已准备好的畦内浇足水，水渗后按 6 ～ 7.5 g/m^2 干种子的播量，将处理好的种子均匀撒播于畦内，随后覆盖 0.5 ～ 1.0 cm 厚的过筛粪土或肥沃表土，然后覆盖薄膜或碎草，保持畦内湿润。

（4）幼苗管理

出苗后，应及进通风去膜或除盖草，按照苗距 3 ～ 5 cm 适时疏苗，拔除杂草，并视具体情况适当浇水和追肥。

（5）移栽定植

当苗高 7 ～ 10 cm 时，按行距 40 ～ 45 cm 和每米 25 ～ 30 株的密度进行开沟栽植，栽后土压实并适时浇水，也可先开沟浇水，水渗后再栽苗覆土。旱地无灌水条件者应结合降雨定植。

（三）田间管理技术

1. 中耕除草

第一年中耕锄草 3 ～ 4 遍，第二年以后，每年中耕除草 1 ～ 2 遍即可。

2. 间苗与定苗

在苗高 5 ～ 7cm 时，按每平方米留苗 60 株左右进行间苗与定苗。

3. 追　肥

直播栽培当年，生长前期，植株生长正常可不追肥；如小苗生长较弱，可适当追施一些氮肥，以培育壮苗，每公顷施稀的人粪尿 7 500 kg 或尿素 45 ～ 75 kg；6—7 月，植株生长旺盛，为促进根系发育，每公顷可追施过磷酸钙 200 ～ 250 kg、磷酸二氢铵 150 kg、硫酸钾 100 kg。追肥时，三肥混合，开沟施入，施后覆土并及时浇水，以提高肥效。翌年，可酌情适时适量补充追施磷酸二氢铵和硫酸钾肥。

4. 灌水与排水

黄芩在播种至出苗期间应保持土壤湿润。出苗后，若土壤水分不足，应在定苗前后灌水 1 次，之后若不是特别干旱，一般不再浇水，以利蹲苗，促根深扎。黄芩成株以后，遇严重干旱或追肥时土壤水分不足，应适时适量灌水。由于黄芩怕涝，雨季应注意及时松土和排水防涝，以减轻病害发生，避免和防止烂根死亡，降低产量和品质。

5. 镇压蹲苗

幼苗期，选晴天下午，用脚顺垄轻踩或用石、木滚子轻压黄芩地上部分，每隔 3 ～ 5 d 压一次，连压三次左右。

6. 梳理枝蔓

2 ～ 3 年生黄芩地上部分生长旺盛，覆盖严实，严重影响通风透光，并增加养分消耗，同时影响根部发育和种子质量，此时应适当梳理枝条，可在 6—7 月割去黄芩茎秆的 1/5 ～ 1/3，以利生长。

7. 摘　蕾

除留种田外，应在植株抽出花序之前，摘掉花蕾，控制养分消耗，使养分集中供应根部，促进根部生长，增加药材产量。摘除选择晴天进行，有利于伤口愈合，以防感染病害。

（四）病虫害防治

1. 叶枯病（枯斑病）（*Septoria chrysanthemella* Sacc.）

（1）症　状

病原是真菌中一种半知菌，为害叶片，开始从叶尖或叶缘发生不规则的黑褐色病斑，然后逐渐向内延伸，并使叶干枯，严重时扩散成片，致使叶片枯死。高温多雨季节易发病。

（2）防治方法

秋后清理田园，除尽带病的枯枝落叶，消灭越冬菌源。发病初期喷洒 1∶120 波尔多液，或用 50% 多菌灵 1 000 倍液喷雾防治，每隔 7 ～ 10 d 喷药 1 次，连续 2 ～ 3 次。

2. 白粉病（*Erysiphe Polygoni* D.C.）

（1）症　状

病原为蓼白粉菌，病菌以菌丝体及闭囊壳在黄芩病残体上越冬，成为次年的初侵染源。白粉病主要为害叶片和果荚，叶的两面生白色状斑，好像撒上一层白粉一样，病斑汇合而布满整个叶片，最后病斑上散生黑色小粒点，田间湿度大时易发病，导致提早干枯或结实不良甚至不结实。

（2）防治方法

加强田间管理，秋冬季及时清除病残体可减少越冬菌原，注意田间通风透光，防止N肥过多或脱肥早衰。发病期用40%氟硅唑悬浮剂10 000倍液或12.5%烯唑醇（志信星）可湿性粉剂500倍液喷治。

3. 黄芩舞蛾（*Prochoreutis* sp.）

（1）症　状

舞蛾是黄芩的重要虫害，以幼虫在叶背作薄丝巢，虫体在丝巢内取食叶肉，仅留下表皮，以蛹在残叶上越冬。

（2）防治方法

清洁田园，处理枯枝落叶等残株。发生期用90%敌百虫800液喷雾。每7～10 d喷1次，连续喷治2～3次，以控制住虫情为害程度。

另外，根腐病、茎基腐病以及菟丝子也常有发生。根腐病、茎基腐病可用65%代森锌可湿性粉剂600倍液或50%多菌灵与80%代森锌1∶1的600～800倍液防治。还可及时拔除病株，并用5%石灰水消毒病穴。菟丝子可于发生初期人工彻底摘除。地老虎、菜青虫可用90%晶体敌百虫1 500倍液喷杀。

四、留种技术

黄芩一般不单独建立留种田。多选择生长健壮、无严重病虫窖的田块留种。黄芩花期长达2～3个月，种子成熟期也很不一致，而且极易脱落，因此采种应随熟随采，分批采收。方法是待整个花枝中下部宿萼变为黑褐色，上部宿萼呈黄色时，手捋花枝或将整个花枝剪下，稍晾晒后及时脱粒、清选，放阴凉干燥处备用。使用前如按照种子粒径大小进行分级再播种利用，能够保证出苗整齐，方便苗期管理，确保播种苗的数量和品质。

五、采收与加工

（一）采　收

生长1年的黄芩，由于根细、产量低，有效成分含量也较低，不宜采挖。生长2～3年的黄芩可采挖，一般3年生的鲜根和干根产量均比2年生增加一倍左右，商品根产量高出2～3倍，而且主要有效成分黄芩苷的含量也较高，故以生长3年为收获最佳期。收获季节秋春均可，但以春季采挖更为适宜，易加工晾晒，品质较好。采挖时，应尽量避免或减少伤断，去掉茎叶，抖净泥土，运至晒场进行晾晒。

（二）产地加工

黄芩采收后，去掉残茎，于通风向阳干燥处进行晾晒，晒至半干时，每隔 3 ～ 5 d，用铁丝筛、竹筛、竹筐或撞皮机撞一遍老皮，连撞 2 ～ 3 遍，生长年限短者少撞，生长年限长者多撞。撞至黄芩根形体光滑，外皮黄白色或黄色时为宜。撞下的根尖及细侧根应单独收藏，其黄芩苷含量较粗根更高。晾晒过程中，应避免暴晒过度使根条发红，禁用水洗，防止雨淋，否则黄芩根变绿变黑，失去药用价值。黄芩鲜根折干率为 30% ～ 40%。

（三）药材质量标准

加工好的药材，呈圆锥形，稍有扭曲，长 8 ～ 25 cm，直径 1 ～ 3 cm，表面棕黄色或深黄色，断面黄色；质硬而脆，易折断，老根中间呈暗棕色或棕黑色、枯朽状或已成空洞；气微、味苦。按干燥品计算，黄芩苷（$C_{21}H_{18}O_{11}$）的含量不得少于 9.0%。

六、包装、贮藏与运输

（一）包　装

干燥的黄芩药材一般采用编制袋或麻袋等包装，也可选用不易破损、干燥、清洁、无异味以及不影响黄芩品质的材料制成的专用袋或纸箱包装，具体规格可按购货商要求而定。包装要牢固、密封、防潮。包装应附有包装记录，包装记录内容：品名（药材名）、批号、等级、规格、重量、产地、日期、合格证、验收责任人等。有条件的还应注明药用成分含量、农药残留量、重金属含量等。

（二）贮　藏

包装好商品要求放在清洁、通风、干燥、避光、无异味的专用仓库中，置于货架上。仓库应具有防鼠、防虫、防霉烂设施。地面为混凝土或可冲洗地面，货架与墙壁保持足够距离。黄芩夏季高温季节易受潮变色和虫蛀。高温高湿季节到来前，应按垛或按件密封保藏；发现受潮或轻度霉变时，及时翻垛、通风或晾晒。密闭仓库充 N_2（或 CO_2）养护的药材，无霉变和虫害，色泽气味正常，对黄芩成分无明显影响。

（三）运　输

运输工具或容器应清洁、干燥、无异味、无污染。药材批量运输时，不得与其他有毒、有害、易串味物品混装。运输中应保持干燥，防晒、防潮、防雨淋。

第八节　防　风

防风（*Saposhnikouia divaricata*（Turcz.）Schischk.）为伞形科防风属多年生草本植物，主要以干燥根入药。中药名：防风。别名：关防风、东防风、川防风、云防风、旁风、屏风、山芹菜、白毛草、茴芸、铜芸、百韭、百种、百枝等。主治风寒感冒、头痛、发热、无汗、风寒湿痹、关节疼痛、皮肤风湿瘙痒、四肢拘挛、脊痛颈强、荨麻疹、破伤风等症。现代药理学研究表明，防风的根、茎叶水提液具有显著的抗炎、抑菌、抗惊厥、抗过敏、抗肿瘤、抗凝血、增强免疫力等作用，而多糖为其主要的水溶性活性成分。

防风主产黑龙江、吉林、辽宁、内蒙古、河北、宁夏、甘肃、陕西、山西、山东等省区。生长于草原、丘陵、多砾石山坡，为东北地区著名药材之一，原产东北三省的防风品种最佳，称关防风。

一、植株形态特征

防风为多年生草本植物，株高 30 ～ 80 cm。根粗壮，长圆柱形，有分枝，淡黄桂冠色。根茎处密被纤维状叶残基。茎单生，两歧分枝，分枝斜上升，与主茎近等长，有细棱。基生叶有长叶柄，基部鞘状，稍抱茎，叶片卵形或长圆形，长 14 ～ 35 cm，宽 6 ～ 8（18）cm，2 ～ 3 回羽状分裂，第 1 回裂片卵形或长圆形，有小叶柄，长 5 ～ 8 cm，第 2 回裂片在顶部的无柄，在下部的有短柄，末回裂片狭楔形，长 2.5 ～ 5 cm，宽 1 ～ 2.5 cm；顶端锐尖；茎生叶较小，有较宽的叶鞘。复伞形花序多数，顶生，形成聚伞状圆锥花序，花序梗长 2 ～ 5 cm，伞辐 5 ～ 7，长 3 ～ 5 cm，无毛，无总苞片；小伞形花序有 4 ～ 10，小总苞片 4 ～ 6，线形或披针形，长约 3 mm；萼齿三角状卵形；花瓣 5 枚，倒卵形，白色，长约 1.5 mm，无毛，先端

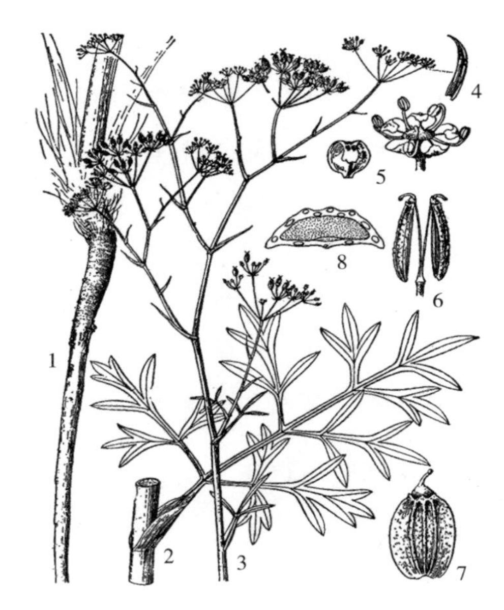

1. 茎基及根部；2. 叶片；3. 果序；4. 小总苞叶；5. 花及花瓣；6. 果实；7. 分生果；8. 分生果横剖面

图 8–8–1　防风植株形态

微凹，具内折小舌片；子房下位，2室，花柱2个，花柱基部圆锥形。双悬果狭圆形或椭圆形，长4～5 mm，宽2～3 mm，幼嫩时有疣状突起，成熟时渐平滑，每棱槽中通常有油管1条，合生面有油管2条。花期为8—9月，果期为9—10月。植株、花期形态特征见图8-8-1至图8-8-3。

图8-8-2　防风植株

图8-8-3　防风花期

二、生态习性与生物学特性

（一）生态习性

防风分布的生态区域较广，适宜防风生长的土壤也较为广泛，主产区最适宜防风生长的土壤为砂土、黑钙土和草甸土，甚至轻度盐碱土壤也能够生长，因此pH值为5.5～8.5的广泛条件均适合防风栽培。防风耐旱、耐寒，忌过湿和雨涝，虽然有较强的环境适应能力，但还是适宜在温暖、夏季凉爽，昼夜温差较大，地势高燥，土壤肥沃和灌排条件良好的地方种植。防风的主产区多分布在半干旱地区，年降水量仅为300～400 mm，可见防风耐旱性极强。防风对湿度的要求范围较宽，除苗期需要较长时期湿润土壤外，在整个其他生长期均不宜土壤水分过大。栽培过程中，水分过大或长期积水，植株叶色由绿变黄，严重时造成根系腐烂。

（二）生物学特性

防风种子寿命短，发芽能力较低，千粒重4.13～5. 05g。一般隔年种子发芽率很低或丧失发芽能力，不能作种用。当年产新鲜种子发芽率为75%～85%，低温贮藏可提高发芽率。田间土壤含水量达60%～70%，温度达20 ℃以上时，播种后一周左右出苗，温度降至15～17℃时，约需2周出苗，因此，确定播种期时，要根据气候情况考虑。野生防风，由于土地瘠薄，一般10年左右开花结实，而种植的防风，因土壤肥沃，2～4年便可开花结实。当年播种的幼苗只形成叶簇。在东北地区第2年5月上旬返青，6—7月孕蕾开花，9月中、下旬种子成熟。

三、栽培技术

（一）选地与整地

防风对土壤要求不十分严格，以地势高燥、向阳且远离交通干道和工厂的地块为宜，土壤以疏松、肥沃、土层深厚、排水良好的沙质土壤最适宜，忌连作。

防风为深根植物，2年生根长可达50～70 cm。因此在秋天要求对土地进行深翻达40 cm以上，早春整平耙细，拾净根茬和杂物，为防风生长创造良好的基础条件。为满足多年生防风生长、发育对养分的需要，必须施足基肥，每公顷施腐熟农家肥45 000～60 000 kg，加入过磷酸钙300～450 kg或磷酸二铵120～150 kg，施肥要均匀。一般于秋天深翻前施入地表，然后翻入耕层。最迟要在整地作畦前施入，然后作畦，一般畦宽110～130 cm，畦沟宽30 cm，沟深15 cm，畦长可根据地势而定，以方便苗期田间管理为度。

（二）繁殖方法

防风既可种子繁殖，也可用根段繁殖。生产上以种子繁殖为主。

1. 种子繁殖

育苗移栽：露地在早春4月上、中旬气温达到15℃以上时进行，以条播为宜。播种前3～5 d用温水浸泡处理精选好的种子。用35℃的温水浸泡24 h，使其种子充分吸水，以利于发芽。浸泡要做到边搅拌边撒种子，捞出浮在水面上的瘪籽和杂质，将沉底的饱满种子泡好后取出，稍晾后播种。在整好的畦面上开横沟，行距15～20 cm，沟深2～3 cm（壤土稍浅，沙土略深），将种子均匀地播撒在沟内，覆土1～1.5 cm，待稍干进行踩压保墒。每公顷用种量37.5～45.0 kg。育苗1年即可移栽。

于翌春3—4月幼苗“返青”前，在整好的移栽田内，按行距15～18 cm横向开沟栽移，沟深10～15 cm，株距8～10 cm；也可穴栽，穴距10～20 cm，每穴栽两株，栽植时要栽正、栽稳，使根系舒展。栽后覆土压实，栽后普浇1次定根缓苗水，提高栽植成活率。

直播栽培，播种期分春播与秋播。春播和秋播的方法均与育苗移栽方法基本一致，但行距要加大到25～30 cm，每公顷用种量降至15.0～22.5 kg。防风直播生产一般以秋播为好，出苗早而整齐，到翌年开花前即可收获。

2. 根段繁殖

利用根段萌生的根茎。早春防风苗未萌发前，选取2年以上、健壮无病害、粗

0.7 cm 以上的根条，截取 3 ～ 5 cm 长的根段作种根，在整好的畦面上开横沟，行距 30 cm，将根段均匀地放入沟内，株距 15 ～ 20 cm，栽后覆土，浇水保墒。每公顷用根段 525 ～ 600 kg。

（三）田间管理

1. 中耕除草

苗期田间和畦面的杂草严重影响防风幼苗的生长，要求随见随拔，此外还应结合间苗、定苗进行松土除草 2 ～ 3 次，为幼苗根系生长改善环境，促使根系深扎，达到壮苗的目的。生长期间仍然有一部分杂草在不同时期生长出来，要结合中耕松土及时拔除，经常保持畦面无杂草。

2. 间苗定苗

幼苗出土后 15 ～ 20 d，苗高达 3 ～ 5 cm 左右时，进行间苗，打开“死撮”，防止小苗过度拥挤，生长细弱。生长到 1 个月左右，苗高达 10 cm 以上时，进行最后定苗。育苗田苗距 2 ～ 3 cm，生产田苗距 8 ～ 10 cm，防止苗荒徒长，

3. 水分管理

苗期抗旱保墒措施十分重要，应因地、因时并用压、踩、搂、轧等技术措施，确保播种层内有充足的土壤水分，满足其萌发需要，严防土壤“落干”和种子“芽干”的现象发生，苗期如遭遇严重干旱天气时，还需适当灌水，力争达到苗全、苗壮。防风生长的旺盛时期在 6—8 月。正逢雨季，田（畦）间发生洪涝和积水时要及时排除，并随后进行中耕，保持田间地表土壤有良好的通透性，以利于根系正常生长。另外还需浇好越冬前的封冻水，严防因北方气候干旱而引起水分不足。要在 10 月底或 11 月上旬进行浇封冻水，要浇灌均匀。

4. 追　肥

防风栽培当年，若基肥施用充足，很少表现缺肥症状。如播前基肥不足或播种在沙质土壤时，在定苗后需适量追肥，以保证其养分供应，促其健壮生长。一般每公顷追施尿素 120 ～ 150 kg，硫酸钾 45 ～ 75 kg。追肥可穴施，施后覆土盖肥，浇水。播种第 2 年的防风需在返青前结合清园进行追肥，一般每公顷追施优质农家肥 22 500 ～ 30 000 kg，全田铺施，随即浇水，促使返青，达到壮株、壮根的目的。

5. 打薹促根

防风第 2 年将有 80% 左右植株抽薹开花结实，植株开花以后，地下根开始木质化，严重影响药材的质量，为此，第 2 年开始，除留种田外，必须将花薹及早摘除。一般需进行 2 ～ 3 次，见薹就打掉，避免开花消耗养分，影响根的生长、发育。

（四）病虫害防治

1. 白粉病（*Erysiphe polygoni* DC.）

（1）症 状

常于夏、秋季发生。被害叶片两面呈白粉状斑，后期逐渐长出小黑点（病菌的菌囊壳），叶片干枯，严重时使叶片早期脱落，此病发病率较高。

（2）防治措施

冬前清除病残体，集中销毁，减少田间侵染源；发病初期用15%粉锈宁800倍液，或50%多菌灵1 000倍液喷雾，每隔7～10 d交替使用，共喷2～6次；或用0.2～0.3波美度石硫合剂或25%粉锈宁100液喷雾防治，每7～10d喷1次，连续喷2～3次。

2. 叶枯病（*Rhiz octonia Solani* (Septoria sp.)）

（1）症 状

开始从叶尖或叶缘发生不规则的黑褐色病斑，随后逐渐向内延伸，并使叶片干枯，高温多雨季节容易发生。该病有时使地上部分死亡，根上部部分腐烂，第2年从顶部重新发出新芽，严重时可造成植株死亡，该病主要通过种子传播。

（2）防治措施

秋末要搞好清园工作，彻底清除田间病残体，集中深埋或烧毁，以减少越冬菌源量；7、8月发病初期，采用75%甲基托布津800倍液、70%代森锰锌可湿性粉剂500倍液、50%多菌灵可湿性粉剂600倍液和0.3%多抗霉素100倍液交替用药喷雾防治。

3. 根腐病 [*Fasarinmequiseti* (Corda) Sacc.]

（1）症 状

主要为害防风根部，被害初期须根发病，病根呈褐色腐烂。随着病情的发展，病斑逐步向茎部发展，维管束被破坏，失去输水功能，导致根际腐烂，叶片萎蔫、变黄，最后整个植株枯死。在高温多雨季节发生，被害后根际腐烂，叶片逐渐萎蔫，变黄，最后整个植株枯死。病菌在土壤中和田间病残体上越冬，成为病害的初侵染源，留在土中和病株上所发生的分生孢子，经风雨传播，进行再次侵染。一般在5月初发病，6—7月进入盛发期。温度较高，湿度较大，连续阴雨天气利于发病。植株生长不良，抗病性降低，发病较重；在地下害虫和线虫为害严重的地块发病也较重。

（2）防治措施

防风收后，要及时清除地面病残物，进行整翻土地。在翻耕时，每亩撒石灰粉50～60 kg，进行土壤消毒。种苗栽前用50%甲基硫菌灵1 000倍液浸苗5～10 min，晾干后栽种。种子播种前，用50%退菌特可湿性粉剂1 000倍液，或50%多菌灵可湿性粉剂1 000倍液浸种5 h。发病初期，拔除病株，窝内撒石灰粉消毒；也可用50%多菌灵可湿性粉剂 500 倍液灌根。

4. 黄凤蝶（*Papilio machaon* L.）

（1）症　状

昆虫幼虫害，一般多在 5 月发生。幼虫咬食叶片及花蕾，严重时叶片全部被吃光。黄凤蝶的幼虫黄绿色，有黄条纹。

（2）防治措施

秋季清理田间残株并烧毁，清灭越冬蛹；在 3 龄前消灭，3 龄以前害虫尚幼小，当害虫发生量少时可人工捕杀；幼龄期用 90% 敌百虫 800 倍液喷雾防治。

5. 黄翅茴香螟（*Loxostege palealis* Schiffmuler et Denis）

（1）症　状

多在现蕾期发生，幼虫在花蕾上结网，咬食花和果实，使防风不能结实，严重时防风完全没有种子。

（2）防治措施

害虫发生时，于早晨或傍晚用 90% 敌百虫 800 倍液或 BT 乳剂 300 倍液喷雾防治。

四、留种技术

选择无病虫害、生长旺盛的两年生植株为留种株。对留种株要加强管理，增施磷钾肥，培土壅根，促进开花结实。在种子成熟时连同茎秆割下，搓下种子，晾干后装入布袋置阴凉处保存待用；在收获时选取粗 0.7 cm 以上的根条做种根，边收边栽，也可在原地假植，等翌年春季移栽、定植用。

五、采收与加工

（一）采　收

直播防风于栽培第 3 年冬前采收。春季根插繁殖的防风，生长好的，当年秋季即可采收；长势一般的，可在栽种第 2 年冬前采收，以根长达 30 cm 以上，根粗 0.5 cm 以上时才采挖。采收早，产量低，采收过迟则根易木质化。防风根部入土较深，嫩脆易断，采收时应从畦或垄的一边挖一条深沟，然后利用深挖机或长齿钗从一侧依次挖出，抖净泥土，或用震动式深松机起收，可深达 50 cm。摘去叶及叶残基，洗净。根

图 8-8-4　防风收获

茎活性成分含量和药理作用较低，去叶残迹费工费时，也可去除根茎。栽培种抽薹防风木质化不明显，主要活性成分和药理作用与未抽薹防风无显著差异，可供入药，如抽薹防风根茎木质化严重，必须去除。防风收获时见图 8-8-4，采收后的植株见图 8-8-5。

（二）加　工

将除去茎叶的根放到场上晾干，晒至半干时去掉须毛，按根的粗细长短分级，扎成小捆，每捆 250 g，500 g 或 1 kg，晒干即可。一般每公顷产干货 2 250 ～ 3 000 kg，折干率 30%。有条件的可采取 45℃烘至含水量 10% 左右，其有效成分含量高于晒干。

图 8-8-5　防风采收

（三）药材质量标准

直播防风和移栽防风外观性状、主要活性成分含量和药理作用相差较大。直播防风与野生防风外观性状相近，移栽防风主要活性成分含量和药理作用明显高于直播防风。

二者市场价格也有所差异，一般分作两类商品。直播防风：粗大，直径一般 0.5 ～ 1.5 cm，长且直，基本无分支。根头部环纹较疏而分布不均；稍粗糙，表皮类白色；少见残存毛状叶基，蚯蚓头较短，质较硬而韧，体重，断面较平坦，“菊花芯”不明显；移栽防风：主根通常弯曲，直径一般 0.5 ～ 1 cm；一般 3 ～ 10 个分支，其直径明显低于主根，通常 3 mm 以下，其余同直播防风。移栽防风同传统性状差异较大，但活性成分含量和药理活性较高。

六、包装、贮藏与运输

（一）包　装

用塑料绳捆成小把放入适当大小纸箱内，每把具体规格可按购货商要求而定。包装要牢固、密封、防潮。包装材料应使用干燥、清洁、无异味、不影响质量、容易回收和降解的材料制成。传统包装材料多用麻袋、草席、塑料尼龙布。包装前应再检查，清除杂质，包装每件重量不宜超过 50 kg。包装上应有记录：品名、批号、规格质量、重量、产地、工号、生产日期。

（二）贮　藏

包装好的商品要求放在清洁、通风、阴凉、干燥、避光、无异味的专用仓库中，置于货架上。仓库应具有防鼠、防虫、防霉烂设施。地面为混凝土或可冲洗地面，货架与墙壁保持足够距离。适宜温度 30℃以下，相对湿度 70% ～ 75%。商品安全水分 11% ～ 14%。防风为常用中药，一般可贮存 2 ～ 3 年。

（三）运　输

运输工具或容器应清洁、干燥、无异味、无污染。药材批量运输时，与其他有毒、有害、易串味物品混装。运输中应保持干燥，防晒、防潮、防雨淋。

第九节　北苍术

苍术为常用中药材，为菊科植物茅苍术 *Atractylodes lancea*（Thunb.）DC. 或北苍术 *Alraclylocleschinensis*（DC.）Koidz 的根茎。北苍术具燥湿健脾、祛风、散寒、明目等功效。用于治疗脘腹胀满，泄泻，水肿，脚气痿躄，风湿痹痛、风寒感冒、雀目夜盲等症。茅苍术主要分布于河南、江苏、湖北、安徽、浙江、江西等省；北苍术主要分布于黑龙江、吉林、辽宁、内蒙古、河北、山西、陕西、甘肃、宁夏、青海等地。本栽培技术主要针对北苍术。

一、植株形态特征

多年生草本。根状茎肥大呈结节状。茎高 30 ～ 50 cm，不分枝或上部稍分枝。叶革质，无柄，倒卵形或长卵形，长 4 ～ 7 cm，宽 1.5 ～ 2.5 cm，不裂或 3 ～ 5 羽状浅裂，顶端短尖，基部楔形至圆形，边缘有不连续的刺状牙齿，上部叶披针形或狭长椭圆形。头状花序顶生，直径约 1cm，长约 1.5cm，基部的叶状苞片披针形，与头状花序几等长，羽状裂片刺状；总苞杯状；总苞片 7 ～ 8 层，有微毛，外层长卵形，中层矩圆形，内层矩圆状披针形；花筒状，白色。

图 8-9-1　苍术幼苗

瘦果密生银白色柔毛；冠毛长 6 ～ 7 mm。苍术幼苗、植株、花期形态特征见图 8–9–1 至图 8–9–3。

图 8–9–2　苍术植株

图 8–9–3　苍术花期

二、生物学特性

北苍术多生长在森林、草原地带的阳坡、半阴坡灌木丛群落中。土壤多为表土层疏松、肥沃，渗透性良好的暗棕壤或沙壤土。喜冷凉、光照充足、昼夜温差较大的气候条件，耐寒性强，但怕强光和高温。

种子特性：北苍术种子属短命型，室温下贮藏，寿命只有 6 个月，隔年种子不能使用；低温保存可延长种子寿命，在 0 ～ 4℃低温条件下贮藏 1 年，种子发芽率可保持在 80% 以上。北苍术种子属低温萌发类型，最低萌发温度为 5 ～ 8℃，最适温度为 10 ～ 15℃，高于 25℃种子萌发受到抑制，超过 45℃种子几乎全部霉烂。由于苍术种子为低萌发类型，生产中秋播优于春播。

①根茎呈节结状圆柱形、常分歧或呈疙瘩块状，长 2 ～ 10 cm，直径 1 ～ 3 cm。表面黑褐色，具圆形茎痕及根痕。②撞去栓皮者表面黄棕色。质较疏松，断面纤维形，浅黄白色，可见黄棕色油点散在。气香，味辛微苦。

生育特性：种子萌发出土时为 2 枚真叶，下胚轴膨大，逐渐形成根茎，随着植株的生长，叶片增多增大，枯萎前 1 年生苗莲座状，根茎鲜重 3 ～ 6 g；2 年生植株开始形成地上茎，根茎扁圆形，长 2 ～ 2.8 cm，根茎上生长 1 ～ 5 个更新芽，鲜重 10 ～ 15 g；3 年生植株开始抽薹开花，根茎增粗长，鲜重达 25 g 左右。种子繁殖生长 3 ～ 4 年收获药材商品。

三、栽培技术

（一）繁殖技术

1. 种子繁殖

在4月下旬育苗，苗床选择向阳地为好，播种前，施基肥再耕，细耙整平，作成宽1 m的畦，进行条播或撒播。条播在畦面横向开沟，沟距20～25 cm、沟深为3 cm，把种子均匀撒于沟中，然后覆土。撒播直接在畦面上均匀撒上种子，覆土2～3 cm。亩用种3～4 kg，播后都应在上面盖一层稻草，经常浇水保持土壤湿度，苗长出后去掉盖草。苗高3cm左右时进行间苗，10 cm左右即可定植，以株行距15 cm×30 cm进行，栽后覆土压紧并浇水。一般在阴雨天或午后定植易成活。

2. 无性繁殖

生产上主要采取分株繁殖。即于4月连根挖取老苗，去掉泥土，将根茎切成若干小块，每小块带1～3个芽，然后栽于大田。当苗长到高3 cm左右时进行间苗，当苗长至10 cm左右再移栽定植。

（二）选地整地

苍术种植选择土层深厚、排水良好、疏松肥沃、阳光充足的壤土、沙质壤土或腐殖质壤土做床，亩施农家肥2 000 kg，施匀后翻耕耙细整平后，在旱地区作平畦，在雨水多的地区作高畦，畦一般宽1m，高25cm，长度不限。

图8-9-4　苍术现蕾期

（三）田间管理技术

1. 间苗定苗

苍术直播苗高5～6 cm时间苗，苗高10～15 cm时，按株距15～20 cm、行距25 cm定苗，穴播每穴留状苗2～3株，移栽的每亩地苗数一般在12 000～15 000株。

2. 中耕除草

苍术幼苗期要勤除草和适当浅松土，移栽后每年应进行3～4次中耕除草，通常每两个月松土一次，可于培土的同时进行追肥。

3. 适时浇水

苍术在出苗前后要经常保持土壤湿润以利出苗和幼苗生长，早春土壤解冻后立即浇水保苗，天旱土干时要及时浇水，一般植株长成后不再浇水。

4. 合理追肥

苍术幼苗期每亩施腐熟清淡人畜粪水 2 000 kg，6—7 月追施腐熟人粪尿 2 500 ～ 3 000kg 加施过磷酸钙 15 kg，10 月在行间开沟追施腐熟厩肥或堆肥，施后浇水覆土。

5. 摘蕾留种

苍术商品田于现蕾期（图 8-9-4）及时摘除花蕾，使养分集中供地下根茎生长。留种田选择疏松肥沃的土地，健壮无病的种栽，适当进行疏花疏蕾，培育优良种子种苗。

（四）病虫害防治

苍术在整个生长发育过程中，易受蚜虫为害。多以成虫、若虫吸食茎叶汁液，严重时可使茎叶发黄，影响生长发育。防治方法：及时除去枯枝落叶，深埋或烧毁。在发生期可用 50% 杀螟松 1 000 ～ 2 000 倍液或 40% 乐果乳油 1 500 ～ 2 000 倍液喷洒，每 7 天 1 次，连续进行，直至无虫害为止。

1. 根腐病

（1）病　症

5 月、6 月发病，造成根部腐烂，吸收水分和养分的功能逐渐减弱，最后全株死亡。

（2）防治措施

注意开沟排水，发现病株立即拔除，用退菌特 50% 可湿性粉剂 1 000 倍液，或 1% 石灰水落浇，或亦可用 50% 托布津 800 倍液喷射。

2. 蚜　虫

（1）病　症

为害叶片和嫩梢，尤以春夏季最为亚重，可用化学药剂，或用 1 : 1 : 10 烟草石灰水防治。

（2）防治措施

50% 杀螟松乳剂 1 000 倍液，或 50% 抗蚜威可湿性粉剂 3 000 倍液，或 2.5% 灭扫利乳剂 3 000 倍液喷洒，或用 1 : 1 : 10 烟草石灰水防治。

3. 地老虎

（1）病　症

低龄幼虫取食子叶、嫩叶，中老龄幼虫取食植物近土面的嫩茎，使植株枯死。

（2）防治措施

可用 80% 敌敌畏或 50% 辛硫磷兑水灌根，或 50% 辛硫磷乳油拌细砂土撒施。

四、收获与加工

北苍术于秋后采挖为宜。茅苍术挖出后，去掉地上部分，抖去根茎上的泥土，晒干后撞去须泥或晒至八九成干时用微火燎掉毛须即可。北苍术挖出后，除去茎叶和泥土，晒至四五成干时装入筐内，撞掉部分须根，表皮呈黑褐色，晒至六七成干时，再撞 1 次，以去掉全部老皮，晒至全干又撞 1 次，使表皮呈金黄褐色即成。

五、药材形状

本品根茎呈结节状圆柱形，常分歧或呈疙瘩状，长 2 ～ 10 cm，直径 1 ～ 3 cm。表面黑褐色，具圆形茎痕及根痕，撞去栓皮者表面黄棕色。质较疏松，断面纤维形，浅黄白色，可见黄棕色油点散在。气香，味辛微苦。

第十节　丹　参

丹参，又名紫丹参、赤参，血丹参、红丹参，为唇形科植物丹参的干燥根。具有祛瘀止痛、活血调经、养心除烦的功能。适用于月经不调、经闭、宫外孕、肝脾肿大、心绞痛、心烦不眠、疮疡肿毒等症状，系常用中药材，全国年需求量为 410 万 kg 左右。该品主产于安徽、山西、河北、四川、江苏、辽宁、河南，陕西、山东、浙江和福建等省。

一、植株形态特征

丹参为多年生直立草本，高 40 ～ 80 cm，全株密被黄白色柔毛及腺毛；根肉质；圆柱形，外皮朱红色；茎四方形。叶对生，通常为奇数羽状复叶；小叶 3 ～ 5 片，卵形或

图 8-10-1　丹参植株

图 8–10–2　丹参花序

椭圆状卵形，长 1.5 ～ 7 cm，两面被柔毛。轮伞花序组成顶生或腋生总状花序，密被腺毛和柔毛；花夏季开放，紫蓝色；苞片披针形，被绿毛；花萼钟状，长约 1.1 cm，11 脉，被腺毛和长柔毛，上唇三角形，顶端有 3 个彼此紧靠的小齿；花冠明显二唇形，长 2 ～ 2.7 cm，冠管内有一倾斜毛环，下唇中裂片扁心形；雄蕊有长 17 ～ 20 mm 的药隔，其下臂短而粗，长 3 mm 左右，顶端靠接。花期在 5—9 月，果期在 8—10 月。小坚果，椭圆形，黑色。丹参植株、花序形态特征见图 8–10–1 和图 8–10–2。

二、生态习性

丹参喜气候温暖、湿润、阳光充足的环境，在年平均气温 17.15℃，平均相对湿度 77%的条件下生长发育良好，在气温 -5℃时，茎叶受冻害；地下根部能耐寒，可露天越冬，幼苗期遇到高温干旱天气，生长停滞或死亡。丹参为深根植物，在土壤深厚肥沃，排水良好，中等肥力的砂质壤土中生长发育良好。土壤过于肥沃，参根生长不壮实；在水涝、排水不良的低洼地会引起烂根。土壤酸碱度近中性为好。过砂或过黏的土壤丹参生长不良。

丹参植株返青后，3—4 月茎叶生长较快，果实成熟后植株枯死，倒苗后重新长出新芽和叶片，进入第二次生长，母株一般生 3 ～ 5 个分株，从 4 月上旬开始分枝，并陆续抽出花茎，秋季花茎少，只有春季的 1/3，7—8 月日照时间长有利根部生长。

三、栽培技术

（一）繁殖方式

1. 分根繁殖

秋季收获丹参时，选择色红、无腐烂、发育充实、直径 0.7 ～ 1 cm 粗的根条作种根，用湿沙贮藏至翌春栽种。亦可选留生长健壮、无病虫害的植株在原地不起挖，留作种株，待栽种时随挖随栽。春栽，于早春 2—3 月，在整平耙细的栽植地畦面上，按行距 33 ～ 35 cm、株距 23 ～ 25 cm 挖穴，穴深 5 ～ 7 cm，穴底施入适量的粪肥或土杂肥作基肥，与底土拌匀。然后，将径粗 0.7 ～ 1.0 cm 的嫩根，切成 5 ～ 7 cm 长的小段作种根，大头朝上，每穴直立栽入 1 段，栽后覆盖火土灰，再盖细土厚 2 cm 左右。不宜过厚，否则难以出苗；亦不能倒栽，否则不发芽。每亩需种根 50 kg 左右。北方因气温低，可采用地膜覆盖培育种苗的方法。

2. 芦头繁殖

收挖丹参根时，选取生长健壮、无病虫害的植株，粗根切下供药用，将径粗 0.6 cm 的细根连同根基上的芦头切下作种栽，按行株距 33 cm × 23 cm 挖穴，与分根方法相同，栽入穴内。最后覆盖细土厚 2 ～ 3 cm，稍加压实即可。

3. 种子繁殖

于 3 月下旬选阳畦播种。畦宽 1.3 m，按行距 33 cm 横向开沟条播，沟深 1 cm，因丹参种子细小，要拌细沙均匀地撒入沟内，盖土不宜太厚，以不见种子为度，播后覆盖地膜，保温保湿，当地温达 18 ～ 22℃时，半个月左右即可出苗。出苗后在地膜上打孔放苗，当苗高 6cm 时进行间苗，培育至 5 月下旬即可移栽。

4. 扦插繁殖

北方于 7—8 月。先将苗床畦面灌水湿润，然后，剪取生长健壮的茎枝，切成长 17 ～ 20 cm，将插穗斜插入土中，深为插条的 1/2 ～ 1/3，随剪随插，不可久置，否则影响成苗率。插后保持床土湿润，适当遮荫，半个月左右即能生根。待根长 3 cm 时，定植于大田。

以上 4 种繁殖方法，以采用芦头作繁殖材料产量最高。其次是分根繁殖。

（二）选地整地

根据丹参的生活习性，应选择光照充足、排水良好、浇水方便、地下水位不高的地块，土壤要求土层深厚，质地疏松，pH 值 6 ～ 8 的沙质壤土。土质粘重、低洼积水、有物遮光的地块不宜种植。丹参为深根多年生植物，种前需施足以磷肥为主的迟效长效厩肥、饼肥或化肥作基肥。一般亩施腐熟的农家肥 5 000 kg，过磷酸钙 50 kg 或磷酸二铵 20 kg，深翻 30 ～ 40 cm，一定要打破犁底层，以利根系生长发育。耙细整平，北方作宽 1.5 ～ 2 m 的平畦。

（三）田间管理

1. 中耕、除草、追肥

4 月上旬齐苗后，进行 1 次中耕除草，宜浅松土，随即追施 1 次稀薄人畜粪水，每亩 1 500 kg；第 2 次于 5 月上旬至 6 月上旬，中除后追施 1 次腐熟人粪尿，每亩 2 000 kg，加饼肥 50 kg；第 3 次于 6 月下旬至 7 月中、下旬，结合中耕除草，重施 1 次腐熟、稍浓的粪肥，每亩 3 000 kg，加过磷酸钙 25 kg、饼肥 50 kg，以促参根生长发育。施肥方法可采用沟施或开穴施入，施后覆土盖肥。

2. 除花薹

丹参自 4 月下旬至 5 月将陆续抽薹开花，为使养分集中于根部，利于生长，除留种地外，一律剪除花薹，时间宜早不宜迟。

3. 排灌水

丹参最忌积水，在雨季要及时清沟排水；遇干旱天气，要及时进行沟灌或浇水，多余的积水应及时排除，避免受涝。

（四）病虫害及其防治

1. 根腐病

染病初期个别支根或须根变褐腐烂，以后逐渐蔓延至主根，外皮变成黑色，全根腐烂。地上部分个别茎枝先枯死，最后整个植株死亡。多在 5—11 月发生。

防治方法：① 轮作。② 发病初期用 50%托布津 800 ～ 1 000 倍液浇灌。

2. 叶斑病

叶斑病是一种细菌性病害。为害叶片，上面生近圆形或不规则形的深褐色病斑，严重时病斑扩大汇合，致使叶片枯死。5 月初发生，一直延续到秋末，6—7 月最严重。

防治方法：① 加强田间管理，实行轮作。② 增施磷钾肥，或于叶面上喷施 0.3%磷酸二氢钾，以提高植株的抗病能力。③ 发病初期喷 50%多菌灵 500 ～ 1 000 倍液或 70%托布津 800 倍液，7 ～ 10 d 喷 1 次，连续 2 ～ 3 次。

3. 菌核病

（1）症　状

发病植株茎基部、根芽、根茎区逐渐腐烂，呈暗褐色，植株枯萎死亡。在发病部位、茎基内部及附近土壤上有菌核，呈黑色鼠粪状，并有白色菌丝体。

（2）防治方法

①保持土壤干燥，及时排除积水。②发病地可进行水田栽种，淹死种核，再作为丹参栽培田。③ 发病期用 50%氯硝铵 0.5 kg 加石灰 10 kg 拌成灭菌药，撒在病株茎的基部及附近土壤，以防止病害蔓延。④ 用 50%速克灵 1 000 倍液浇灌。

4. 根结线虫病

（1）症　状

根结线虫病是一种寄生虫病。本病由根结线虫寄生于植物的须根上，形成许多瘤状结节。一般在砂性大的、透气性好的土壤上栽培丹参易受虫害。

（2）防治方法

① 不重茬，可与禾本科植物如小麦、玉米轮作。② 用 80%二溴氯苯烷 2 ～ 3 kg 加水 100 kg，栽种前 15 d 开沟施入土壤中，并覆上土，防止药液挥发，提高防治效果。

5. 粉纹夜蛾

（1）症　状

粉纹夜蛾一般在夏、秋季发生，幼虫咬食叶片，严重时将叶片全部吃光。粉纹夜蛾每年发生5代，以第二代幼虫于6—7月开始为害丹参叶片，7月下旬至8月中旬为害最为严重。

（2）防治方法

① 收获后将病株集中烧毁，以杀灭越冬虫卵。② 可于地中悬挂黑光灯，诱杀成蛾。③幼虫出现时，用10%杀灭菊酯2 000～3 000倍液或90%敌百虫800倍液喷杀。每周1次，连续喷2～3次。

四、收获、加工

（一）根的收获

根的收获可分不同时期进行。分根繁殖、芦头繁殖和扦插繁殖的，可于栽培后当年11月或第二年春季萌发前采挖；种子繁殖的，于移栽后第二年的10—11月或第三年早春萌发前采挖。由于丹参根质脆、易断，故应在晴天、土壤半干半湿时挖取，挖后可在田间曝晒，去掉泥土，运回进行加工，切忌用水洗根。

（二）根的加工

当根晒至五六成干时，把一株一株的根收拢，扎成小把，晒至八九成干，再收拢一次，当须根也全部晒干时，即成商品药材。北方可直接把根晒干即可。鲜干比为（3.1～4.4）：1。南方有些产区在加工过程中有堆起‘发汗’的习惯。根据科学研究，采用堆起‘发汗’的方法加工，会使丹参根中的一种有效物质丹参酮含量降低，故此法不宜采用。一般亩产干货200～250 kg。以无芦头、无须根、无霉变、无不足7 cm长的碎节为合格品；以根条粗壮、外皮紫红色者为佳（图8-10-3）。

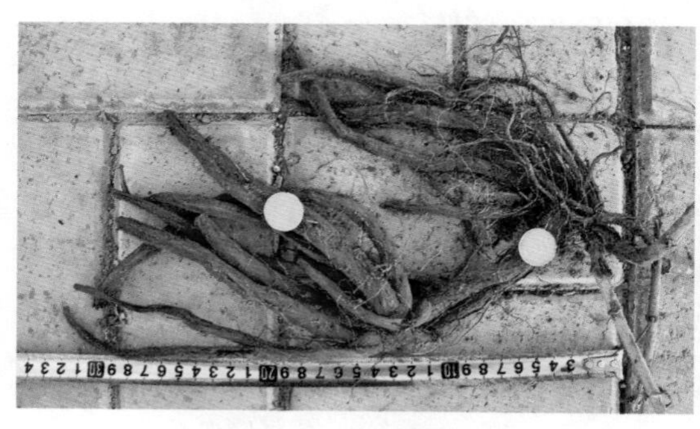

图8-10-3　丹参药材

五、种子采收

留种田植株于第二年5月开始开花，可一直延伸到10月。6月种子陆续成熟，分批剪下，曝晒打出种子，再晒干即可。种子不耐贮藏，最好当年播种。

第十一节　地　黄

地黄，又名生地、熟地等，地黄别名酒壶花、杯地黄、生地黄、熟地黄等，是玄参科多年生草本植物，以块根入药。生地黄味甘、苦，性微寒，具有养阴生津，清热凉血功能。熟地黄味甘，性微温，具有滋肾益精，滋阴补血的功能。

一、植株形态特征

多年生草本，地黄体高 10 ～ 30 cm，密被灰白色多细胞长柔毛和腺毛。根茎肉质肥厚，鲜时黄色，在栽培条件下，直径可达 5.5 cm，茎紫红色。

叶通常在茎基部集成莲座状，向上则强烈缩小成苞片，或逐渐缩小而在茎上互生；叶片卵形至长椭圆形，上面绿色，下面略带紫色或成紫红色，长 2 ～ 13 cm，宽 1 ～ 6 cm，边缘具不规则圆齿或钝锯齿以至牙齿；基部渐狭成柄，叶脉在上面凹陷，下面隆起。

花具长 0.5 ～ 3 cm 之梗，梗细弱，弯曲而后上升，在茎顶部略排列成总状花序，或几乎全部单生叶腋而分散在茎上；花萼钟状，萼长 1 ～ 1.5 cm，密被多细胞长柔毛和白色长毛，具 10 条隆起的脉；萼齿 5 枚，矩圆状披针形或卵状披针形抑或三角形，长 0.5 ～ 0.6 cm，宽 0.2 ～ 0.3 cm，稀前方 2 枚各又开裂而使萼齿总数达 7 枚之多；花冠长 3 ～ 4.5 cm；花冠筒状而弯曲，外面紫红色，（另有变种，花为黄色，叶面背面为绿色）被多细胞长柔毛；花冠裂片，5 枚，先端钝或微凹，内面黄紫色，外面紫红色，两面均被多细胞长柔毛，长 5 ～ 7 mm，宽 4 ～ 10 mm；雄蕊 4 枚；药室矩圆形，长 2.5 mm，宽 1.5 mm，基部叉开，而使两药室常排成一直线，子房幼时 2 室，老时因隔膜撕裂而成一室，无毛；花柱顶部扩大成 2 枚片状柱头。

蒴果卵形至长卵形，长 1 ～ 1.5 cm。花期 4—5 月，果期 5—6 月。

二、生长习性

野生于向阳高燥的地方，喜阳光充足温暖的气候。适宜生长温度 25 ～ 28℃。阳光不足，叶子黄、弱、薄、易感病。耐旱怕涝，要求苗期土壤含水量 25% ～ 35%，成株期 20% ～ 30%，空气湿度 70% 左右。喜中性或微碱性疏松肥沃的冲积土，忌重茬和涝洼积水地块。

三、栽培技术

（一）选地整地

地黄适宜在气候温和、阳光充足、排灌良好、土层深厚、肥沃疏松的砂土内生长（不能种在地势低洼、容易积水的地内，以免水渍烂根），土质过硬则易使地下茎长成畸形，影响质量和产量，减少收入。地黄易感染病害，切忌连作，对前茬作物要求也较严，忌以茄科和十字花科作物做前茬，也不适合在种过棉花、芝麻的田里栽培，而以禾本科作物谷子、玉米、麦类做前茬为最好。“三北”地区栽培的地黄以春种秋收为主，可于上冻前深耕 30 cm 左右，待翌年春季解冻后，每亩施堆肥 500 kg，并加拌过磷酸钙 20 ～ 25 kg 做基肥，然后浅耕 15 cm 左右，耙碎，整平，即可栽种。亦可采用畦田，一般畦宽 1 ～ 1.2 m，长 10 m，畦面要呈倾斜状，以防止积水。

（二）地黄繁殖方法

地黄一般采用根茎繁殖法。繁殖所用根茎称种栽，留存种栽通常有以下 3 种方式。

1. 窖藏种栽

可于收获地黄时，选择品种优良，无病虫害的根状茎，储藏在地窖里越冬，以备来年开春使用。

2. 大田留种

在收获时将留做种栽的地黄留在田里，待来年春季刨起做种栽。

3. 先栽后移

春季栽的地黄，可于 7 月中下旬将留做种栽的刨出，移栽到别的地块上，使其在田间越冬，待翌年开春后刨出来做种栽。

实践证明，上述 3 种方法以第三种为最好，具有用种量少、粗细均匀、生活力强等优点。栽种前要对种栽进行严格挑选，以有螺纹的中间一段为好，然后将其截成 6 cm 长的小段，并进行日晒，待断面收缩愈合后再下种。按行距 30 cm，内深 15 cm，株距 20 ～ 25 cm 开沟，将种栽平放在沟内，然后覆土，稍压实。气温在 20 ～ 24℃时，15 d 左右即可出苗。每亩用种栽 30 kg 左右，种植 8 000 ～ 10 000 株。

（三）地黄栽培田间管理

1. 中耕除草

地黄植株较矮，要及时中耕除草，疏松土壤，消灭杂草，提高地温，促进生长。中耕深度以不超过 2 cm 为宜，谨防伤害根茎和幼芽、嫩叶。当地黄茎叶长大并覆盖地面时，切忌用锄除草，可改用手拔，做到田间无杂草。

2. 追　肥

结合中耕除草，尽早进行追肥，促进植株生长。每亩追施腐熟的人粪尿 2 000 kg，饼肥 100 kg，过磷酸钙 50 kg，促进块根膨大，提高产量。

3. 灌排水

苗期遇干旱时适量浇水，施肥后浇水，促进养分吸收。根茎深扎后有较强的抗旱能力。地黄浇水要求比较严格，素有“三浇三不浇”之说。所谓“三浇”是指施肥后必须浇、天旱时必须浇、暴雨过后地温升高必须浇；所谓“三不浇”即地面不干不浇、天空阴暗不浇、中午炎热不浇。地黄不仅怕干旱，而且怕雨涝，下雨后田间积水过多时要及时排水，以防块茎腐烂。

4. 摘　苔

除留种外，抽苔时要及时摘苔，但不能拔动植株，否则影响地黄生长，甚至死亡。除苔后减少养分消耗，提高产量和质量。

5. 消除串皮根

地黄能在根茎处沿地表长出细长的地下茎，称串皮根，应全部除掉，减少养分消耗。

（四）病虫害防治

为害地黄的病虫害较多，要确保丰产丰收，必须随时做好病虫害防治工作，主要防治以下几种病虫害。

1. 斑枯病和轮纹病

发病部位在叶面，病斑呈黄褐色或黑褐色，有明显的同心轮纹，可喷洒 1∶1∶150 倍波尔多液 3 ～ 5 次，效果明显。

2. 干腐病

发病部位为叶柄，严重时叶柄腐烂，植株地上部分枯萎而死。播种时要选无病种栽，实行轮作。发病期间用 50% 胂・锌・福美双 1 000 ～ 1 500 倍液，连续浇灌数次，即可防治。

3. 花叶病

发病部位为叶面，病灶呈浅黄色圆斑，在发病地块喷洒 25 ～ 50 mg/kg 的土霉素溶液，效果较为明显。

4. 红蜘蛛

可用 50% 三硫磷乳剂 1 500 ～ 2 000 倍液，或 30% 三氯杀螨矾与 40% 乐果 1 500 倍液混合进行灭杀。

5. 地老虎和蝼蛄

可用 90% 敌百虫 1 000 ～ 1 500 倍液浇穴防治。亦可按白砒、饴糖各 1 份，麦麸 2.5 份的比例，掺入适量水制成毒饵诱杀。

四、收获加工

春栽地黄一般于 10 月中下旬收获。采收时先将地面的部分割掉，然后挖出根部，抖掉泥土，即为鲜地黄。

为便于储存和增加收入，通常要加工成干货，其加工方法主要有两种：一是日晒法，即将收下的鲜地黄摊在席子等晒具上，利用阳光晒一段时间，然后堆在室内闷几天，最后再摊开日晒，直至质地柔软、干燥时为止。二是烘干法，先按大小分等，并盖上席子或麻袋，然后放进烘干室内加温。开始时要求温度保持在 65℃左右，两天后降为 60℃左右，最后降至 50℃左右。若温度过高，易焙吹（即被焙成外焦中空的废品）；如果火力过小，又易焙流（即有糖浆状物质流出）。烘烤 1 ～ 2 d 后，要边翻边烘，待烘至根茎无硬心，质地柔软时取出堆闷使其发汗后，再烘至全干，即为干地黄。

干货的规格是以个大、柔软、皮灰黑色、断面油润乌亮为最好。一等干货每千克在 32 支以内，二等在 34 ～ 60 支，三等在 60 支以上。加工好的干货要装入筐内，置于干燥通风处，并谨防潮湿和虫蛀。鲜地黄可用干砂土掩埋储存。

第十二节　土木香

中药材土木香为菊科植物土木香（*Inula helenium* L.）的干燥根，其又名青木香、祁木香。土木香的功效与作用：健脾和胃，调气解郁，止痛安胎；用于胸胁、脘腹作痛，呕吐泻痢，胸胁挫伤，岔气作痛，胎动不安。土木香原植物分布于浙江、河南、河北及东北等地，目前已由人工引种栽培。

蒙药：乌达巴拉——玛奴，玛奴——巴达拉：根用于气血不调，痰热，胃病，慢性肝炎，胸肋作痛，蛔虫病《蒙药》。玛奴：治“巴达干”热，感冒，“宝日”病，消化不良，“赫依”与血相争，虚热，血刺痛症，“赫依”刺痛症，头痛《蒙植药志》。玛奴：根主治热感冒，食滞腹胀，胃溃疡，胸肋作痛《民族药志二》。

一、植株形态特征

多年生草本，高 60 ～ 150cm，可达 250cm。

根茎块状，有分枝。茎直立，粗壮，径达 1 cm，不分枝或上部有分枝，被开展的长毛。

基部和下部叶椭圆状披针形，有具翅的长柄，长 20 ～ 50 cm，宽 10 ～ 20 cm；先端尖，边缘不规则的齿或重齿，上面被茎部疣状的糙毛，下面被黄绿色密茸毛，中脉粗壮，与侧脉 15 ～ 20 对在下面高起；中部叶长圆形或卵圆状披针形，或有深裂片，基部宽或心形，半抱茎；上部叶较小。

头状花序少数，径 6 ～ 8 cm，排列成平房状或总状花序；花序梗从极短到长达 12cm，为多数黄叶围裹；总共 5 ～ 6 层，外层草质，宽卵圆形，先端钝，常反折、被茸毛，宽 6 ～ 9mm，内层长圆形、先端扩大成卵圆三角形，干膜质，背面具疏毛，有缘主，较外层长达 3 倍，最内层线形，先端稍扩大或狭尖；舌状花黄色舌片线形，长约 2.5 cm，宽 1.5 ～ 2 mm，顶端有 3 齿；管状花长 9 ～ 9.5 mm。冠毛污白色，长 9 ～ 10 mm，有 40 余个具微齿的毛。

瘦果，无毛。花期 8—9 月，果期 9 月。

土木香苗期、花期形态特征见图 8-12-1、图 8-12-2。

图 8-12-1　土木香苗期

图 8-12-2　土木香开花期

二、生长习性

土木香是深根植物，对土壤要求不很严格，一般的土地都可以种植，但是以疏松肥沃的沙质土壤生长较好，也可在土质疏松肥沃的半山坡或者排水好的梯田地栽培，土木香对前茬要求不严，但是忌讳连作。植株耐寒性较强，在 -15℃左右的低温下也能正常越冬。

三、栽培技术

（一）整地施肥技术

土地选好以后，为了满足土木香生长发育对营养成分的需要，必须施足基肥，2 月下旬，每亩施入优质的农家肥 3 000 ～ 4 000 kg，在施用农家肥的基础上，再施用化肥，能够取长补短，不断提高土壤的供肥能力。施入过磷酸钙 10 kg，硫酸钾 40 kg，在翻耕前均匀的将肥料撒施于地面。在中等肥力的土壤，应该磷钾肥配合使用，合理施肥，能够促进药用植物的生长发育，能提高药材的产量和质量。由于土木香是深根植物，因此要求对土地深翻达 40 cm 以上。

深翻以后，应根据地势和气候条件作畦，地势平坦的可以作成长畦，地势起伏的可作成短畦。一般畦宽为 200 ～ 250 cm 为宜。畦面要求平整，一定要耙平整细。

（二）繁殖技术

土木香主要靠块根繁殖，很少用种子繁殖，所以按根头的大小，分切成几个小块，每一小块必须带有 1 ～ 2 个侧芽。注意：将每块的主芽挖掉，防止在生长时期抽薹，影响根的产量和质量。

切块以后，将切好的种根用草木灰拌均，这样既可防止感染腐烂，又可刺激断面细胞产生愈伤组织，使种根移栽后容易发芽。

栽种前，要对土壤进行浅翻，一般深为 5 ～ 6 cm，使土壤疏松，然后耙平整细。

土木香播种、出苗情况见图 8-12-3。

北方一般采用冬季 11 月下旬进行栽种，用工具在整好的畦上进行开穴，由于植株生长

图 8-12-3　土木香播种、出苗

较大，行距可以大一点，一般为 30 ～ 40 cm，穴深为 6 cm 左右，然后将种根进行栽种，注意切口向下，切口向下比切口向上出芽壮，生根快。栽完后覆土 6 ～ 8 cm，用脚踩实，再用耙子耧平。

（三）田间管理

“种好是基础，管好是关键。”土木香生长期较长，虽受环境的影响很大，但其经济产量与药的品质取决于田间管理水平。所以，加强田间管理对于保证土木香优质丰产，具有十分重要的作用。土木香的生长一般要经历幼苗期—生长期—生长后期三个时期。

1. 幼苗期管理

冬季栽种的当年不出苗，第二年春天 4 月中旬左右才出苗，出苗期间需要经常保持土壤湿润，这一时期要采取一切抗旱保墒措施。

中耕除草：块根出苗以后，这时要进行松土，把地表的土搂松，松土可以使畦土疏松，增强透气性，提高地温，调节水分，消灭杂草，为幼苗根系生长改善环境，促使根系深扎，达到壮苗的效果，为土木香生产创造良好的生长条件。当苗高长到 15 cm 左右时，再次进行中耕，一定要避免草荒欺苗，要求见草就除，做到田间没有杂草，一般这一时期要进行中耕松土 2 ～ 3 次。间隔 15 ～ 20 d 左右一次。

补苗：一般用种根繁殖的土木香不计算间苗，补苗最好选阴天进行，移苗时要尽量多带原土，补苗以后应该立即浇水，以利于幼苗成活。

2. 生长期管理

施肥浇水：6 月，要第一次追肥，以饼肥或草木灰为主，每亩施熟饼肥 100 ～ 200 kg。用磷铵颗粒肥 20 kg，氯化钾 10 kg。施后浇水。

中耕除草：土木香在生长期间杂草也在不断生长，与土木香植株争肥、争水、争光，从而影响土木香的正常生长发育。因此这一时期，要看杂草生长情况进行中耕除草。枝叶分弃以后就不在进行中耕了，这时杂草滋生缓慢，发现杂草时，可以用手拔除。一定要经常地检查田间，保持田间清洁，有利于根的生长。

割薹：6 月土木香逐渐进入花期，有些植株抽薹开花，开花对根部的生长影响很大，可以把花薹割掉，使养分集中供给根部，促进根的生长发育，提高种根的质量，以免造成根部发柴，不能入药。割薹时注意不要伤及叶子，以影响植株的生长。由于开花时间不一致，所以割薹要分多次进行。

3. 生长后期管理

10 月以后，随着温度的降低，植株生长速度缓慢，土木香也进入了生长后期，以收获根为目的的土木香，在生长后期一般不进行田间作业管理，使其呈半野生状态，这样可以抑制土木香的生殖生长，有利于营养生长，提高药材的产量和质量。

（四）病虫害防治技术

土木香的病虫害较少，进行普通的病虫害防治即可，关键是在使用农药时切忌用高残留的农药，以免药材的农残超标。

四、采收加工

土木香是以根入药，种植 2 ～ 3 年就可以采收。于秋、冬两季采挖，将根刨出，除去茎叶、泥沙和须根，将根切成 10 cm 左右长段，更大的要纵剖成瓣，风干、晒干或低温烘干，干燥后应撞去粗皮。一般亩产干品 300 kg。

第十三节　射　干

射干（学名：*belamcanda chinensis*（L.）redouté）为多年生草本。根状茎为不规则的块状。斜伸，黄色或黄褐色，须根多数，带黄色。茎直立，茎高 1 ～ 1.5 m，实心。根状茎药用，味苦、性寒、微毒。为清热解毒中药，主治：治喉痹咽痛，咳逆上气，痰涎壅盛，瘰疬结核，疟母，妇女经闭，痈肿疮毒。

主产湖北、河南、四川、江苏、安徽等省。湖南、浙江、广西等省（自治区）亦有分布，多为栽培。

一、植株形态特征

叶互生，嵌迭状排列，剑形，长 20 ～ 60 cm，宽 2 ～ 4 cm，基部鞘状抱茎，顶端渐尖，无中脉。

花序顶生，叉状分枝，每分枝的顶端聚生有数朵花；花梗细，长约 1.5 cm；花梗及花序的分枝处均包有膜质的苞片，苞片披针形或卵圆形；花橙红色，散生紫褐色的斑点，直径 4 ～ 5 cm；花被裂片 6，2 轮排列，外轮花被裂片倒卵形或长椭圆形，长约 2.5 cm，宽约 1 cm，顶端钝圆或微凹，基部楔形，内轮较外轮花被裂片略短而狭；雄蕊 3，长 1.8 ～ 2 cm，着生于外花被裂片的基部，花药条形，外向开裂，花丝近圆柱形，基部稍扁而宽；花柱上部稍扁，顶端 3 裂，裂片边缘略向外卷，有细而短的毛，子房下位，倒卵形，3 室，中轴胎座，胚珠多数。

蒴果倒卵形或长椭圆形，黄绿色，长 2.5 ～ 3 cm，直径 1.5 ～ 2.5 cm，顶端无喙，常残存有凋萎的花被，成熟时室背开裂，果瓣外翻，中央有直立的果轴；种子圆球形，黑紫色，有光泽，直径约 5 mm，着生在果轴上。花期 6—8 月，果期 7—9 月。

射干叶、花、果实、种子形态特征见 8-13-1、图 8-13-2。

图 8-13-1　射干叶、花

图 8-13-2　射干果实、种子

二、生物学特性

生于林缘或山坡草地，大部分生于海拔较低的地方，但在西南山区，海拔 2 000 ～ 2 200 m 处也可生长。喜温暖和阳光，耐干旱和寒冷，对土壤要求不严，山坡旱地均能栽培，以肥沃疏松、地势较高、排水良好的沙质壤土为好。中性壤土或微碱性适宜，忌低洼地和盐碱地。

三、栽培技术

（一）选地整地

选择地势高而干燥、排水良好、土层较深厚的沙质壤土或向阳的山地，但不宜在低洼积水地、盐碱地或有线虫病的土地种植。整地时要施足底肥，每亩施用人畜粪 2 500 kg 或饼肥、过磷酸钾 20 kg。翻地，耙平后做高 20 cm，宽 1.2 m 的畦，并开 30 cm 宽的沟，以利排水。

（二）繁殖技术

1. 根状茎繁殖

秋季采挖射干时，选择无病虫害，色鲜黄的根状茎，按自然分枝切断，每段根状茎带有根芽 1 ～ 2 个和部分根须，留作种栽。于早春或秋季与收获同期进行栽种。在整地耙细的高畦上，按行距 25 cm、株距 20 cm，挖 15 cm 深的穴，每穴栽种 2 个，间距 6 cm，芽头向上，填土压紧。栽后约 10 d 出苗。若根芽已呈绿色，可任其露在上面；呈白色而短者，应以土掩埋。每亩射干种可分种 3 335 ～ 4 002 m^2。

2. 种子繁殖

（1）留种与采种

选择生长健壮，无病虫害的 2 年生射干作留种地，并加强管理。9—10 月，当果壳变黄，将要裂口，种子变黑时，拣熟果分批采收，置室内通风处晾干后脱粒（图 8-13-3 至图 8-13-5）。

（2）种子处理

将已脱粒的种子先摊放在簸箕内，置通风干燥处，晾干外种皮水分，将种子和湿沙以 1∶5 的比例混合，堆积储藏，以备翌春取出播种。经处理后的种子发芽快，发芽率可高达 80% 以上（种子寿命 2 年）。

（3）播　种

分育苗和直播两种。

图 8-13-3　射干成熟种子

图 8-13-4　射干种子采收

图 8-13-5　射干种子晾晒

育苗法：即在整平耙细的苗床上，于春季 3 月下旬至 4 月上旬，或秋冬季 9—12 月中旬，进行条播或点播，以春播为好。条播：按行距 2 cm，横向开宽 10 cm、深 6 cm 的播种沟，将种子均匀地撒在沟内，覆盖火土灰厚约 5 cm，上盖草厚 3 cm。每亩用种量约 10 kg。点播：按行距 20 cm，株距 15 cm 挖穴，深 6 cm，穴底要平整，施入适量粪肥和饼肥，上盖细土 3 cm，以防灼伤种子。每穴播入种子 6 ～ 8 粒，均匀排列，播后盖细土，加盖稻草。约半个月后发芽。每亩播种量 2.5 kg 左右。当苗高 5 ～ 6 cm 时，移至大田定植，株行距 15 cm × 20 cm。

直播法：即整地施肥后，按行距 50 cm，做宽 20 cm 的高垄，在垄中间开沟将种子均匀地播入沟内，覆盖细土厚 5 cm，稍压紧后浇水，上盖草 3 cm。隔半个月出苗后，及时揭去盖草，加强田间管理。当苗高 10 cm 左右时按株 20 cm 定苗。每亩播种量 4 ～ 5 kg。亦可直接挖穴点播，每穴下种 5 ～ 6 粒，方法同前；此法管理方便，并节省种子，每亩用种量 2 kg。

（三）田间管理

1. 中耕除草

春季出苗后应勤除草、松土。1 年之内进行 3 ～ 5 次，春、秋季各 2 次，冬季 1 次。2 年生的射干在 6 月封行后，只能拔草，不能松土，但在根际部要及时培土，以防止倒伏和影响产量。

2. 追肥与排灌

射干喜肥，除施足基肥外，对生长 2 年以上的植株要重视追肥。每年春、秋、冬 3 季，结合中耕除草每亩施人畜粪 1 500 kg、饼肥 50 kg，加适量草木灰和过磷酸钾。射干怕涝，雨水过多时，应及时清沟排水，防止积水烂根。射干耐干旱，但在出苗期和定苗期要灌水，保持田间湿润。在苗高 10 cm 后，可不用灌水。久晴不雨，可采用清粪水浇苗。

3. 摘　蕾

无性繁殖的当年开花结果，种子繁殖的 2 年开花。射干花期长，开花结果多，消耗大量养分，除留种者外，一律在抽薹时摘除花蕾。摘蕾应选晴天的早晨，露水干后进行，分期分株摘除。

（四）病虫害防治

1. 病　害

（1）锈　病

秋季为害叶片，出现褐色隆起的锈斑。成株发病早，幼苗发病晚。防治方法：发病初期喷 95% 敌锈钠 400 倍液，每 7 ～ 10 d 1 次，连续 2 ～ 3 次。

（2）根腐病

多发生于春夏多雨季节，多因带菌的种子或土壤积水，或使用未腐熟的畜粪作底肥而发病。防治方法：选无病的苗移栽定植。用 1 : 1 : 120 波尔多液喷洒植株，或每亩用茶饼 7.5 kg。开水浸泡凉后浇于植株根部；及时拔除病株，病穴和病区用生石灰进行土壤消毒。

2. 虫　害

（1）蛴　螬

为害地下茎。可用 233 乳剂 150 g、六丹粉 250 g 加水 500 kg 喷杀。

（2）钻心虫

又名环斑蚀夜蛾，发生较为普遍，为害严重。幼虫孵化后钻进幼嫩的新叶取食，吃掉叶肉，留下表皮，叶上呈针头状大小或稍大的透明点。5 月上旬多数幼虫蛀入叶鞘内，为害叶鞘，使叶鞘呈水渍状并枯黄。6 月上中旬，幼虫为害茎基部，植株被咬断，枯萎致死。7—8 月高龄幼虫为害根状茎，咬成通道或孔洞，受害后常导致病菌侵入，引起根状茎腐烂。9 月上旬后老熟幼虫在受害的根状茎附近化蛹。防治方法：针对射干钻心虫孵化期较一致的特点，在越冬孵化盛期，喷 0.5% 西维因粉剂，每亩用量 1.5 ～ 2.5 kg；5 月上旬幼虫为害叶梢期间可用 50% 磷胺乳油 2 000 倍喷雾；6 月上旬在幼虫入土为害前用 90% 晶体敌百虫 800 倍液泼浇；利用钻心虫雌蛾能分泌性激素诱集雄蛾的效能，可捕捉几只雌蛾放养笼内并置于射干地里，把诱来的雄蛾集中消灭。

四、采收加工

种子直播的射干 3 ～ 4 年可采收，根状茎繁殖的 2 ～ 3 年采收。

秋季当射干茎叶全枯萎（先采收种子）后挖出根状茎。挖回后，除去泥土，晒至半干，用火燎去毛须，再晒干或烘干。

五、药材形状

本品为不规则的结节状或具分枝，长 3 ～ 10 cm，直径 1 ～ 2 cm。表面浅棕色或棕褐色，皱缩不平，有较密的扭曲环纹；上面有数个圆盘状凹陷的茎痕，下面有残留的须根或根痕。质坚硬，断面黄色，微显颗粒状。气微，味苦微辛。

第十四节　党　参

党参是桔梗科植物党参、素花党参、或川党参等的干燥根。党参味甘，性平。有补中益气、止渴、健脾益肺，养血生津。用于脾肺气虚，食少倦怠，咳嗽虚喘，气血不足，面色萎黄，心悸气短，津伤口渴，内热消渴，懒言短气、四肢无力、食欲不佳、气虚、气津两虚、气血双亏以及血虚萎黄等症。该品功效与人参相似，惟药力薄弱。分布于中国西藏东南部、四川西部、云南西北部、甘肃东部、陕西南部、宁夏、青海东部、河南、山西、河北、内蒙古及东北等地区。

一、形态特征

多年生草本，有乳汁。茎基具多数瘤状茎痕，根常肥大呈纺锤状或纺锤状圆柱形，较少分枝或中部以下略有分枝，长 15 ～ 30 cm，直径 1 ～ 3 cm，表面灰黄色，上端 5 ～ 10 cm 部分有细密环纹。

茎缠绕长 1 ～ 2 m，直径 2 ～ 4 mm，有多数分枝，侧枝 15 ～ 50 cm，小枝 1 ～ 5 cm，具叶，不育或先端着花，黄绿色或黄白色，无毛。叶在主茎及侧枝上的互生，在小枝上的近于对生，叶柄长 0.5 ～ 2.5 cm，有疏短刺毛，叶片卵形或狭卵形，长 1 ～ 6.5 cm，宽 0.8 ～ 5 cm，端钝或微尖，基部近于心形，边缘具波状钝锯齿，分枝上叶片渐趋狭窄，叶基圆形或楔形，上面绿色，下面灰绿色，两面疏或密地被贴伏的长硬毛或柔毛，少为无毛。

花单生于枝端，与叶柄互生或近于对生，有梗。花萼贴生至子房中部，筒部半球状，裂片宽披针形或狭矩圆形，长 1 ～ 2 cm，宽 6 ～ 8 cm，顶端钝或微尖，微波状或近于全缘，其间湾缺尖狭；花冠上位，阔钟状，长 1.8 ～ 2.3 cm，直径 1.8 ～ 2.5 cm，黄绿色，内面有明显紫斑，浅裂，裂片正三角形，端尖，全缘；花丝基部微扩大，长约 5 mm，花药长形，长 5 ～ 6 mm；柱头有白色刺毛。蒴果下部半球状，上部短圆锥状。种子多数，卵形，无翼，细小，棕黄色，光滑无毛。花果期 7—10 月。

二、生态习性

喜温和凉爽气候，耐寒，根部能在土壤中露地越冬。幼苗喜潮湿、荫蔽、怕强光。播种后缺水不易出苗，出苗后缺水可大批死亡。高温易引起烂根。大苗至成株喜阳光充足。适宜在土层深厚、排水良好、土质疏松而富含腐殖质的砂质壤土栽培。

三、栽培技术

（一）繁殖方法

用种子繁殖，常采用育苗移栽，少用直播。

一般在 7—8 月雨季或秋冬封冻前播种，在有灌溉条件的地区也可采用春播，条播或撒播。为使种子早发芽，可用 40 ～ 50℃的温水，边搅拌边放入种子，至水温与手温差不多时，再放 5 min，然后移置纱布袋内，用清水洗数次，再整袋放于温度 15 ～ 20℃的室内沙堆上，每隔 3 ～ 4 h 用清水淋洗一次，5 ～ 6 d 种子裂口即可播种。

撒播：将种子均匀撒于畦面，再稍盖薄土，以盖住种子为度，随后轻镇压使种子与土紧密结合，以利出苗，用种量 15 kg/hm^2。

条播：按行距 10 cm 开 1 cm 浅沟，将种子均匀撒于沟内，同样盖以薄土，用种量 8 ～ 12 kg/hm^2。播后畦面用玉米秆、稻草或松杉枝等覆盖保湿，以后适当浇水，经常保持土壤湿润。春季播种后，可覆盖地膜，以利出苗。当苗高约 5 cm 时逐渐揭去覆盖物，苗高约 10 cm 时，按株距 2 ～ 3 cm 间苗。

（二）整地与施肥

应选择土层深厚、肥沃疏松、排水良好的沙质壤土，不宜选择黏土、低洼地、盐碱地种植。前茬以豆类、薯类、油菜、禾谷类等作物为好，不可连作，轮作周期要 3 年以上。党参施肥要以优质的农家肥为主，有机肥与无机肥配合使用，氮、磷、钾肥平衡施用，要一次施足基肥。基肥是在整地前或整地时施用肥料。以厩肥等大量迟效肥料为主。一般结合深耕进行，在前作收获后深翻 30 cm，随翻地施入厩肥等优质有机肥料约 30 t/hm^2；在重施农家肥的同时，施入磷酸二铵 300 kg/hm^2，或尿素 250 kg/hm^2 和过磷酸钙 550 kg/hm^2。先将基肥均匀撒施于地表，然后立即翻耕土壤，做到土肥充分均匀混合。若种植区山高路陡，运送大量农家肥有困难，建议配合施用腐殖酸含量高的泥炭 300 kg/hm^2 或豆饼 105 kg/hm^2，以补充有机质的消耗。

（三）定植（移栽）

1. 定植（移栽）时间

春季移栽时间 3 月中下旬，苗栽萌动前，只要土壤解冻，即可移栽，越早越好。秋季移栽可在霜降前后进行。

2. 定植（移栽）密度

移栽密度有两种方案，一是以一、二等商品为主的密度方案，以高价获得收益，可按株距 10 cm，行距 30 cm 定植，选用较大的苗栽，保苗密度为 33 万～ 34 万株 /hm^2。二是以二、三等商品为主的密度方案，以高产获得收益，可按株距 2 cm，行距 25 cm 定植，选用相对较小的苗栽，保苗密度为 100 万株 /hm^2，前者适合雨水充足的年份，后者具有抗旱保产的功能。

3. 定植（移栽）方法

种苗应选择苗龄达到 1 年，根长 10 ～ 20 cm、根直径 1 ～ 3 mm 的中、小苗移植。亩用量为 60 ～ 80 kg。在整好的畦上按行距 20 ～ 30 cm 开 15 ～ 20 cm 深的沟，山坡地应顺坡横向开沟，按株距 6 ～ 10 cm 将参苗斜摆沟内，芽头向上，然后覆土约 5 cm。

（四）田间管理

1. 中耕除草

党参移栽后杂草生长迅速，与党参苗争肥、争水、争光，如不及时拔除，将会造成草荒。除草要及时，在出苗期，杂草苗小根浅，除草省工省时。一般在移栽后 30 d 苗出土时第一次中耕除草，苗藤蔓长 5 ～ 10 cm 时第二次中耕除草，及苗藤蔓长 25 cm 时第三次中耕除草。除草时不要切伤或碰坏党参苗。在苗藤蔓封垄后，畦面郁闭，可抑制杂草生长，但植株较高的杂草生长旺盛，党参藤蔓已缠绕在杂草茎秆上，拔除时易伤藤蔓，除草方法是从杂草茎基部剪断或铲断杂草茎秆，地上部分留在原地，使之自然干枯，这样党参藤蔓不受伤害。

2. 整枝打尖

为了抑制地上部分生长过旺，减少养分过分消耗，使地上和地下生长平衡，第二年在生长中期，地上部分生长过旺，藤蔓层过厚，光照不足时，可适当整枝，即割去地上生长过旺的枝蔓茎尖 15~20 cm，可抑制地上部分生长，改善光照条件，减少藤蔓底层的呼吸消耗。

3. 搭　架

党参为缠绕藤本植物，茎蔓长度多在 1 m 以上，无限花序，生育后期茎蔓层较厚，郁蔽地面，常导致下部烂蔓，严重影响产量和质量，传统栽培技术长期以来忽略这一问题。

通过近年的研究，采用立体种植即搭架栽培新技术，稀疏间作早玉米、芥菜型油菜等高秆作物，其冠层在党参生育前期起到遮荫、调温作用，为党参生育前期喜凉创造适宜的微生境，又可以利用高秆作物的茎秆起支撑搭架作用，党参的缠绕特性可自动挂蔓，防止烂蔓，提高光合效率，做到一季两收，有效提高各种自然资源的利用率；也可以在苗高 30 cm 时在畦间用细竹竿或树枝等作为搭架材料进行搭架，三枝或四枝一组插在田间，顶端捆扎，以利缠绕生长，从而加强通风、透气和透光性能。

4. 追　肥

合理追肥是党参增产的关键，其目的是及时补给党参代谢旺盛时对肥分的大量需要。追肥以速效肥料为主，叶面喷施以便及时供应不足的养分。一般党参追肥以钾肥为主，6—7 月盛花期出现缺肥症状，用水配成 0.2% 硫酸钾复合肥或 0.2% 磷酸二氢钾喷洒叶面，隔 10 d 喷 1 次，连喷 3 ～ 4 次。缺其他微肥时可随时配液喷洒补充。由于叶面喷洒后肥料溶液或悬液容易干燥，浓度稍高就可立即灼伤叶子，因此在施用且不可浓度过高。追肥的同时要注意及时清除田间杂草，以免杂草与党参争肥。

5. 水分管理

在有灌溉条件的地区，党参要注意灌溉防旱，若移栽地 0 ～ 20 cm 土层重量含水量低于 100 g/kg 就需要灌水。而在雨季，要注意排涝，防止烂根。

（五）病、虫、鼠害防治

党参病虫害较少，病害主要有锈病和根腐病；虫害有蝼蛄、小地老虎、蛴螬、蚜虫、红蜘蛛等。除在侵染率高、为害严重的极端情况下配合物理和生物防治，采取一定的化学防治措施之外，一般不施用化学农药。

1. 根腐病

根腐病（也称烂根）是真菌中的一种半知菌。高温多雨的 7 月下旬至 8 月中旬易发病，在靠近地面的侧根和须根变黑褐色，重者根腐烂、植株枯死。 注意倒茬，雨季及时排涝，发现病株连根拔除并用石灰消毒病穴；也可用 65% 可湿性代森锌 500 倍液喷洒或灌根。发病初期喷洒或浇灌 5% 甲基托布津可湿性粉剂 500 倍液，或 50% 多菌灵可湿性粉剂 500 倍液。

2. 锈　病

病原是真菌中的一种担子菌。秋季为害叶片，病叶背面隆起呈黄色斑点，后期破裂散出橙黄孢子。 清洁田园、烧毁残株、清除病源菌、以及通过搭架来增加田间通风透光能力等均可减轻锈病的为害。化学防治要做到早发现，早防治，才能把锈病的为害减少到最小。发病初期喷 50% 二硝散 200 倍液或敌锈钠 400 倍液，或用萎锈灵或多菌灵 500 mg/L 浓度喷雾防治。也可用 20% 三唑酮乳油 80 mL 或 15% 粉锈宁可湿性粉 1.2 kg/hm^2 兑水喷雾防治，如果锈病发生较重，可适当加大药剂用量。为提高药液在叶面的粘着力，可在配药液时加少量洗衣粉，与药液充分搅匀后喷雾。掌握施药时间，选择晴天无风或微风的午后进行喷药，是确保化学防治效果的又一重要因素。另外把农药和化肥混合喷施，效果更好，如在菌虫灵和粉锈宁中加入少量的磷酸二氢钾进行喷施，防治锈病和促进增产的效果更为显著。

3. 害　虫

党参虫害主要是蛴螬，地老虎，蝼蛄和红蜘蛛。前三种地下害虫可用撒毒饵的方法加以防治。先将饵料（秕谷、麦麸、豆饼、玉米碎粒）5 kg 炒香，而后用 90% 敌百虫 30 倍液 0.15 kg 拌匀，适量加水，拌潮为度，撒在苗间，施用量为 22.5 ～ 37.5 kg/hm^2，在无风闷热的傍晚施撒效果最佳。也可用 75% 的锌硫磷乳油 700 倍液灌根或移栽时蘸根，可以防治地下害虫。蚜虫、红蜘蛛用噻螨酮 2 000 倍液喷雾防治，或用 50% 马拉硫磷 2 000 倍液喷杀。

4. 鼠　害

党参具有芳香味，鼠害十分重，最佳的防治方法是弓箭射杀。

四、采收与产地加工

（一）收获时期

党参收获约在十月下旬霜降前后，抢在土壤结冻以前，党参地下部分停止生长以后收挖，海拔较高的地区采挖多在霜降之前，海拔较低的地区采挖多在霜降之后。在初霜以后，党参根部仍能继续膨大生长，为充分利用生长季节，提高产量和质量，不可过早采挖。但在霜降之后，党参叶迅速枯黄，根部膨大生长已渐停滞，若土壤结冻，根条变脆，容易折断，不利于操作。因此，收挖过迟会影响党参产品质量。

（二）采收方法

党参地上部变黄干枯后，用镰刀割去地上藤蔓，党参根部在田间后熟一周，再起挖，起挖时间要考虑在土壤上冻之前能够结束收获工作。收挖时先用三齿铁杈将党参一侧土壤挖空，再将党参挖倒，将挖出的党参根拣出抖去泥土，收挖切勿伤根皮甚至挖断参根，以免汁液外渗使其松泡。同时要避免漏收，可将小党参苗挑出重新移栽。

（三）党参产地初加工

收挖的党参挑除病株，及时运回。先将表面泥土用水冲洗干净，按粗细大小分成等级，用细线串成 1 m 长的串，摊放在干燥通风透光处的竹箔上或干燥平坦的地面、石板、水泥地上晾晒数日，使水分蒸发，晾晒 12 d 左右后，根系变柔软，不易折断时，将党参串卷成圆柱状外包麻包用脚轻轻揉搓，一般揉搓 3 ～ 4 次即可，使皮部与木质部贴紧、皮肉紧实。继续晾晒，反复多次。晒干或烘干至含水量在 12% 以下，晒干后的党参须放在通风干燥处，以备出售或入库。在加工过程中，严防鲜参受冻受损。入库时要防潮、防虫保存，不能用火烘烤，严禁用硫磺熏蒸上色。

五、药材形状

党参根呈长圆柱形，稍弯曲，长 10 ～ 35 cm，直径 0.5 ～ 2.5 cm。表面黄棕色至灰棕色，根头部有多数疣状突起的茎痕及芽，俗称“狮子盘头”。

根头下有致密的环状横纹，向下渐稀疏，全体有纵皱纹及散在皮孔，支根断落处常见黑褐色胶状物，质稍硬或略少韧性，易折断，断面稍平坦，有裂隙或放射状纹理，皮部淡黄白色至淡棕色，木部淡黄色。气微，味甜。

六、种子采集

（一）采　种

选生长健壮、根体粗大、无病虫害的党参田作采种田，以两年生以上党参采集种子。采收时期约在 10 月上中旬，待果实呈黄褐色变软，种子黑褐色时表明已经成熟，可以采收。最常用的采集方法是在党参地上部藤蔓霜杀枯黄，茎秆中营养已输送到地下根部后，茎秆少汁发干时，用一些简单的手工用具如镰刀等将割去藤蔓，小心轻放，减少落粒，运回脱粒场地，放阳光下晒 7—10 d，待干后部分硕果裂开，即可脱粒。

（二）脱粒、干燥

于 10 月底至 11 月 20 日期间选晴好天气脱粒。脱粒方法是：在帆布或其他硬化场地上，将党参藤蔓摊开成 20 ～ 30 cm 薄层，用木棍等轻轻敲打，震开硕果，种子弹出，用木叉抖去藤蔓。脱粒后用分样筛清选或进行风选，除去混杂物、空瘪粒及尘土。操作过程中要注意尽量不要损伤种子，受损害的种子发芽能力差。党参种子经脱粒净种后要进一步干燥，应干燥到种子的标准含水量。党参种子的标准含水量为 11.5% ～ 13.0%，平均 12%。干燥方法为阴干，其方法是在冬季低温条件下，将种子放帆布上通风处晾，摊开成 3 ～ 5 cm 薄层，勤翻动，或装入棉布袋中挂在干燥通风的凉棚下晾干；不可高温暴晒或短期烘干。

第十五节　知　母

知母（*Anemarrhena asphodeloides* Bge.）为百合科知母属多年生草本植物，以干燥根茎入药，药材名知母。知母性寒，味苦、甘，具有清热泻火、生津润燥等功效，用于外感热病、高热烦渴、肺热燥咳、骨蒸潮热、内热消渴、肠燥便秘，是中药中清热泻火药的重要代表，在我国应用历史悠久。知母的根茎中主要含有皂苷类成分，包括知母皂苷 A-Ⅰ、A-Ⅱ、A-Ⅲ、A-Ⅳ、B-Ⅰ、B-Ⅱ，其皂苷元包括菝葜皂苷元、马尔可皂苷元和新吉托皂苷元，其结合的糖有 α-葡萄糖和 α-半乳糖等。此外知母还含有一定量的黄酮类化合物，知母根茎中含有芒果苷、新芒果苷，知母叶片中含有异芒果苷。传统上知母有两种商品规格，东北、西北、华北、华东地区习用的去皮知母即“光知母”，西南和中南地区习用的带皮知母即“毛知母”。主产于河北、山西、陕西、内蒙古等地。河北易县、涞源一带产者品质为全国之首，药材习称“西陵知母”，河北易县已建立起大规模人工栽培基地。

一、植株形态特征

知母为多年生草本植物，根状茎横生，粗壮，被黄褐色纤维。叶基生，条形，长 30 ～ 50 cm，宽 3 ～ 6 mm。花葶圆柱形，连同花序长 50 ～ 100 cm 或更长；苞片状退化叶从花葶下部向上部很稀疏地散生，下部的卵状三角形，顶端长狭尖，上部的逐渐变短；总状花序长 20 ～ 40 cm，2 ～ 6 朵花成一簇散生在花序轴上，每簇花具 1 苞片；花淡紫红色，具短梗；花被片 6，距圆状条形，长 7 ～ 8 mm，宽 1 ～ 1.5 mm，具 3 ～ 5 脉，内轮

1. 植株；2. 花葶；3. 花；4. 根状茎

图 8-15-1　知母植株形态

图 8-15-2　知母抽薹

3片略宽；雄蕊3枚，与内轮花被片对生；花丝长为花被片的3/5～2/3，与内轮花被片贴生；仅有极短的顶端分离；子房卵形，长约1.5 mm，宽约1 mm，向上渐狭成花柱。蒴果长卵形，具6纵棱，花期5—7月，果期8—9月，种子千粒重7.6 g左右。知母植株形态见图8-15-1，知母抽薹见图8-15-2。

二、生物学特性

（一）对环境条件的要求

知母喜光照，野生资源多分布于向阳山坡、丘陵、草地，常与杂草成片混生，适应性很强。知母喜温暖，耐寒、耐旱，怕涝。北方可在田间越冬，除幼苗期对水分要求较高外，生长期间土壤水分不宜过多，特别在高温季节，如土壤水分过多，植株则生长不良，且根状茎容易腐烂。知母对土壤要求不严格，但以土质疏松肥沃、排水性良好的中性壤土或砂质壤土栽培生长良好，产量较高，在阴坡地、黏土及低洼地生长不良，知母根茎容易腐烂。

（二）生长发育习性

知母以根及根茎在土壤中越冬，春季3月下旬至4月上旬，平均气温7～8℃时开始发芽，7—8月进入旺盛生长期，9月中旬以后地上部分逐渐停止生长，11月上、中旬茎叶全部枯竭进入休眠期。知母播种后，当年地下部分只生长出一个球茎，并不分出横生的根状茎，到第2年春天生长季开始时，一年生苗开始产生分蘖，通常为3个，分蘖的产生导致球茎分支。各分支从球茎发出，向外水平延伸生长。生长季中持续的顶端生长使横走的根状茎不断的伸长，以后每年每个根茎顶端又会产生分支，一般为2个分支。多年生知母的根茎大体上是从一个中心辐射状逐级伸展出许多分支状的根状茎。

（三）开花结果习性

知母播种后生长2年开始抽花薹，一般于5—6月开花，2年生植株只抽生1支花薹，3年生植株可抽生5～6支花茎，每支茎穗上的花数约150～180朵。知母为无限花序，花由花葶基部向顶部逐渐开放，并随花序轴伸长，种子陆续成熟，一般开花后60 d左右蒴果开始由绿色转为黄绿色，种子逐渐成熟。知母果实和种子成熟期从7月上旬开始至9月中旬，时间长达近3个月。

三、栽培技术

（一）品种类型

知母人工栽培的历史较短，其野生变家栽始于20世纪50年代末，优良栽培品种和品系研究工作还没有系统开展，还没有培育出栽培品种和优良无性系，目前人工栽培使用的种子均来源于野生变家栽的人工种群。北京中医药大学经过对全国各地自然分布和栽培种群的调查研究，初步遴选出一些在外部形态上具有显著差异的变异类型，如宽叶类型和窄叶类型，并在知母的地道产区河北省易县西陵建立了种质资源圃，开始进行优良栽培品种和种源的选育研究工作。

（二）选地和整地

集约栽培宜选择排水良好，疏松的腐殖质壤土和砂质壤土种植，作为育苗地一般要求具有灌溉条件，对易发生积水的地形应设置排水设施。仿野生栽培可利用荒坡、梯田、地边、路旁等零散土地栽培。育苗和集约栽培地，结合整地每公顷施腐熟的厩肥45 000 kg作为基肥，均匀撒入地内，深耕耙细，整平后做平畦，浇水，备用。仿野生栽培一般随地势变化采用直径30 cm左右的鱼鳞坑整地或不整地。

（三）繁殖方法

主要有种子繁殖和分株繁殖。过去多采用种子繁殖，近年来为了缩短生长周期，大力推广分株繁殖方法。

1. 种子繁殖

（1）种子催芽

播种前一般要进行种子催芽。在播种前（3月中旬前后），将种子用60℃温水浸泡8～12 h，捞出晾干，并与种子2倍量的湿沙拌匀，在背风向阳处挖深20～30 cm的催芽坑，坑的面积视种子多少而定。将种子平铺于坑内，上面覆土5～6 cm，再用农用塑料薄膜覆盖，周围用土压好。知母种子萌发的适宜温度较高，一般平均气温13～15℃时，种子萌发一般需要20 d左右；若气温在18～20℃时，约1周左右开始萌发。待1/3的种子刚刚露白时即可进行播种。

（2）播　种

种子繁殖分直播法和育苗移栽法两种。直播法多用于仿野生栽培。根据播种时间可分为春季、雨季和秋季播种。直播种植播种前一般不进行种子催芽，为了缩短出苗时间，春季和雨季播种前也可进行种子催芽处理。春播只适用于土壤墒情良好的地块，一般在4月初进行。雨季播种在下过透雨后进行，最好播种后保持 1 周以上的阴天。秋播在 10—11 月进行，翌年 4 月出苗。直播法播种行距为 20 ～ 25 cm，开沟深度 2 ～ 3 cm ，播种量为每亩 0.5 ～ 0.8 kg，将种子均匀撒人沟内，覆土镇压，为保持土壤湿润，最好在地面覆盖一层杂草或秸秆。出苗前保持湿润，播种后约 10 ～ 20 d 出苗，待苗高 4 ～ 6 cm 时，按计划留苗密度间苗、定苗。

育苗移栽法的播种方法与直播法基本一致，但播种密度相对较大，行距为 10cm ～ 15 cm，沟深 2 cm 左右，每亩播种量 1 kg 左右。为保证出苗整齐，一般在播种之前要灌足底水，如果来不及也可以在播种时开沟浇水，待水分渗透以后再下种覆土。出苗前要保持土壤湿润，可以用农用塑料膜或秸秆覆盖地面以减少土壤水分蒸发。

移栽在春季、雨季和秋季均可进行。集约栽培一般采用春季移栽，仿野生栽培以雨季为主，春秋季也可栽植。春季移栽，采用上一年培育的种苗，在整好的土地上按行距 25 ～ 30 cm 开沟，沟深 5 ～ 6 cm，按株距 10 ～ 15 cm 进行栽植，覆土压紧，覆土深度以超过种苗原地面 2 cm 左右为宜。土壤干旱时栽后应浇一次透水。雨季和秋季栽植，将种苗地上叶片保留 10 cm 左右，多余部分用剪子剪掉，以减少移栽后蒸腾失水影响缓苗，其他技术要求和春季移栽相同。雨季移栽一般采用上一年培育的种苗，秋季移栽一般采用当年春季播种培育出的优质种苗。

2. 分株繁殖

秋季植株枯萎时或翌春解冻后返青前，刨出 2 年生以上根茎（野生植株或人工种植株），分段切开，每段长 5 ～ 8 cm，每段带有 2 ～ 3 个芽，作为种栽。为了节省繁殖材料，在收获时也可把根茎的芽头切下来作为繁殖材料。集约栽培按行距 25 cm 开沟，沟深 6 cm，将种栽按株距 10 cm 平放在沟内，覆土后压实，浇透水一次即可。每公顷用种栽 1 500 ～ 3 000 kg。仿野生栽培，可按行距 25 ～ 30 cm，株距 15 ～ 20 cm 进行穴植。

（四）田间管理

1. 中耕除草

播种出苗后应及时松土除草。当知母苗高 6 ～ 8 cm 时，进行一次中耕除草，松土宜浅，将草除掉即可。生长期内保持土壤疏松无杂草。

2. 浇水施肥

苗期若气候干旱，应适当浇水。除幼苗期须适当浇水外，生长期间不宜过多浇水，特别在高温季节，如土壤水分过多，根状茎容易腐烂，植株生长不良。集约栽培地，春季发芽前可每亩于行间开沟施入腐熟的农家肥 1 000 kg，可同时混施复合肥 50 ～ 100 kg，施肥后应浇水 1 ～ 2 次。在播种后苗高 16 cm 时，直播的第 2 年，或分株栽种的当年，每亩追施过磷酸钙 20 kg、硫酸铵 13 kg。仿野生栽培一般不进行追肥，可以采用覆盖有机物的方式改善生态环境，增加土壤肥力。

3. 覆盖柴草

知母生长 1 年的苗在松土除草后或生长 1 ～ 3 年的苗在春季追肥后，每亩顺垄覆盖麦糠、麦秸等柴草 800 ～ 1 200 kg。每年 1 次，连续覆盖 2 ～ 3 年，中间不需要翻动。覆盖柴草有增加土壤有机质、保持土壤水分、减少杂草的作用，为知母生长发育创造良好的生态环境。

4. 花前剪薹

知母播种后翌年夏季开始抽花茎，高达 60 ～ 90 cm，在生育过程中消耗大量的养分。为了保存养分，使根茎发育良好，除留种者外，在开花之前一律剪掉花薹，试验表明，采用这种方法可使药材产量增加 15%～ 20%。

5. 喷洒钾肥

7—8 月，知母进入旺盛生长期，这时可每亩喷 1% 的硫酸钾溶液 80 ～ 90 kg 或 0.3% 的磷酸二氢钾溶液 100 ～ 120 kg，每隔 15 d 喷 1 次，连喷 2 次。在无风的下午 4 时以后喷撒效果最佳。喷施钾肥能增强植株的抗病能力，并能促进地下根茎的生长膨大，能增产 20% 左右。

（五）病虫害防治

知母的抗病能力较强，一般不需要采用农药防治。主要害虫为蛴螬，为害幼苗及根茎，可以采用常规方法进行防治。无论是虫害还是病害，如果采用化学防治，均应根据中药材 GAP 的要求选择农药进行防治。

四、留种技术

（一）选　种

在剪苔前，选留 3 年生无病虫害、健壮的植株，或选择本地健壮无病虫害的野生植株作为采种株。以 8 月中下旬至 9 月上旬采集的种子质量较好，其中以 8 月中旬知母果序中部的种子千粒重和萌发率最高，种子的质量最好。7 月至 8 月上旬知母种子多数发育不完全，质量较差，而 9 月中旬以后多数蒴果开裂，种子已经脱落。因此，在果实成熟时，应及时分批采收。知母种子容易萌发，种子寿命为 1 ～ 2 年。头年采收的种子到第 2 年发芽率仅为 40% ～ 50%，故播种宜选用贮藏期在 2 年以内的种子。

（二）保　种

在药材采收时，选留没有病虫害、生长势好、外观性状优良的根茎作为种栽。

留种田的面积可按次年计划移栽大田的面积进行相应的安排。

五、采收与加工

（一）采　收

采收年限和采收时间不同，知母药材的质量也有所不同。随着栽培年限增加，知母根茎中的有效成分含量发生着变化，育苗移栽后生长一年的知母根茎中的芒果苷含量较高，而菝葜皂苷元的含量随着知母栽培年限的延长而逐渐增高（下表）。通常采用种子繁殖的知母需要生长 4 年后才能收获，用根茎分株繁殖的知母需生长 3 年后才能收获。过早采收，不仅产量低，而且多数达不到商品药材的外观规格。知母可在秋、春季节采收，秋季宜在 10 月下旬生长停止后进行，春季宜在 3 月中旬未发芽之前进行采收。

表　不同栽培年限知母根茎中有效成分含量比较（n=3）

采收年限	菝葜皂苷元含量 /%	芒果苷含量 /%
2 年生（移栽后生长 1 年）	0.76 ± 0.03	1.35 ± 0.29
3 年生（移栽后生长 2 年）	1.06 ± 0.03	1.03 ± 0.04
4 年生（移栽后生长 3 年）	1.10 ± 0.12	1.07 ± 0.12
多年生（对照）	1.09 ± 0.11	1.12 ± 0.13

注：分析样品均采自河北易县知母种植试验基地，采用育苗移栽方法（陈千良，2006）

知母根茎中芒果苷的含量随不同采集月份而变化，呈现一定的规律性，一年中以 3 月份刚萌芽不久时含量最低（0.12%），4 月份含量达到最高（1.26%），此为知母开花期亦为营养期。开花后，芒果苷含量下降，至 10 月份以后又升到较高水平。如果侧重考虑知母芒果苷的含量，则以 4 月份和 10 月份以后采集为佳。

（二）产地加工

将根状茎挖出后去掉芦头，洗净泥土，晒干或烘干。一般 3 ～ 4 kg 鲜根可加工 1 kg 干货。知母有两种商品规格，东北、西北、华北、华东地区习用去皮知母即“光知母”，西南和中南地区习用带皮知母即“毛知母”。将采下的根茎摊开晾晒在阳光充足的晒台上，每周翻倒摔打一次，直至晒干，一般需要 60 ～ 70 d。晒干后去掉须根，即为毛知母。光知母也叫知母肉，应趁鲜剥去外皮，再晒干或烘干，如果阳光充足，1 周左右就可晒干。

（三）药材质量标准

加工好的药材，即干燥知母根茎，以根条粗、质硬、断面黄白色者为佳。同时按干燥品计算，菝葜皂苷元（$C_{27}H_{44}O_3$）含量不得少于 1.0%。

六、包装、贮藏与运输

（一）包　装

知母可采用麻袋、纤维编织袋或瓦楞纸盒包装，具体规格可按购货商要求而定。每件25 kg左右，在包装材料上，应注明品名、规格、产地、批号、包装日期、生产单位，并附有质量合格的标志。

（二）贮　藏

干燥后包装好的产品如不马上出售，应置于室内干燥的地方贮藏，经常检查，以防吸潮发霉，同时还要注意防止鼠害。

（三）运　输

用于运输的工具或容器应具有较好的通气性，以保持干燥，并应有防潮措施，尽可能地缩短运输时间。同时不应与其他有毒、有害、易串味物品混装。

第十六节　半　夏

半夏［*Pinellia ternata*（Thunb.）Breit.］为天南星科多年生草本植物，又名麻芋头、三步跳、野芋头。以干燥块茎入药，药材名半夏，为常用中药。具燥湿化痰，降逆止呕、消痞散结之功能。主治痰多咳嗽，呕吐反胃，胸脘痞气等症。块茎含胆碱、L麻黄碱、β 谷甾醇等成分。半夏为广布种，国内除内蒙古、新疆、青海、西藏未见野生外，其余各省区均有分布。主产于四川、湖北、河南、贵州、安徽等省，其次是江苏、山东、江西、浙江、湖南、云南等省区。日本、朝鲜等国有分布。

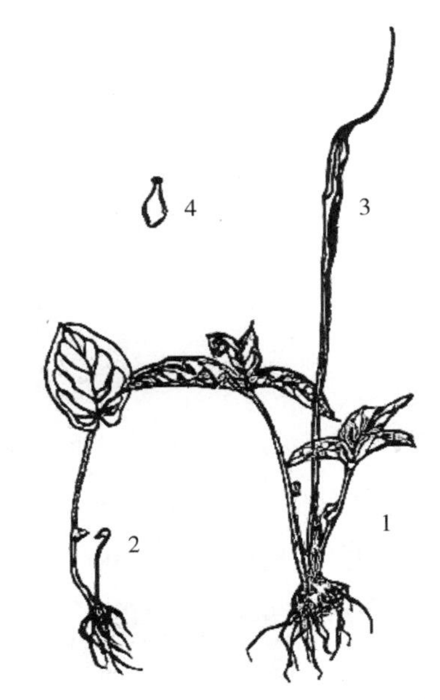

1. 植株；2. 幼块茎、幼叶及花枝；3. 佛焰苞剖开后示内穗花序上的雄花；4. 雌花

图 8-16-1　半夏植株形态图

一、植株形态特征

半夏为天南星科多年生草本植物。高 15 ～ 35 cm，块茎近球形，直径 0.5 ～ 3.0 cm，基生

叶 1 ～ 4 枚，叶出自块茎顶端，叶柄长 5 ～ 25 cm，叶柄下部有一白色或棕色珠芽，直径 3 ～ 8 cm，偶见叶片基部亦具一白色或棕色小珠芽，直径 2 ～ 4 mm。花单性，花序轴下着生雌花，无花被，有雌蕊 20 ～ 70 个，花柱短，雌雄同株；雄花位于花序轴上部，白色，无被，雄蕊密集成圆筒形，与雌花间隔 3 ～ 7 mm，其间佛焰苞合围处有一直径为 1 mm 的小孔，连通上下，花序末端尾状，伸出佛焰苞，绿色或青紫色，直立，或呈“S”形弯曲。浆果卵圆形，黄绿色，先端渐狭为明显的花柱。花期 5—7 月，果 8 月成熟。植株形态特征见图 8-16-1。

二、生物学特性

（一）对环境条件要求

半夏为浅根性植物，一般对土壤要求不严，除盐碱土、砾土、重黏土以及易积水之地不宜种植外，其他土壤基本均可，但以疏松、肥沃、深厚，含水量在 20% ～ 30%、pH 6 ～ 7 的砂质壤土较为适宜。野生多见于山坡、溪边阴湿的草丛中或林下。喜温和、湿润气候，怕干旱，忌高温。夏季宜在半阴半阳中生长，畏强光；在阳光直射或水分不足情况下，易发生倒苗。耐阴、耐寒，块茎能自然越冬。半夏具有明显的杂草性，具多种繁殖方式，对环境有高度的适应性。

（二）生长发育习性

1 年生半夏为心形的单叶，第二至第三年开花结果，有 2 或 3 裂叶生出。半夏一年内可多次出苗，在长江中下游地区，每年平均可出苗三次。第一次为 3 月下旬至 4 月上旬，第二次在 6 月上、中旬，第三次在 9 月上、中旬。相应每年平均有三次倒苗，分别为 3 月下旬至 6 月上旬、8 月下旬、11 月下旬。出苗至倒苗的日数，春季为 50 ～ 60 d，夏季为 50 ～ 60 d，秋季为 45 ～ 60 d。倒苗对于半夏来说，一方面是对不良环境的一种适应，更重要的是增加了珠芽数量，亦即进行了一次以珠芽为繁殖材料的无性繁殖。第一代珠芽萌生初期在 4 月初，萌生高峰期为 4 月中旬，成熟期为 4 月下旬至 5 月上旬。

半夏块茎一般于 8 ～ 10℃萌动生长，13℃开始出苗。随着温度升高出苗加快，并出现珠芽。15 ～ 26℃最适宜生长，30℃以上生长缓慢，超过 35℃而又缺水时开始出现倒苗，秋后低于 13℃以下出现枯叶。冬播或早春种植的块茎，当 1 ～ 5 cm 的表土地温达 10 ～ 13℃时，叶开始生长，此时如遇地表气温持续数天低于 2℃以下，叶柄即在土中开始横生，横生一段并可长出一代珠芽。地温、气温差持续时间越长，叶柄在土中横生越长，地下珠芽长的越大。当气温升至 10 ～ 13℃时，叶直立长出土外。不同半夏居群对高温胁迫的响应差异明显。半夏的块茎、珠芽、种子均无生理休眠特性。种子发芽适温为 22 ～ 24℃，寿命为 1 年。

三、栽培技术

（一）繁殖技术

生产上半夏的繁殖方法以采用块茎和珠芽繁殖为主，亦可用种子繁殖，但种子生产周期长，一般不采用。

1. 块茎繁殖

于当年冬季或次年春季取出贮藏的种茎栽种，以春栽为好，秋冬栽种产量低。春栽，宜早不宜迟，一般早春 5 cm 地温稳定在 6 ～ 8℃时，即可用温床进行种茎催芽。催芽温度保持在 20℃左右时，15 d 左右芽便能萌动。2 月底至 3 月初，雨水至惊蛰间，当 5 cm 地温达 8 ～ 10℃时，催芽种茎的芽鞘发白时即可栽种（不催芽的也应该在这时栽种）。适时早播，可使半夏叶柄在土中横生并长出珠芽，在土中形成的珠芽个大，并能很快生根发芽，形成一棵新植株，并且产量高。

在整细耙平的畦面上开横沟条播。行距 12 ～ 15 cm，株距 5 ～ 10 cm，沟宽 10 cm，深 5 cm 左右，沟底要平，在每条沟内交错排列两行，芽向上摆入沟内。栽后，上面施一层混合肥土（由腐熟堆肥和厩肥加人畜肥、草土灰等混拌均匀而成）。每亩用混合肥土 2 000 kg 左右。然后，将沟土提上覆盖，厚 5 ～ 7 cm，耧平，稍加镇压。也可结合收获，秋季栽种，一般在 9 月下旬至 10 月上旬进行，方法同春播。

每亩需种茎 50 ～ 60 kg，适当密植，生长均匀且产量高。过密，则幼苗生长纤弱，除草困难；过稀，则苗少草多，产量低。覆土也要适中。过厚，则出苗困难，将来珠芽虽大，但往往在土内形成，不易采摘；过薄，种茎则容易干缩而不能发芽。栽后遇干旱天气，要及时浇水，始终保持土壤湿润。

2. 珠芽繁殖

半夏每个叶柄上至少长有一枚珠芽，数量充足，且遇土即可生根发芽，成熟期早，是主要的繁殖材料。夏秋间，当老叶将要枯萎时，珠芽已成熟，即可采取叶柄上成熟的珠芽进行条播。按行距 10 cm，株距 3 cm，条沟深 3 cm 播种。播后覆以厚 2 ～ 3 cm 的细土及草木灰，稍加压实。也可按行株距 10 cm × 8 cm 挖穴点播，每穴播种 2 ～ 3 粒。亦可在原地盖土繁殖，即每倒苗一批，盖土一次，以不露珠芽为度。同时施入适量的混合肥，既可促进珠芽萌发生长，又能为母块茎增施肥料，一举两得，有利增产。

3. 种子繁殖

用种子繁殖的 2 年生以上半夏能陆续开花结果。当佛焰苞萎黄下垂时，采收种子，夏季采收的种子可随采随播，秋末采收的种子可以砂藏至次年3月播种。此种方法出苗率较低，生产上一般不采用。按行距10 cm开2 cm深的浅沟，将种子撒入，耧平，覆土1 cm左右，浇水湿润，并盖草保温保湿，半个月左右即可出苗。苗高6～10 cm时，即可移植。当年第一片叶为卵状心形单叶，叶柄上一般无珠芽，第二年3～4个心形叶，偶见有3小叶组成的复叶，并可见珠芽。实生苗当年可形成直径为0.3～0.6 cm的块茎，可作为第二年的种茎。

（二）选地与整地

宜选湿润肥沃、保水保肥能力较强、质地疏松、排灌良好的砂质壤土或壤土地种植，亦可选择半阴半阳的缓坡山地。黏重地、盐碱、涝洼地不宜种植。前茬选豆科作物为宜，可与玉米地、油菜地、麦地、果木林进行间套种。

地选好后，于10—11月深翻土地20 cm左右，结合整地，每亩施农家肥5 000 kg，饼肥100 kg和过磷酸钙60 kg，翻入土中作基肥。于播前，再耕翻一次，然后整细耙平，北方浅耕后可作成宽0.8～1.2 m的平畦，畦埂宽、高分别为30 cm和15 cm。畦埂要踏实整平，以便进行春播催芽和苗期地膜覆盖栽培。

（三）田间管理

1. 揭开地膜

当约有50%以上的半夏长出一片叶，叶片在地膜中初展开时，即应当及时揭开地膜。揭膜后如地面板结，应当采取适当的松土措施，如用铁钩轻轻划破土面；土壤较干的，应当适当浇水，以利继续出苗。地膜揭开后应当洗净整理好，以便第二年再用。坏的也应当集中处理，不能让其留在地里，污染土壤和环境。

2. 除　草

半夏地的除草是取得种植成功的关键措施之一。半夏出苗时也是杂草生长之时，条播半夏的行间可用较窄的锄头除草，同时可为出苗后的半夏培土，而与半夏苗生长在一起的杂草则只能用拔除的方法；撒播的也只有采用拔草的方法。除草在一年的半夏生长期中应当不止一次。要求是尽早除草，不能够让杂草影响半夏生长，应当根据杂草的生长情况具体确定除草次数和时间。除草后应立即施肥。除草可结合培土同时进行。

3. 施　肥

半夏是喜欢肥多的植物，生长期中应当注意适当地多施肥料。特别是出苗的早期，应当多施N肥，中后期则应当多施K肥和P肥。半夏对K的需求量较大，多施K肥对其生长尤其重要。半夏出苗后，先可按每亩撒施尿素3～4 kg催苗。此后，应在每次倒苗后施用腐熟的粪水肥，每亩为2 000 kg，肥施在植株周围，随后培土。半夏生长的中后期，可视生长情况每亩叶面喷施 0.2% 的磷酸二氢钾溶液 50 kg。施肥应以农家肥为主，不可施用氯化钾、氯化铵、碳酸氢铵及硝态氮类化肥。

4. 培　土

培土是一项重要的高产技术措施。其目的是盖住珠芽和杂草的幼苗，并有利于半夏的保墒和田间的排水。要通过培土把生长在地面上的珠芽尽量埋起来。因半夏的叶片是陆续不断地长出的，珠芽的形成也是不断的，故培土也应当根据情况而进行。培土应结合除草进行。

及时浇水和排水　根据半夏的生物学特性，半夏的田间管理要注意好干旱时的浇水和多雨时的排水。干旱时最好浇湿土地而不能漫灌，以免造成腐烂病的发生。多雨时应当切实注意及时清理畦沟，排水防渍，避免半夏块茎因多水而发生腐烂。

（四）病虫害防治技术

1. 根腐病（*Sclerotium rolfsii* Sacc.）

（1）症　状

最常见的病害多发生在高温多湿季节和越夏种茎贮藏期间。为害地下块茎，造成腐烂，随即地上部分枯黄倒苗死亡。

（2）防治方法

① 选用无病种栽，雨季及大雨后及时疏沟排水。② 播种前用木霉（*Trichoderma* spp.）的分生孢子悬浮液处理半夏块茎，或以 5% 的草木灰溶液浸种 2 h；或用 1 份 50% 多菌灵加 1 份 40% 的乙磷铝 300 倍液浸种 30 min。③ 发病初期，拔除病株后在穴处用 5% 石灰乳淋穴，防止蔓延。④ 及时防治地下害虫，可减轻为害。

2. 病毒性缩叶病（Dasheen mosaic virus，DMV）

（1）症　状

该病是栽培半夏上普遍发生的较为严重的一种病害，发病率随栽培年限的增加呈上升趋势，种茎带毒及蚜虫等昆虫传毒可能为其主要传播途径。多在夏季发生。为全株性病害，发病时，叶片上产生黄色不规则的斑，使叶片变为花叶症状，叶片变形、皱缩、卷曲，直至枯死；植株生长不良，地下块根畸形瘦小，质地变劣。当蚜虫大发生时，容易发生该病。该病可使半夏在贮藏期间及运输途中造成鲜种茎大量腐烂，受害半夏块茎加工成商品后，往往品质差，品级低。

（2）防治方法

① 选无病植株留种，避免从发病地区引种及发病地留种，控制人为传播，并进行轮作。② 施足有机肥料，适当追施 P 肥、K 肥，增强抗病力；及时喷药消灭蚜虫等传毒昆虫。③ 出苗后在苗地喷洒 1 次 40% 乐果 2 000 倍液或 80% 敌敌畏 1 500 倍液，每隔 5 ~ 7 d 喷 1 次，连续 2 ~ 3 次。④ 发现病株，立即拔除，集中烧毁深埋，病穴用 5% 石

灰乳浇灌，以防蔓延。⑤ 应用组织培养方法，培养无毒种苗。

3. 芋双线天蛾［*Theretra oldenlandiae*（Fabricius）Rothschild et Jordan］

（1）症　状

该病是半夏生长期间为害极大的食叶性害虫，栽培半夏田为害率可达 80% 以上。每年可发生 3 ～ 5 代，以蛹在土下越冬。8—9 月幼虫发生数量最多。成虫白天潜伏在荫蔽处，黄昏时开始取食花蜜，趋光性强。雌蛾交配后 2 ～ 5 d 产卵。每只雌蛾产卵 30 ～ 60 粒，散产于半夏叶背面。一般每片叶只产 1 粒卵，幼虫孵化后取食卵壳，并在叶背取食叶肉，残留表皮。2 龄后叶片吃成孔洞，3 龄后从叶缘蚕食，造成大的缺刻，高龄幼虫食量暴增，每头幼虫每天可为害半夏苗 10 株以上。

（2）防治方法

① 结合中耕除草捕杀幼虫。② 利用黑光灯诱杀成虫。③ 5 月中旬至 11 月中旬幼虫发生时，用 50% 的辛硫磷乳油 1 000 ～ 1 500 倍液喷雾或 90% 晶体敌百虫 800 ～ 1 000 倍液喷洒，每 5 ～ 7 d 喷 1 次，连续 2 ～ 3 次，可杀死 80% ～ 100% 的幼虫。

4. 红天蛾（*Deilephila elpenor lewisi* Butler）

主要在 5—10 月造成为害，尤以 5 月中旬至 7 月中旬发生量大，为害最严重。以幼虫咬食叶片，食量很大，发生严重时，将叶片咬成缺刻或吃光。

防治方法：参考芋双线天蛾。

（五）留种技术

1. 种茎的采收和贮藏

于每年秋季半夏倒苗后，在收获半夏块茎的同时，选横径粗 0.5 ～ 1.5 cm、生长健壮、无病虫害的当年生中、小块茎作种用。大块茎不宜作种，这是因为中、小种茎大多是由珠芽发育而来的新生组织，生命力强，出苗后，生长势旺，其本身迅速膨大发育成大块茎，同时不断抽出新叶形成新的珠芽，故无论在个体数量上还是在个体重量上都有了很大的增加。而大种茎都是大块茎，它们均由小块茎发育而来，生理年龄较长，组织已趋于老化，生命力弱，抽叶率低，个体重量增长缓慢或停止，收获时种茎大多皱缩腐烂。

半夏种茎选好后，在室内摊晾 2 ～ 3 d，随后将其拌以干湿适中的细砂土，贮藏于通风荫凉处，于当年冬季或次年春季取出栽种。

2. 种子采收和贮藏

半夏种子一般在 6 月中、下旬采收，当总苞片发黄，果皮发白绿色，种子浅茶色或茶绿色，易脱落时分批摘回。如不及时采收，易脱落。采收的种子，宜随采随播，10 ～ 25 d 出苗，出苗率 82.5%。8 月以后采收的种子，要用湿砂混合贮藏，留待第二年春播种。

四、采收与加工

（一）采　收

种子繁殖的半夏于第三、四年采收，块茎繁殖的半夏于当年或第二年采收。一般于夏、秋季茎叶枯萎倒苗后采收。过早采收可影响产量，过晚采收难以去皮和晒干。采收时，从地块的一端开始，用爪钩顺垄挖 12 ～ 20 cm 深的沟，逐一将半夏挖出。起挖时选晴天，小心挖取，避免损伤。

（二）产地加工

收获后鲜半夏要及时去皮，堆放过久则不易去皮。先将鲜半夏洗净，按大、中、小分级，分别装入麻袋内，在地上轻轻摔打几下，然后倒入清水缸中，反复揉搓，或将块茎放入筐内或麻袋内，在流水中用木棒撞击或穿胶鞋用脚踩去外皮，也可用去皮机除去外皮。不管采用哪种方法，均应将外皮去净、洗净为止。再取出晾晒，并不断翻动，晚上收回，平摊于室内，不能堆放，不能遇露水。次日再取出，晒至全干或晒至半干，以硫磺熏之。亦可拌入石灰，促使水分外渗，再晒干或烘干。如遇阴雨天气，采用炭火或炉火烘干，但温度不宜过高，一般应控制在 35 ～ 60℃。在烘时，要微火勤翻，力求干燥均匀，以免出现僵子，造成损失。半夏采收后经洗净、晒干或烘干，即为生半夏。半夏一般亩产鲜块茎 400 ～ 500 kg，折干率为（3 ～ 4）: 1。

（三）药材质量标准

加工好的药材以个大、皮净、色白、质坚、粉足为佳。化学鉴别中，在精氨酸、丙胺酸、缬氨酸和亮氨酸四种对照片相应的位置上，显相同颜色斑点。

五、包装、贮藏与运输

（一）包　装

半夏在包装前应再次检查是否已充分干燥，并清除劣质品及异物。所使用的包装材料为麻袋或尼龙编织袋等，具体可根据出口或购货商要求而定。在每件包装上，应注明品名、规格、产地、批号、包装日期、生产单位，并附有质量合格的标志。

（二）贮　藏

半夏为有毒药材，又易吸潮变色。干燥后的半夏如不马上出售，则应包装后置于室内干燥的地方贮藏，忌与乌头混放，同时应有专人保管，防止非工作人员接触，并定期检查。

（三）运　输

运输工具或容器应具有较好的通气性，以保持干燥，并应有防潮措施。

第十七节　赤　芍

赤芍，为毛茛科植物赤芍或川赤芍的干燥根。春、秋二季采挖，除去根茎、须根及泥沙，晒干。苦，微寒。其性酸敛阴柔，具有养阴、行瘀、止痛、凉血、消肿之功效。主治：治瘀滞经闭、疝瘕积聚、腹痛、胁痛、衄血、血痢、肠风下血、目赤、痈肿、跌扑损伤。赤芍是著名野生地道中药材，应用历史悠久，用量较大、用途广泛且需求较为刚性，每年都有相当数量的出口。

一、植株形态特征

多年生草本植物，赤芍高 40 ～ 70 cm，无毛。根肥大，纺锤形或圆柱形，黑褐色。茎直立，上部分枝，基部有数枚鞘状膜质鳞片。叶互生；叶柄长达 9cm，位于茎顶部者叶柄较短；茎下部叶为二回三出复叶，上部叶为三出复叶；小叶狭卵形、椭圆形或披针形，先端渐尖，基部楔形或偏斜，边缘具白色软骨质细齿，两面无毛，下面沿叶脉疏生短柔毛，近革质。花两性，数朵生茎顶和叶腋，直径 7 ～ 12cm；苞片 4 ～ 5，披针形，大小不等；萼片 4，宽卵形或近圆形，长 1 ～ 1.5cm，宽 1 ～ 1.7cm，绿色，宿存；花瓣 9 ～ 13，倒卵形，长 3.5 ～ 6cm，宽 1.5 ～ 4.5cm，白色，有时基部具深紫色斑块或粉红色，栽培品花瓣各色并具重瓣；雄蕊多数，花丝长 7 ～ 12mm，花药黄色；花盘浅杯状，包裹心皮基部，先端裂片钝圆；心皮 2 ～ 5，离生，无毛。蓇葖果卵形或卵圆形，长 2.5 ～ 3cm，直径 1.2 ～ 1.5cm，先端具椽，花期 5—6

图 8-17-1　赤芍植株

图 8-17-2　赤芍花

月，果期 6—8 月。植株及花形态特征见图 8-17-1、图 8-17-2。

二、生物学特性

（一）对环境条件的要求

野生芍药多集中生长于北方海拔 500 ～ 1 500 m 的山地和草原。土壤为棕色森林土、暗棕色森林土、灰色森林土及草原草甸土。常见于山坡、沟旁、阔叶杂木林下、林缘和灌丛间，或草木繁茂的固定沙丘及典型草原的天然植物群落中。川赤芍集中生长在青藏高原的边缘地带，海拔 3 000 ～ 3 500 m 的山原和峡谷地。土壤多为高原棕壤和暗棕壤。深山高原地区的植被较好，因而形成了川赤芍生长的适宜区。

赤芍是典型的温带植物，适宜温暖气候条件，在年均温 14.5℃、7 月均温 27.8℃条件下生长良好。赤芍耐热又耐寒，可耐受的夏季最高温度为 42.1℃，冬季可耐 -46.5℃的低温，在我国北方可露地栽培越冬。

赤芍喜光照，其植株在一年当中随着气候节律的变化，而产生生长期和休眠期的交替变化。其中以休眠期的春化阶段和生长期的光照阶段最为关健。芍药的春化阶段，要求 0℃低温、经过 40 d 左右才能完成。然后混合芽方可萌动生长。芍药属长日照植物，花芽要在长日照下发育开花，混合芽萌发后，若光照时间不足或在短日照条件下通常只长叶不开花或开花异常。

赤芍适宜湿润的气候条件，耐干旱不需多灌溉，但若缺水则花朵瘦小、花色不艳。对植株生长发育不利。

赤芍是深根系作物，要求土层厚、疏松且排水良好的沙质壤土，在粘土和沙土中生长较差，以中性或微酸性土壤为宜，土壤含氮量不宜过高，以防止枝叶徒长，生长期适当增施磷钾肥，以促使枝叶生长。

（二）生长发育特性

赤芍种子为上胚轴休眠类型，秋季采种后 1 周内进行播种，当年生根，再经过一段低温打破上胚轴休眠，翌春破土出苗。赤芍是宿根。每年 3 月萌发出土，4—6 月为生长发育旺盛时期，花期 5 月，果期 6—8 月，8 月中旬地上部分开始枯萎，是芍药甙含量最高时期。

三、栽培技术

（一）育　苗

1. 选地整地

选择地势高，土层深厚、疏松、排水良好、中性或碱性沙质壤土或绵沙土水浇地。耕

图 8-17-3　赤芍种子

翻以秋季为好，深度 30 ～ 45 cm，结合深翻亩施腐熟细碎的圈肥 3 000 kg 以上，或生物有机肥 400 ～ 500 kg 或 15：15：15 的三元硫酸钾型复合肥 30 kg 加 4 kg 辛硫磷颗粒混匀后施用。春季将土壤耙细整平，做宽 1.5 m、高 15 ～ 20 cm 的畦，畦间距 35 cm。

2. 播　种

当年 9 月中下旬用刚采下的成熟种子（图 8-17-3）进行条播，方法是顺畦面方向开 5 ～ 7 cm 浅沟，将种子均匀撒入沟中，覆土 5 cm 左右，稍镇压。播种后用微喷带进行喷灌，20 cm 土层浇透即可，以保证种子发芽水分。播种盖土后可喷施乙草胺封闭除草剂，播种第一年不出苗，所以有草时候可以喷施百草枯、农达等，但是喷施百草枯一定要在表土稍干，喷施后 24 h 不下雨条件下使用。

3. 播后管理

越冬前在畦面铺 2 ～ 3 cm 厚圈肥或土杂肥，以保安全越冬。第 2 年 4 月开始出苗，视土壤墒情适当浇水。期间做好中耕除草工作，苗高 10 cm 时用 50% 的多菌灵可湿性粉剂 600 ～ 800 倍液喷雾预防病害。5—6 月追施 15：15：15 的三元硫酸钾型复合肥 30 kg 一次，越冬前最好上盖厩肥。第 3 年春季作种苗进行移栽。

4. 起　苗

图 8-17-4　赤芍种苗

第 3 年 4 月中下旬起苗。面积小可人工起苗，面积大时也可用机械收，先割去地上枯茎，再用药材收刨机起苗，抖去泥土，剔除有病斑、分杈和机械破损的种苗。起获的种苗按长短进行分类，并打成小捆备栽。如果不能立即移栽，可选通风阴凉干燥处，用潮湿的河沙层积贮藏。选择根条形、无分杈、光滑无病斑、无锈病、无机械损伤的做种苗（图 8-17-4）。

（二）移　栽

1. 选地整地

选择地势较高、土层深厚、土质疏松、肥沃、排水良好、向阳的中性或微酸性沙质壤土。整地前灌一次透水，土壤耕翻 30 cm 左右，结合整地施入腐熟有机肥 2 000 ～ 3 000 kg，或生物有机肥 400 ～ 500 kg 或 15：15：15 的三元硫酸钾型复合肥 30 kg 加 4 kg

辛硫磷颗粒混匀后施用，整平耙细。

2. 定　植

华北地区 4 月初—5 月上旬可进行栽种，人工栽植方法：按行距 50 cm、株距 30 cm，两人配合栽植，一人用铁锹深入土壤，然后向前轻推下锹把，留出一个可以放进苗的缝隙，另一人把苗头朝上将苗竖立放入缝隙中，深度以芽头到土面 5cm 为宜，抽出铁锹，合拢缝隙，并用脚踩实。

3. 定植后管理

中耕除草：定植后，头两年幼苗矮小，如不及时除草易成草荒。栽后一般半个月左右红芽露出，应立即中耕除草，此时的赤芍根纤细，扎根不深，不宜深锄。5 月、6 月各中耕除草 1 次。以后每年视情况进行中耕除草 2 ～ 3 次。

培土（图 8-17-5）、灌溉：每年入冬前在清理枯枝残叶的同时，应培土 1 次，以防止越冬芽露出地面枯死。在夏季高温干燥时期，也应适当培土抗旱。有条件的地区，可以灌溉。多雨季节要及时排水。

图 8-17-5　赤芍培土

摘蕾：现蕾后及时摘除花蕾，集中养分供根部生长发育。留种的植株可适当去掉部分花蕾，使种子充实饱满。

间作：栽后当年和第 2 年可适当在赤芍空间栽种红小豆、大豆、芝麻等，以降低夏季地表温度，又能收获粮食。

追肥：第一年施基肥以外，在 7 月每亩追施 15∶15∶15 的三元硫酸钾型复合肥 30 kg。以后每年 7 月中旬追施复合肥 1 次，每年喷施根茎药材专用叶面肥 4 ～ 5 次。

（三）病虫害防治

贯彻“预防为主、综合防治”的植保方针，通过选用抗性品种、培育壮苗、加强栽培管理、科学施肥等栽培措施，综合采用农业防治、物理防治、生物防治，配合科学合理地采用化学防治，将有害生物为害控制在允许范围以内。农药安全使用间隔期遵守 GB/T 8321.1 ～ 7，没有标明农药安全间隔期的农药品种，收获前 30 d 停止使用，农药的混剂执行其中残留性最大的有效成分的安全间隔期。

1. 病　害

（1）芍药白粉病

症状：发病初期叶片两面均可产生近圆形的白色小粉斑，后逐渐扩大可连片呈边缘不明显的白粉斑，甚至布满整叶。后期叶片两面及叶柄、茎秆都可受害，产生有污白色霉斑，并散生黑色小粒点，为病原菌有性世代的闭囊壳。

发病特点：病菌主要以菌丝体在田间病株或以闭囊壳在病残体上越冬。初侵染产生的分生孢子通过气流传播，可频繁再侵染。一般在6月初、气温20℃以上为初发期，随着气温的升高，7月、8月为盛发期。液态水存在不利于发病，但土壤缺水或灌水过量、氮肥过多、枝叶生长过密、通风透光不良等利于发病。

防治方法：秋末及时将地上部分剪除并清理烧毁，花后及时疏枝，剪除残花，发病较轻时及时摘除病叶并烧毁，保持田园卫生。

（2）芍药锈病

症状：以为害叶片为主，受害叶片正面初期为圆形、椭圆形或不规则黄绿色小点，叶背相应部位产生黄褐色夏孢子堆。后期病斑灰褐色，产生褐色冬孢子堆。严重发病可造成叶片早期大量枯死。

发生特点：病菌以菌丝或冬孢子堆在寄主病组织上越冬。次年5月上旬开始发病，并产生夏孢子不断侵染蔓延。后期形成冬孢子萌发后可侵染松属植物。

防治措施：及时彻底清除病残体，集中烧毁，减少侵染源。在园圃周围避免以松属植物作为隔离树种或周围杜绝种植该种植物。

（3）芍药灰霉病

症状：茎、叶、花均可受害，一般花后发生严重。叶尖、叶缘产生近圆形或不规则形水渍状病斑，褐色、紫褐色至灰色，不规则轮纹状。潮湿时，叶背具灰色霉层。茎部病斑梭形，紫褐色；花部受害易变褐软腐，造成花瓣腐烂，引起植株顶枝枯萎等。若茎、叶、花三部位同时发病，可致芍药严重减产，甚至绝收。

发生特点：病菌以菌丝体、菌核和分生孢子在土壤及病组织或粪肥中越冬，翌年产生的分生孢子随气流、风雨及灌溉水、田间操作等途径传播、侵染与为害，具有多次再侵染。环境条件适宜易造成病害流行，低温高湿条件下发病严重，一年具有春、秋2个发病高峰期，分别为3—4月和9—10月，气温达8～23℃、相对湿度90%以上利于发病。偏施氮肥、排水不良、光照不足及连作地块可加重灰霉病发生。

防治方法：搞好田园卫生。植物生长期及时剪除发病株枝叶与花朵，秋后剪除并及时清理枯枝、落叶、败花及杂草等。加强水肥管理，合理施肥，避免过多施用氮肥，适当增施磷钾肥，有机肥要充分腐熟；选择砂壤土栽培，适量浇水，避免渍水，防止烂根；选育无病壮苗。选择生长健壮、无病的母株作分株繁殖植物。植株需合理密植，加强修剪，改善通风透光，降低田间湿度，减少发病率。

（4）芍药炭疽病

症状：以为害叶片为主，叶柄及茎均可受害。叶片病斑初为长圆形，后扩大成黑褐色不规则的大型病斑，表面略下陷。湿度大时病斑表面出现粉红色黏稠孢子堆，严重时病叶下垂。茎部发病与叶片相似，严重时会引起倒伏。

发生特点：病菌以菌丝体在病株或病残体上越冬，次年产生分生孢子随风雨传播，从伤口侵入寄主进行为害，在8—9月高温多雨时发病严重。

防治措施：搞好田园卫生。病害流行期及时摘除发病组织，秋冬季节彻底清除病残体，减少病菌数量及来源。

（三）虫　害

主要有蚜虫类、叶螨类、蝼蛄类、小地老虎、蛴螬类、金针虫等为害根部。防治方法：可用锌硫磷2 kg/ 亩，制成毒土，结合整地撒入土中毒杀。

四、采收与加工

（一）采　收

有性繁殖的赤芍4～5年收获。用芽头繁殖的3～4年收获。8—9月采挖，不宜过早或过迟，否则会影响产量和质量。方法：选择晴天，先将地上茎叶割去，挖出根部。将根茎部分带芽切下，再分成小块作为栽植用的种栽，放入室内或窖内用沙子埋上，保管。根另行加工成商品。

（二）加　工

赤芍根挖出后，应尽快洗去根及根茎上附着的泥土等杂质，切下芍根进一步加工。可采用不锈钢网筐人工流水冲洗方法或者采用高压水枪清洗。并人工挑除夹杂于其中的枯枝，并剔除破损、虫害、腐烂变质的部分。去掉根茎及须根等杂质，切去头尾，修平。经修剪好的芍根，理直弯曲，进行晾晒或烘至半干，按大小捆成小把，以免干后弯曲。之后晒或烘至足干，贮于通风干燥阴凉处，防虫蛀霉变即可。

第九章　全草类药用植物栽培技术

第一节　板蓝根

板蓝根又叫菘蓝、大青叶，是十字花科二年生的草本植物，用根入药称为板蓝根，用叶入药称为大青叶。它具有清热解毒、消肿利咽、凉血等多种作用，主要用于预防和治疗流行性腮腺炎、流行性感冒、咽喉肿痛等病症。板蓝根抗旱耐寒，适应性广，在我国各地都可以栽培。板蓝根为常用中药材。始载于《神农本草经》。原名蓝，有多种。现销用主流品为十字花科菘蓝 *Lsatis indgotic* Fort. 的根。具有清热解毒，凉血的功能。主产于河北、江苏、安徽、河南等省。多为栽培。

一、植株形态特征

二年生草本。主根深长，直径 5 ～ 8 mm，外皮灰黄色。茎直立，高 40 ～ 90 cm。叶互生；基生叶较大，具柄，叶片长圆状椭圆形；茎生叶长圆形至长圆状倒披针形，在下部的叶较大，渐上渐小，长 3.5 ～ 11 cm，宽 0.5 ～ 3 cm，先端钝尖，基部箭形，半抱茎，全缘或有不明显的细锯齿。阔总状花序：花小，直径 3 ～ 4 mm，无苞，花梗细长；花萼 4，绿色；花瓣 4，黄色，倒卵形；雄蕊 6，4 强；雌蕊 1，长圆形。长角果长圆形，扁平翅状，具中肋。种子 1 枚。花期 5 月。果期 6 月。幼苗见图 9–1–1。

图 9–1–1　菘蓝幼苗

二、生长习性

菘蓝对气候和土壤条件适应性很强，耐严寒，喜温暖，但怕水渍，我国长江流域和广大北方地区均能正常生长。种子容易萌发，15 ～ 30℃范围均发芽良好，发芽率一般在

80% 以上，种子寿命为 1 ～ 2 年。

菘蓝正常生长发育过程必须经过冬季低温阶段，方能开花结籽，故生产上就利用这一特性，采取春播或夏播，当年收割叶子和挖取其根，种植时间为 5 ～ 7 个月。如按正常生育期栽培，仅作留种用。

适应性很强，对自然环境和土壤要求不严，耐寒、喜温暖，是深根植物，宜种植在土壤深厚疏松肥沃的沙质壤土，忌低洼地，易烂根，故雨季注意排水。

三、栽培技术

（一）选地整地

选择地势平坦、灌溉方便、含腐殖质较多的疏松沙质壤土。地势过高或过低，沙性过大和新平整的土地均不适合种植。选地后深耕、碎土、施足基肥，以有机肥为主，可掺些河泥或腐熟的饼肥。然后做畦，畦宽 240 cm，畦呈龟背形，开好畦沟、围沟，使沟相通，并有出水口。

（二）繁殖技术

1. 种子采集

当年收根不结子，在刨收板蓝根时，选择根直，粗大不分叉，粗壮无病虫害的根条，按株、行距 30 cm × 40 cm 移栽到肥沃的留种田内。及时浇水，11 月下旬再铺上一层薄薄的土杂肥防寒。翌春返青时浇水松土，苗高 6 ～ 7 cm 时，追肥、浇水，促使生长旺盛。开花时，再追肥 1 次，使籽粒饱满。种子成熟后，分批采收，采后及时晒干，妥善保管。

2. 种子处理

播种前用 30℃温水浸种 3 ～ 4 h，捞出种子，稍晾、用适量干细土拌匀，以便播种。

3. 播　种

分春播和夏播两种。春播在清明与谷雨之间进行；夏播在芒种至夏至进行。春播商品品质较优，播种方法可采用条播或撒播，一般多采用条播。在整好的畦面上，开宽沟进行播种，行距 18 ～ 20 cm，播幅 4 ～ 5 cm，播后覆土，稍加镇压，即浇水。播种量为 1.5 ～ 2 kg/ 亩，一般 5 ～ 10 d 即可出苗。

（三）田间管理

田间栽培情况见图 9–1–2。

1. 间苗除草

出苗 10 d 左右间苗，可结合松土进行。苗高 5 ～ 10 cm 时，可按株距 6 cm 左右三角

图 9-1-2　菘蓝田间栽培

形定苗。如果水肥充足，可适当密些。经常除草。

2. 追　肥

菘蓝在生长过程中，先割叶子（大青叶）两次。植株生长需肥量大，除在播种时施足基肥外，要在每次割叶后，及时追肥 1 次，8 月中旬再追施 1 次粪肥，促使根部生长。

3. 灌水排水

定苗后，若天气干旱，可结合除草进行灌水，特别是采叶后更要灌水。雨季要及时清沟理墒，避免田间积水、烂根。

（四）病虫害防治

1. 病　害

（1）白锈病

症状：由真菌鞭毛菌引起。叶、茎、花均可发病，叶背面较严重。通常氮肥过多，植株软嫩，雨水多、湿度大，时冷时暖，发病较多；连作病菌多，发病更为严重。

防治方法：及时间苗、清沟排水，中耕除草，降低田间湿度，促使幼苗生长健壮，增强抗病力。苗期结合间苗，剔除病苗，后期要摘除病叶，以免病菌传播。发病初期喷洒波尔多液，抑制病害蔓延。收获时将病残枝搜集烧毁，消灭越冬病菌。

（2）霜霉病

症状：主要为害叶部。一般于 6 月上旬开始发病，7 月中旬发病严重。土壤中的病残组织是霜霉病的浸染区。生长期间，病叶背面的分生孢子借风雨传播，反复浸染。

防治方法：选留种子，即选择无病地块作留种田，留种植株分别采收，种根分别存放。清洁田园，即采挖时，清除地上枯枝、残叶，减轻病菌。注意排水，因为土壤湿度大是霜霉病发生的有利条件，所以雨后要及时排水，降低田间湿度。合理轮作，即与禾本科植物玉米等进行轮作。发病初期用 50% 甲基托布津 800 ～ 1 000 倍液，或 5% 多菌灵 1 000 倍液喷洒。

（3）白粉病

症状：主要为害叶片。一般低温多湿，施氮肥过多，植株过密，通风透光不良，均易发病。高温干燥时，病害停止蔓延。

防治方法：排除田间积水，抑止病害发生。合理密植，氮、磷、钾肥合理配合，使植株生长健壮，增强抗病力。发病初期摘除病叶，收获后清除病残株落叶，集中烧毁。用

65% 福美锌可湿性粉剂 300 ～ 500 倍液喷洒。

2. 虫害

（1）小造桥虫

症状：于 8—9 月发生为害。1 ～ 3 龄幼虫咬食叶肉，残留表皮，形成透明小点，5 龄或 6 龄咬食全叶；老熟幼虫在叶边缘或茎叶间吐丝作薄茧、化蛹。冬季以蛹在田间杂草中越冬，来年孵化后再变为害。

防治方法：用 90% 敌百虫 1 500 倍液喷洒，喷药时要着重喷中、下部老叶，效果明显。

（2）蚜　虫

症状：发生时多密集在嫩叶、新梢上吸取汁液，使叶片、嫩梢卷缩、枯萎、生长不良。

防治方法：收获后清除残枝落叶及地边杂草，集中烧毁，消灭越冬虫口。用 4% 乐果 1 500 倍液喷洒，或用 90% 敌百虫 1 500 倍液喷杀。土农药即用烟筋 0.5 kg、石灰 0.5 kg、水 25 kg 配成烟筋石灰水药液。

四、收获与加工

春播的应在立秋至霜降时采挖，夏播的宜在霜降采挖，将根全部挖出。根据各地经验，秋末采挖的质量优于春季采挖的，因此应提倡秋季采挖。采收后抖去泥土，在芦头和叶子之间用刀切开，分别晾晒干燥，拣去黄叶杂质，即为板蓝根和大青叶。

五、药材形状

1. 板蓝根

呈圆柱形，稍弯曲，长 10 ～ 20 cm，直径 0.2 ～ 1.2 cm（图 9-1-3）。表面灰黄色或棕黄色，粗糙，具纵皱纹及支根痕，并有淡黄色横长皮孔。根头略膨大，可见轮状排列的暗绿色叶柄残基、叶柄痕及密集的疣状突起。质实而脆、折断面略平坦，皮部淡棕色，木部黄色。气微，味微甜而后苦涩。

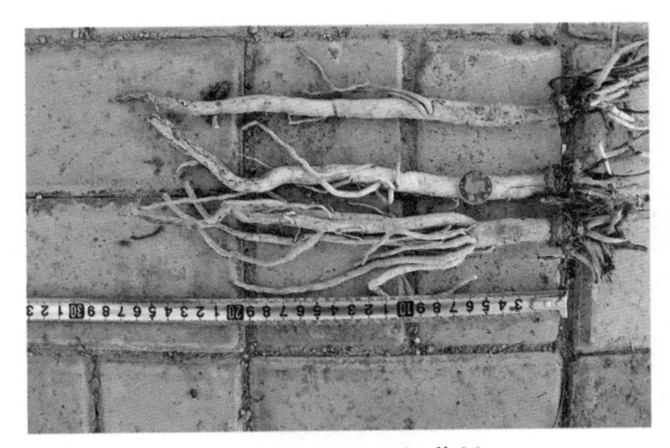

图 9-1-3　板蓝根药材

2. 大青叶

多皱缩成不规则的团块状，有的已破碎仅剩基部叶柄，大小不一，呈暗绿色。完整的叶片长椭圆形至长圆状倒披针形，长 4 ～ 11 cm，宽 1 ～ 3 cm，全缘或微波状，先端钝尖，基部狭窄与叶柄合成翼状。叶脉于背面较明显；叶柄长 5 ～ 7 cm，背面稍凸，略呈槽状，基部略膨大。质脆、易碎。气微，味微酸、苦、涩。

第二节　麻　黄

麻黄为常用中药材。始载于《神农本草经》。应用历史悠久，具有发汗散寒，宣肺平喘，利水消肿的功能，为医家治疗感冒咳喘常用之品。本品为麻黄科植物草麻黄、中麻黄或木贼麻黄的草质茎。草麻黄主要分布于内蒙古、新疆、甘肃、山西、辽宁、吉林、宁夏等地；中麻黄主要分布于新疆、内蒙古、青海、山西、甘肃、陕西、河北等地；木贼麻黄分布于山西、河北、甘肃、青海、内蒙古、新疆等地，多为野生。

一、植株形态特征

草本状灌木，高 20 ～ 40 cm；木质茎短或成匍匐状，小枝直伸或微曲，表面细纵槽纹常不明显，节间长 2.5 ～ 5.5 cm，多为 3 ～ 4 cm，径约 2 mm。叶 2 裂，鞘占全长 1/3 ～ 2/3，裂片锐三角形，先端急尖。

雄球花多成复穗状，常具总梗，苞片通常 4 对，雄蕊 7 ～ 8，花丝合生，稀先端稍分离；雌球花单生，在幼枝上顶生，在老枝上腋生，常在成熟过程中基部有梗抽出，使雌球花呈侧枝顶生状，卵圆形或矩圆状卵圆形，苞片 4 对，下部 3 对合生部分占 1/4 ～ 1/3，最上一对合生部分达 1/2 以上；雌花 2，胚珠的珠被管长 1 毫米或稍长，直立或先端微弯，管口隙裂窄长，约占全长的 1/4 ～ 1/2，裂口边缘不整齐，常被少数毛茸。

雌球花成熟时肉质红色，矩圆状卵圆形或近于圆球形，长约 8 mm，径 6 ～ 7 mm；种子通常 2 粒，包于苞片内，不露出或与苞片等长，黑红色或灰褐色，三角状卵圆形或宽卵圆形，长 5 ～ 6 mm，径 2.5 ～ 3.5 mm，表面具细皱纹，种脐明显，半圆形。花期 5—6 月，种子 8—9 月成熟。

二、生长习性

麻黄主要生长于我国中温带、温暖带的干旱荒漠、草原及山地区域。从海拔 150 m 的吐鲁番盆地至海拔 4 500 m 的青藏高原，均有生长。具有喜光、耐干旱、耐盐碱、抗严寒的特性。适应性强，对土壤要求不严，干燥的沙漠、高山、低山、平原等地均能生长。

三、栽培技术

（一）繁殖技术

1. 种子繁殖

多采用平畦播种育苗。选用成熟饱满的种子，春季 4 月开始播种。

整地施肥：麻黄种植在土层深厚、排水良好、富含养分的中性砂壤土最好。并在播前要深翻整地，深翻以 40 cm 为宜，达到深、细、平、实、匀。同时要结合整地施足基肥，一般亩施腐熟的农家肥 5 000 kg 以上，标准氮肥 40 ～ 45 kg，磷酸二氢钾 45 kg。

条播：开 5 cm 深的沟，行距 30 ～ 40 cm，将种子均匀地播在沟中，细土覆盖，镇压后，小水浇灌。点播：穴距 30 cm，每穴播种 20 粒左右，覆土 3 ～ 5 cm，镇压和小水浇灌。种子发芽率一般为 60% ～ 80%，7 ～ 15 d 出苗。出苗后不需间苗，应注意松土、除草。秋天或翌年春天即可移栽。

2. 分株繁殖

秋季或春季解冻后，将成年植株挖出，根据株丛大小分成 5 ～ 10 个单株，按行株距各 30 cm 开沟、栽种、覆土至根芽，将周围土压实后浇水，要精心管理，促进正常生长发育。

（二）田间管理技术

麻黄草是多年生植物，常伴生有许多杂草与麻黄争水争肥，这对麻黄的产量和含碱量影响极大，因此要结合中耕及时除草，每年松土 3 ～ 5 次，结合松土清除杂草 3 ～ 5 次。

（三）病虫害防治

1. 立枯病

麻黄播前土壤用硫酸亚铁每亩 15 kg 浇灌消毒，幼苗出齐后，要立即喷施或灌施放线菌酮福美双、百菌清 2787、苯菌灵、抗枯宁或代森锰锌等毛菌剂。隔两周后再喷施一次，以后是否再施用，看幼苗染病情况而定。同时，易发病地要控制灌水量和灌水次数，尽量不要在地下水位高或阴湿地育苗。

2. 猝倒病

麻黄猝倒病喷施百维灵、氨丙灵、地茂散等均有效，病情初发期喷施一次，两周后再喷施一次。如病情蔓延面积较大，每 5 天喷施一次。

3. 蚜　虫

麻黄蚜虫发生期及时用杀虫药交替使用防治，可喷施 50% 杀螟松 1 000 ～ 2 000 倍液或 40% 氧化乐果乳油 1 000 ～ 1 500 倍液，或 20% 速灭杀了乳油 4 000 ～ 5 000 倍液，或灭蚜松、抗蚜威等杀虫剂，喷药间隔一周后再连续喷施一两次，可消灭虫害发生蔓延。

4. 菟丝子

麻黄是强阳性植物，所以要坚决杜绝杂草的发生，对只有零星片状菟丝子寄生的麻黄地可以将寄附有菟丝子的宿株用镰刀割掉或连根拔除，如果有大片菟丝子出现为害时可用除草剂消灭。

四、收获与加工

以 9 月采收为最佳。此时茎心充实，髓内呈黄棕色或棕红色，有黄色粉状物，生物碱含量高。过早收割，则质嫩、茎空无粉，过迟因受霜冻而色变红，影响质量。采收后去净沙土拣出杂草，置于通风干燥处晾干，不宜长久日晒或露天堆放，以免褪色发黄，影响质量或发霉变质。

五、药材形状

草麻黄：茎枝细长圆柱形，少分枝，直径 1 ～ 2 mm，有的带少量木质茎。表面呈淡绿色至黄绿色，具细纵脊棱，节明显，节间长 2 ～ 6 cm，膜质鳞叶 3 ～ 4 mm；裂片 2（稀 3），锐三角形，先端灰白色，反曲，基部膜合成筒状，红棕色。体轻，易折断，断面略呈纤维状，周边黄色，髓部红棕色，近圆形。气微香，味微苦涩。

中麻黄：茎长圆柱形，多分枝，直径 1.5 ～ 3 mm，有的带较多的木质茎，节间长 2.5 ～ 3 cm，表面绿黄色或黄色，细纵棱较明显，触之有粗糙感。膜质鳞下部 1/3 合成鞘状或几木合生，上部 3 裂（稀 2 裂），裂片锐三角形，先端微反卷。断面髓部常三角状圆形。

木贼麻黄：茎细圆柱形，多分枝，直径 1 ～ 1.5 mm，常带灰棕黑长木质茎；节间长 1.5 ～ 3 cm。表面灰绿色或暗黄绿色，细纵棱不明显，触之无粗糙感；膜质叶下部的 2/3 合生成鞘状，基部常成棕色，上部 2 裂（稀 3 裂），裂片三角形。

麻黄根：麻黄根为草麻黄、中麻黄的干燥根及根茎。味甘性平。归心、肺经。具有止汗功能，用于自汗、盗汗。性状：呈圆柱形，略弯曲，长 8 ～ 25 cm，直径 0.5 ～ 1.5 cm。表面红棕色或灰棕色，有纵皱纹及支根痕。外皮粗糙，易成片状剥落。根茎具节，节间长 0.7 ～ 2 cm，表面有横长皮孔。体轻，质硬而脆，断面皮部黄白色，木质淡黄色或黄色，射线放射状，中部有髓。无臭、味微苦。

第三节　益母草

益母草为唇形科植物益母草干燥地上全草，全国各地均产，多为野生。同属植物大花益母草，亦可药用。其种子亦作药用，名为茺蔚子，别名益母草子、坤草子、小胡麻。近年来京津、河北等地有小规模种植。

一、植株形态特征

益母草（图 9-3-1）是一年生或二年生草本，于其上有密生须根的主根。

茎：茎直立，通常高 30 ～ 120 cm，钝四棱形，微具槽，有倒向糙伏毛，在节及棱上尤为密集，在基部有时近于无毛，多分枝，或仅于茎中部以上有能育的小枝条。

叶：叶轮廓变化很大，茎下部叶轮廓为卵形，基部宽楔形，掌状 3 裂，裂片呈长圆状菱形至卵圆形，通常长 2.5 ～ 6 cm，宽 1.5 ～ 4 cm，裂片上再分裂，上面绿色，有糙伏毛，叶脉稍下陷，下面淡绿色，被疏柔毛及腺点，叶脉突出，叶柄纤细，长 2 ～ 3 cm，由于叶基下延而在上部略具翅，腹面具槽，背面圆形，被糙伏毛；茎中部叶轮廓为菱形，

图 9-3-1　益母草形态

较小，通常分裂成3个或偶有多个长圆状线形的裂片，基部狭楔形，叶柄长0.5～2 cm。

花：花序最上部的苞叶近于无柄，线形或线状披针形，长3～12 cm，宽2～8 mm，全缘或具稀少牙齿。轮伞花序腋生，具8～15花，轮廓为圆球形，径2～2.5 cm，多数远离而组成长穗状花序；小苞片刺状，向上伸出，基部略弯曲，比萼筒短，长约5 mm，有贴生的微柔毛；花梗无。

二、生长习性

益母草喜温暖湿润气候，喜阳光，一般栽培农作物的平原及坡地均可生长，以较肥沃的土壤为佳，需要充足水分条件，但不宜积水，怕涝。

三、栽培技术

（一）繁殖技术

益母草分早熟益母草和冬性益母草，一般均采用种子繁殖，以直播方法种植，育苗移栽者亦有，但产量较低，仅为直播的60%，故多不采用。

1. 备种

选当年发芽率一般在80%以上的籽种。穴播者每亩一般备种400～450 g，条播者每亩备种500～600 g。

2. 整地

播种前整地，每亩施堆肥或腐熟厩肥1 500～2 000 kg作底肥，施后耕翻，耙细整平。条播者整130 cm宽的高畦，穴播者可不整畦，但均要根据地势，因地制宜地开好大小排水沟。

3. 播种

早熟益母草秋播、春播、夏播均可，冬性益母草必须秋播。春播以雨水至惊蛰期间（2月下旬至3月上旬）为宜；北方为利用夏季休闲地种植，采用夏播，在芒种收麦以后种植，产量不高；低温地区多采取秋播，以秋分至寒露期间（9月下旬至10月上旬）土壤湿润时最好。秋播播种期的选择，直接关系到产品的产量和质量，过早，易受蚜虫侵害；过迟，则受气温低和土壤干燥等影响，当年不能发芽，翌年春分至清明才能发芽，且发芽不整齐，多不能抽薹开花。

播种分条播、穴播和撒播。平原地区多采用条播，坡地多采用穴播，撒播管理不方便，多不采用。播种前，将种子混入火灰或细土杂肥，再用人畜粪尿拌种，湿度以能够散开为度，一般每亩用火灰或土杂肥250～300 kg、人畜粪尿35～40 kg。条播者，在畦内开横沟，沟心距约25 cm，播幅10 cm左右，深4～7 cm，沟底要平，播前在沟中施人畜粪尿 2 500 ～ 3 000 kg 然后将种子灰均匀撒入，不必盖土。穴播者，按穴行距各约 25 cm 开穴，穴直径 10 cm 左右，深 3 ～ 7 cm，穴底要平，先在穴内亩施 1 000 ～ 1 200 kg 人畜粪尿后，再均匀撒入种子灰，不必盖土。

（二）田间管理

1. 间苗补苗

苗高 5 cm 左右开始间苗，以后陆续进行 2 ～ 3 次，当苗高 15 ～ 20 cm 时定苗。条播者采取错株留苗，株距在 10 cm 左右；穴播者每穴留苗 2 ～ 3 株。间苗时发现缺苗，要及时移栽补植。

2. 中耕除草

春播者，中耕除草 3 次，分别在苗高 5 cm、15 cm、30 cm 左右时进行；夏播者，按植株生长情况适时进行；秋播者，在当年以幼苗长出 3 ～ 4 片真叶时进行第一次中耕除草，翌年再中耕除草三次，方法与春播相同。中耕除草时，耕翻不要过深，以免伤根；幼苗期中耕，要保护好幼苗，防止被土块压迫，更不可碰伤苗茎；最后一次中耕后，要培土护根。

3. 追肥浇水

每次中耕除草后，要追肥一次，以施氮肥为佳，用尿素、硫酸铵、饼肥或人畜粪尿均可，追肥时要注意浇水，切忌肥料过浓，以免伤苗。尤其是在施饼肥时，强调打碎后，用水腐熟透加水稀释后再施用。雨季雨水集中时，要防止积水，应注意适时排水。

（三）病虫害防治

1. 病害

多见白粉病、锈病和菌核病。

（1）白粉病

发生在谷雨至立夏期间，春末夏初时易出现，为害叶及茎部，叶片变黄退绿，生有白色粉状物，重者可致叶片枯萎。可用可湿性甲基托布津 50% 粉剂 1 000 ～ 1 200 倍液或 80 单位庆丰霉素连续喷洒 2 ～ 4 次。除治白粉病应早期动手，发生初期要防治 1 次，病发旺期连续防治 2 ～ 3 次。

（2）锈　病

多发生在清明至芒种期间（4—5 月），为害叶片。发病后，叶背出现赤褐色突起，叶面生有黄色斑点，导致全叶卷缩枯萎脱落。发病初期喷洒 300 ～ 400 倍敌锈纳液或 0.2 ～ 0.3 度玻美石硫合剂，以后每隔 7 ～ 10 d，连续再喷 2 ～ 3 次。

（3）菌核病

是为害益母草较严重的病害。整个生长期内 均会发生，春播者在谷雨至立夏期间、秋播者在霜降至立冬期间病害发生严重，多因多雨、气候潮湿而致。染病后，其基部出现白色斑点，继而皮层腐烂，病部有白色丝绢状菌丝，幼苗染病时，患部腐烂死亡，若在抽茎期染病，表皮脱落，内部呈纤维状直至植株死亡。

防治方法：一是在选地时就多加重视，坚持水旱地轮作，以跟禾本作物轮作为宜；二是在发现病毒侵蚀时，及时铲除病土，并撒生石灰粉，同时喷洒600倍65%代森锌可湿性粉剂或波尔多液1∶1∶300的溶液。

2. 虫害

有蚜虫、地老虎等。

（1）蚜　虫

较为严重，为害植株，常致其萎缩死亡。防治方法：一是适时播种，避开害虫生长期，减轻蚜虫为害。二是发生后，用烟草石灰水1 ∶ 1 ∶ 10溶液或2 000倍40%乐果乳油液喷杀。

（2）地老虎

为害幼苗，易造成缺株短苗。防治方法：可采取堆草透杀、早晨捕杀的办法，同时还可用毒饵毒杀。

此外，益母草园地还会发生红蜘蛛、蛴螬等害虫，但不严重，以常规办法除治即可。再就是兽害，即在幼苗期间，常有野兔吃食，可在田间抹石灰或作草人布障惊骇或猎捕，防止幼苗被毁。

四、收获加工

收获：益母草全草和籽种茺蔚子均为药材，因此收获时要以生产品种的目的而决定收获日期。

以生产全草为目的，应在枝叶生长旺盛、每株开花达三分之二时收获。秋播者约在芒种前后（5月下旬至6月中旬）；春播者约在小暑至大暑期间（7月中旬）；夏播者以不同播种期，在花开三分之二时，适时收获。收获时，在晴天露水干后时，齐地割取地上部分。

以生产籽种茺蔚子为目的，则应待全株花谢，果实完全成熟后收获。鉴于果实成熟易脱落，收割后应立即在田间脱粒，及时集装，以免散失减产，也可在田间置打籽桶或大簸箩，将割下的全草放入，进行拍打，使易落部分的果实落下，株粒分开后，分别运回。

加工：益母草收割后，及时晒干或烘干，在干燥过程中避免堆积和雨淋受潮，以防其发酵或叶片变黄，影响质量。茺蔚子在田间初步脱粒后，将植株运至晒场放置3～5 d后进一步干燥，再翻打脱粒，筛去叶片粗渣，晒干，风扬干净即可。

五、贮藏保管

益母草应贮藏于防潮、防压、干燥处，以免受潮发霉变黑和防止受压破碎造成损失，且贮存期不宜过长，过长易变色。

茺蔚子应贮藏在干燥阴凉处，防止受潮、虫蛀和鼠害。

第十章　花类药用植物栽培技术

第一节　款冬花

款冬（学名：*Tussilago farfara* L.），别名冬花、蜂斗菜或款冬蒲公英，属于菊科款冬属植物。性味辛温，具有润肺下气，化痰止嗽的作用。在《本经》中记载：对“寒束肺经之饮邪喘、嗽最宜”。气味虽温，润而不燥，则温热之邪，郁于肺经而不得疏泄者，亦能治之。故外感内伤、寒热虚实的咳嗽，皆可应用。特别是肺虚久咳不止，最为适用。款冬花系菊科款冬属植物款冬（*Tussilago farfara* L.）的花蕾，通常在10月下旬至12月下旬花尚未出土时采挖。

一、植株形态特征

多年生草本，高10～25 cm。基生叶广心脏形或卵形，长7～15 cm，宽8～10 cm，先端钝，边缘呈波状疏锯齿，锯齿先端往往带红色。基部心形成圆形，质较厚，上面平滑，暗绿色，下面密生白色毛；掌状网脉，主脉5～9条；叶柄长8～20 cm，半圆形；近基部的叶脉和叶柄带红色，并有毛茸。花茎长5～10 cm，具毛茸，小叶10余片，互生，叶片长椭圆形至三角形。头状花序顶生；总苞片1～2层，苞片20～30，质薄，呈椭圆形，具毛茸；舌状花在周围一轮，鲜黄色，单性，花冠先端凹，雌蕊1，子房下位，花柱长，柱头2裂；筒状花两性，先端5裂，裂片披针状，雄蕊5，花药连合，雌蕊1，花柱细长，柱头球状。瘦果长椭圆形，具纵棱，冠毛淡黄色。花期2—3月。果期4月。款冬幼苗见图10-1-1。

图10-1-1　款冬幼苗

二、生态习性

款冬喜冷凉潮湿环境，耐严寒，忌高温干旱，在气温9℃以上就能出苗，气温在15～25℃时生长良好，超过35℃时，茎叶萎蔫，甚至会大量死亡。冬、春气温在9～12℃时，花蕾即可出土盛开。喜湿润的环境，怕干旱和积水。在半阴半阳的环境和表土疏松、肥沃、通气性好湿润的壤土中生长良好。忌连作，根据对款冬花连作试验研究表明，连作土中的款冬花长势较弱，植株矮小，根系不发达，在生长后期（8月以后），易患病害。同样的田间管理，连作款冬花的单株结花数明显降低。款冬宜与玉米、马铃薯等轮作，能很好地克服其连作障碍。适宜款冬生长的土壤肥沃，有机质含量高，土层疏松。

三、栽培技术

（一）选地与整地

栽培宜选择半阴半阳、湿润、腐殖质丰富的微酸性沙质壤土，以既能浇水又便于排水的地块最为合适。栽培地选好后，每亩施入腐熟的农家肥2 500～3 500 kg，加过磷酸钙50 kg翻入土中作基肥。深翻、整细、耙平后作畦，宽1.3 m、高20 cm，畦四周开好排水沟。

（二）繁殖方法

1. 无性繁殖

在早春土壤解冻后立即采挖收集根茎，栽植方法依据不同条件，可平栽、畦栽，也可垄栽、穴栽、沟栽。栽植行距30 cm左右，沟（穴）深5～6 cm，栽植密度以沟内根茎小节首尾相距3～5 cm为宜。育苗移栽时，应保证每穴1株。垄下栽培时，垄宽30 cm、垄距30 cm、垄高10 cm。垄下栽植两行，有利于灌水。特别是垄上土壤，经中耕锄草等活动逐渐壅至垄下款冬根茎处，减少花蕾暴露，有利于提高质量。根茎栽培应在早春，秋季采收花蕾，将根茎收集起来掩埋土中越冬，以备春用。

2. 种子直播

每年4月采集当年成熟的种子，晒干。在有灌溉条件或遇连阴雨的时候，方可考虑种子直播。由于款冬籽小苗弱，直播时一定要有遮阴植物和遮阴措施。遮阴植物可选用黄豆、荞麦等，将款冬种子与遮阴植物种子均匀撒在新翻平整后的地表，然后用短齿耙横竖浅耙2～3遍。遮阴植物宜稀疏，黄豆、荞麦等每亩用种1～2 kg为宜。播后地表还须撒少许小麦等作物秸秆，既保持地表潮湿，有利于种子发芽，又可为刚出土的幼苗遮阴。直播时每亩用种（带伞毛）50～100 g，撒种时应和一定量的细砂或细土，以保证撒种的均匀。

3. 温室育苗移栽

苗床要求水肥充足，地面平整。塑膜温棚应选择避风向阳处，面积可大可小，以小棚 1.5 m × 3.0 m、高 1.5 m，大棚 3.0 m × 9.0 m、高 2.0 m 为宜。撒种后用过筛细土覆盖 0.5 cm 左右，扣棚要严密，棚内温度保持在 25 ～ 35℃，相对湿度 50% 以上。播后 1 周内出苗，出苗 3 ～ 4 d 后，应及时放风，以防止烧苗。在苗高 5 ～ 10 cm、5 片叶以上时，于 7 月雨季到来后移栽于大田之中。

（三）田间管理

1. 间　苗

4 月底至 5 月初，待幼苗出齐后，看出苗情况适当间苗，留壮去弱，留大去小，按 15 cm 左右定苗。

2. 中耕除草

于 4 月上旬出苗展叶后，结合补苗，进行第 1 次中耕除草，因此时苗根生长缓慢，应浅松土，避免伤根；第 2 次在 6—7 月，苗叶已出齐，根系亦生长发育良好，中耕可适当加深；第 3 次在 9 月上旬，此时地上茎叶已逐渐停止生长，花芽开始分化，田间应保持无杂草，避免养分消耗。

图 10-1-2　款冬中耕培土

图 10-1-3　叶片过密

3. 追肥培土

款冬花前期不追肥，以免生长过旺、易患病害。后期应加强追肥管理，一般在 9 月上旬，每亩施土粪 1 000 kg 左右，9 月下旬至 10 月上旬每亩施氮肥 15 kg、磷肥 7.5 kg。无论追施土肥和化肥都应和除草松土配合进行，追肥后结合松土（图 10-1-2），一面覆盖肥料，一面向根旁培土，以保持肥效，提高产量。

4. 灌排水

款冬花既怕旱又怕涝。春季干旱，应连续浇水 2 ～ 3 次保证全苗。雨季到来之前做好排水准备，防止涝淹。

5. 剪叶通风

款冬花 6—8 月为盛叶期，叶片过于茂密，会造成通风透光不良而影响花芽分化和导致病虫为害，尤其是在和高粱、玉米间作时，叶片过密（图 10-1-3）不易通风透光。

这时可用剪刀从叶柄基部把枯黄的叶片或刚刚发病的烂叶剪掉，清理重叠的叶子，以利于通风透光。剪叶时切勿用手掰扯，避免伤害植株基部。

（四）病虫害防治

1. 锈　病

7 月易感染锈病。病叶上出现明显的锈病孢子，呈褐色，边缘紫红色，严重时，叶子背面上密布成片锈斑，叶片穿孔，逐渐萎蔫枯死。于 6 月用 15% 粉锈宁 1 500 倍液和 70% 的甲基托布津 800 倍液等药剂预防。发病后可拔掉病残株，堆放一处干后烧掉，并可再次用以上药剂治疗。

2. 叶枯病

雨季发病严重。病斑由叶缘向内扩展，严重时可危及叶柄，形成黑褐色、不规则的大斑，致使叶片发脆干枯，最后萎蔫而死。发现后应及时剪除病叶，集中烧毁深埋。并可用 10% 多氧霉素 1 000 ～ 2 000 倍液或 50% 的扑海因 1 000 ～ 1 500 倍液等药剂防治。

3. 褐斑病

为害叶片。夏季发病重，叶片上的病斑呈圆形或近圆形，直径 5 ～ 20 mm，中央褐色，边缘紫红色，有褐色小点。防治方法：收获后清园，消灭病残株；发病前或发病初期用 1∶1∶120 波尔多液或 65% 可湿性代森锌 500 倍液喷雾，7 ～ 10 d 1 次，连续数次。

4. 虫　害

分地下和地上两种。地下虫主要为蝼蛄，为害根茎，容易造成缺苗断垄，可用 2.5% 美曲膦酯粉剂 1 kg 拌细土 15 kg，在整地时翻入土壤，进行防虫。地上害虫偶见一些食叶性软体虫或甲壳虫，使用菊酯类杀虫剂均有效果，亩喷施量按商用农药说明。使用农药应首选生物制剂，尽量减少残留。

四、收获与加工

（一）采　收

于栽种的当年冬季前后，当花蕾尚未出土，苞片呈紫红色时采收。过早，因花蕾还在土内或贴近地面生长，不易寻找；过迟，花蕾已出土开放，质量降低。采时，从茎基上连花梗一起摘下花蕾，放入竹筐内，不能重压，不要水洗，否则花蕾干后变黑，影响药材质量。

（二）加　工

花蕾采后立即薄摊于通风干燥处晾干，经 3 ～ 4 d，水汽干后，取出筛去泥土，除净花梗，再晾至全干即成。遇阴雨天气，用木炭或无烟煤以文火烘干，温度控制在

40 ～ 50 ℃。烘时，花蕾摊放不宜太厚，约 5 ～ 7 cm 即可，时间也不宜太长，而且要少翻动，以免破损外层苞片，影响药材质量。

五、贮藏与运输

（一）贮　藏

款冬花蕾贮存时宜箱不宜袋，纸箱的规格为 35 cm × 25 cm × 15 cm，分 3 层，每层用纸板隔开，防止贮存和搬动时振动擦压。由于款冬花蕾易吸水返潮，春末夏初应在纸箱外加套防潮膜或活性炭以保持干燥。夏秋季贮存应勤检查，发现问题及时复晒，防止霉变和虫蛀。此外本品药味芳香走窜，贮存时应用专库，不与其他物品混置，以免相互串味，且贮存库房应干燥通风，温度控制在 15 ～ 20 ℃，相对湿度为 20% ～ 30%。

（二）运　输

运输工具或容器应清洁、干燥、无异味、无污染。药材批量运输时，与其他有毒、有害、易串味物品混装。运输中应保持干燥，防晒、防潮、防雨淋。

第二节　金银花

金银花又名双花、忍冬花等，为忍冬科忍冬属植物，为常用中药，以未开放的花蕾和藤叶入药。具有清热解毒，散风消肿的功能，主治风热感冒、咽喉肿痛、肺炎、痢疾、痛肿疮疡、丹毒、蜂窝组织炎等症。以忍冬藤作药用，有清热解毒、通经活络之功效。主治湿病发热、关节疼痛、痈肿疮疡、荨麻疹、腮腺炎、细菌性痢疾等症。主产地有山东、河南等省。

一、植株形态特征

金银花属忍冬科忍冬属多年生灌木。茎细、中空、多分枝，幼枝密生短柔毛，绿色或棕色。叶对生，卵形或长卵形，全缘、密被短柔毛。花成对腋生，初开时银白色，2、3 日后变金黄色，气清香、长 3 ～ 5 cm；花柄基部有叶状绿色苞片 2 枚，花萼短小，浅绿色，5 裂，裂片三角形，有毛，花冠筒状，先端唇形，上唇 3 裂向上反卷；花冠筒细长，密被柔毛。雄蕊 5 枚，黄色。雌蕊 1 枚，花柱细长与雄蕊均伸出花冠筒外。子房下位，无毛，近圆球形。浆果圆球形，直径 3 ～ 4 mm，成熟黑色。

红腺忍冬为多年生攀援灌木，叶卵形至卵状矩圆形，叶下面密生微毛，并杂有桔红色腺毛。花冠长 3.5 ～ 4.5 cm，浆果，熟后黑色。

山银花为多年生藤本，枝黄褐色，渐次变白色。叶卵圆形至椭圆形，主脉有短疏毛，下面密生白短柔毛。雄蕊 5，雌蕊 1，花柱线状，秃净。浆果，熟后黑色。

毛花柱忍冬为多年生藤本，花柱或多或少有毛。

二、生长习性

金银花适应性很强，喜阳、耐阴，耐寒性强，也耐干旱和水湿，对土壤要求不严，但以湿润、肥沃的深厚沙质壤上生长最佳，每年春夏两次发梢。根系繁密发达，萌蘖性强，茎蔓着地即能生根。喜阳光和温和、湿润的环境，生活力强，适应性广，耐寒，耐旱，在荫蔽处，生长不良。生于山坡灌丛或疏林中、乱石堆、山足路旁及村庄篱笆边，海拔最高达 1 500 m。

三、栽培技术

（一）繁殖技术

金银花有种子繁殖法和扦插繁殖法。

1. 种子繁殖

秋季种子成熟时采集成熟的果实，置清水中揉搓，漂去果皮及杂质，捞出沉入水底的饱满种子，晾干贮藏备用。秋季可随来随种。如果第二年春播，可用砂藏法处理种子越冬，春季开冻后再插。在苗床上开行距用厘米宽的沟，将种子均匀撒入沟内，盖 3 cm 厚的土，压实，10 d 左右出苗。苗期要加强田间管理，当年秋季或第二年春季幼苗可定植于生产田。每亩播种量约 1 ～ 1.5 kg。

2. 扦插繁殖

金银花藤茎生长季节均可进行扦插繁殖。但一般多在立秋后（7—8 月）的雨季，因立秋后土地较凉，埋在地里一段插条不易发霉，成活率高达 90% 以上。选择藤茎生长旺盛的枝条，截成长 30 cm 左右插条，每根至少具有 3 个节位，摘下叶片，将下端切成斜口，扎成小把，用植物激素 IAA 500 mg/kg 浸泡一下插口，趁鲜进行纤插。株行距 150 cm × 150 cm，挖穴，每穴扦的插 3 ～ 5 根，地上留 1/3 的茎，至少有一个芽露在土面，踩紧压实，浇透水，1 个月左右即可生根发芽。也可将插条先育成苗子，然后再移栽大田。

（二）金银花田间栽培管理技术

1. 锄草和施肥

金银花繁殖后，在其生长期间，应根据杂草的生长情况，每年锄草 3 ～ 5 次，每丛并需酌量施用厩肥或堆肥 10 ～ 15 kg。

2. 修整地堰和培土

松土培土的目的是使土壤松疏，保护花丛的基部不受伤害，使其多生根，多发枝条。松土培土每年春秋可各进行 1 次，春季在惊蛰前，秋季在秋末到上冻前。松土培土可以和春耕、冬耕或春秋修整地堰结合起来进行。

3. 整形与修剪

剪枝是在秋季落叶后到春季发芽前进行，一般是旺枝轻剪，弱枝强剪，枝枝都剪，剪枝时要注意新枝长出后要有利通风透光。对细弱枝、枯老枝、基生枝等全部剪掉，对肥水条件差的地块剪枝要重些，株龄老化的剪去老枝，促发新枝。幼龄植株以培养株型为主，要轻剪，山岭地块栽植的一般留 4 ～ 5 个主干枝，平原地块要留 1 ～ 2 个主干枝，主干要剪去顶稍，使其增粗直立。

整形是结合剪枝进行的，原则上是以肥水管理为基础，整体促进，充分利用空间，增加枝叶量，使株型更加合理，并且能明显地增花高产。剪枝后的开花时间相对集中，便于采收加工，一般剪后能使枝条直立，去掉细弱枝与基生枝有利于新花的形成。摘花后再剪，剪后追施一次速效氮肥，浇一次水，促使下茬花早发，这样一年可收 4 次花，平均每亩可产干花 150 ～ 200 kg。

（三）病虫害防治

1. 病　害

忍冬病害较少，一般有以下几种。

（1）忍冬褐斑病

主要为害叶片。7—8 月多雨季节发病严重。防治方法：结合冬季剪枝，清除病枝落叶，集中烧毁或深埋，以减少病菌来源。6 月下旬开始，用（1∶1）～（5∶300）的波尔多液或 50% 退菌特可湿性粉剂 600 ～ 800 倍液喷雾，每 15 ～ 20 d 喷 1 次，连续 2 ～ 3 次。

（2）白绢病

主要为害茎部。高温多雨季节易发生，幼花墩发病率低，老花墩发病率高。

防治方法：春季扒土晾根，刮治根部，用波尔多液浇灌，并用五氯酚钠拌土敷根部；病株周围开深 30 cm 的沟，以防蔓延。

（3）白粉病

主要为害新梢和嫩枝。防治方法：施有机肥，提高抗病力；加强修剪，改善通风透光条件；结合冬季剪修，尽量剪除带病芽。早春鳞片绽裂，叶片未展开时，喷波美 0.1 ～ 0.2 度石硫合剂。

2. 虫　害

（1）蚜　虫

一般在 4 ～ 5 月阴雨天气繁殖迅速，主要为害叶片、嫩枝及花蕾，使叶片、花蕾卷缩，生长停止，造成减产。防治方法：用 40% 乐果乳剂 200 倍液，7 天喷 1 次，连续 2 次，可基本消灭。

（2）金银花尺蠖

为害叶片，严重时将叶片全部吃光，如连续 3 年发生，则使整株死亡。防治方法：通过剪枝清除基部枝条及枯叶，清理蛹越冬场所。发生时用 500 ～ 1 000 倍固体敌百虫液，每 5 ～ 10 d 喷 1 次，连续 2 次。采花时 8 ～ 10 d 停止用药。

（3）咖啡虎天牛和中华锯天牛

为蛀杆性害虫。咖啡虎天牛，为害严重。据调查，平邑县郑城乡 10 年以上花墩被害率达 95%；中华锯天牛仅在局部地区为害。以幼虫和成虫越冬，幼虫为害干枝后粪便排入蛀孔，将蛀孔堵塞，特别坚硬。农药防治一般不能奏效。近年试用大田放天牛肿腿蜂，寄生于咖啡虎天牛的幼虫、蛹上，取得较好效果。大田放寄生蜂最适宜气温在 25 ～ 300℃，以晴天小风为宜。7—8 月放蜂，寄生率可达 70%，一次放蜂，虫口率减少 75% 以上，肿腿蜂的越冬存活率为 80% 左右。

（4）红蜘蛛

早春到初夏均有发生，繁殖率高、发生快，为害性大。轻者减产，重者无收。防治方法：早春用波美 0.1 ～ 0.2 度石硫合剂、40% 乐果 2 000 倍液喷杀，7 天 1 次，连续 2 次。喷时及时、连续、不漏墩、不漏枝。

（5）柳木蠹蛾和豹纹木蠹虫

幼虫蛀食茎部和茎秆，被害后植株长势衰落，不孕花蕾，连续几年被害则整株死亡。10 年以上花墩被害率可达 35% ～ 60%。防治方法：结合剪枝、除去枯老枝、过密枝。7 月下旬至 8 月下旬用 40% 氧化乐果乳油 1 500 倍加 0.3% 的煤油喷施。

四、收获与加工

金银花开始采花的时期，是在每年 4—5 月（山东、河南多是 5 月、6 月），花针刚开出来到开放 15 d 左右时间。这时期如气温高，开放要早几天，气温低开放要晚几天。一般以花针由青变白，上部膨胀，花蕾未开放时，是采花适宜时期。花针发青未长足和花针开放后采摘，均会降低产量和质量。据经验，金银花因为开放程度不同，约可分为大白花、二白花、三白花三种。大白花是即将开放的花朵，遇见这样的花朵，应立即采摘。二白花是第二天就要开放的花朵，也就是采收时期最适宜的花朵。三白花是比较幼嫩的花朵，遇到这种花，应再等一天，使其变成二白花时再采收。一般适宜采摘的鲜花，每 4 kg

可晒 1 kg 干花。如全时开放的鲜花需 7 ～ 8 kg 才晒 1 kg 干花（山东金银花一年收 2 次，头次花 5 月、6 月收，2 次花 7 月收）。每亩约可采收干金银花 40 kg。采摘金银花应在晴天早上进行，将采摘的鲜品按质优次分别放置，分别晾晒，做到及时采摘，及时晾晒。晾晒时要找干燥太阳直射的地方，将采摘的鲜花薄薄地铺在晒垫上或簸箕内，或者干燥细沙地和石板上，厚度以似露不露地面（或晒垫）为合适。如太阳强烈可厚一些，以免晒黑花针。最好是当天晒干，这样花针的色泽好。但须注意摊好后未到八九成干不能翻动，否则会使花变黑，降低质量。金银花的水分，不容易一次彻底晒干，一般晒过第 1 次后，经过 3 d 左右的时间，须再晒 1 次。复晒的时间，有半天至 1 d 就行。

五、药材形状

忍冬：花蕾呈长棒状，多弯曲，长 2 ～ 3.5 cm，直径 1.5 ～ 3 mm。表面淡黄白色绿白色，密生短柔毛，偶见叶状苞片。花萼绿色，先端 5 裂，裂片有毛，长约 2 mm。开放花冠筒状，先端二唇形，雄蕊 5，附于筒壁，黄色，雌蕊 1，子房无毛，花柱和雄蕊长于花瓣。气清香，味淡微苦。

红腺忍冬（又叫腺叶忍冬）：花营长棒状，长 3 ～ 5 cm，直径 1 ～ 2 mm。表面黄白色至黄棕色，无毛或疏被毛。萼筒无毛，先端 5 裂，裂片长三角形，被毛。开花香，花冠下唇反转，花柱无毛。

山银花（又名华南忍冬）：花冠长 1.6 ～ 3.5 cm，直径 0.8 ～ 2 mm，萼筒和花冠被白色毛。子房无毛。

毛花柱忍冬：花冠长 2.5 ～ 4 cm，直径 1 ～ 2.5 mm。表面淡黄色微带紫色，无毛。花萼裂片短三角形。开放者花冠上唇常不整齐，花柱下部多密被长柔毛。

第三节　草红花

草红花为菊科红花属植物红花（*Carthamustinctorius* L.），以花入药。为妇科药，具有活血化瘀、消肿止痛的功能，主治痛经闭经，子宫瘀血，跌打损伤等症。红花除药用外，还是一种天然色素和染料。种子中含有 20% ～ 30% 的红花油，是一种重要的工业原料及保健用油。红花主产于河南、浙江、四川、河北、新疆、安徽等地，全国各地均有栽培。

一、植物特性

一年生草本，高 30 ～ 100 cm，全株光滑无毛。茎直立，上部有分枝。叶互生，叶抱茎无叶柄，长椭圆形或卵状极针形，长 4 ～ 9 cm，宽 1 ～ 3. 5 cm，先端尖，基部渐窄，边缘不规则的锐锯齿，齿端有刺；上部叶渐小，成苞片状，围绕头状花序。夏季开花，头状花序顶生，直径 3 ～ 4 cm；总苞近球形，总苞片多列，外侧 2 ～ 3 列按外形，上部边缘有不等长锐刺；内侧数列卵形，边缘为白色透明膜质，无刺；最内列为条形，鳞片状透明薄膜质，有香气，先端 5 深裂，裂片条形，初开放时为黄色，渐变淡红色，成熟时变成深红色；雄蕊 5，合生成管状，位于花冠上；子房下位，花柱细长，丝状，柱头 2 裂，裂片舌状。瘦果类白色，卵形，无冠毛。

二、生长习性

红花喜温暖和稍干燥的气候，耐寒，耐旱，适应性强，怕高温，怕涝。红花为长日照植物，生长后期如有较长的日照，能促进开花结果，可获高产。红花对土壤要求不严，但以排水良好、肥沃的砂壤土为好。

三、栽培技术

（一）选地整地

选择肥沃的排水良好的砂壤土。前茬作物以玉米、薯类、水稻为好。作物收后马上翻地 18 ～ 25 cm 深，整细耙碎，施底肥每公顷 2 500 ～ 3 000 kg，隔数日后再犁耙一次，播种前再耙一次，使土壤细碎疏松。做畦，便于排水。

（二）繁殖方法

1. 采种选种

栽培红花，应当建立留种地。收获前，将生长正常，株高适中，分枝多，花朵大，花色橘红，早熟及无病害的植株选为种株。待种于完全成熟后即可采收。播种之前，须用筛子精选种子，选出大粒，饱满，色白的种子播种。

2. 播　种

北方以春播为主。清明过后即可播种，行距 40 cm，株距 25 cm 挖穴，穴探 2 ～ 4 cm，然后每穴放 2 ～ 3 粒种子，踩实，耧平浇水。亩用种量 3 ～ 4 kg。播后盖土 3 cm 左右。

（三）田间管理

1. 间苗补苗

红花播后 7 ～ 10 d 出苗，当幼苗长出 2 ～ 3 片真叶时进行第一次间苗，去掉弱苗，第二次间苗即定苗，每穴留 1 ～ 2 株，缺苗处选择阴雨天补苗。

2. 中耕除草

一般进行三次，第一、二次与间苗同时进行，除松表土，深 3 ～ 6 cm，第三次在植株郁闭之前进行，结合培土。

3. 追　肥

追三次肥，在两次间苗后进行，每公顷施人畜粪水 6 000 ～ 11 250 kg，第二次追肥每公顷应加入硫酸铵 150 kg，第三次在植株郁闭、现蕾前进行，每公顷增施过磷酸钙 225 kg。

4. 摘　心

第三次中耕追肥后，可以适当摘心，促使多分枝，蕾多花大。

5. 排水灌溉

红花耐旱怕涝，一般不需浇水，幼苗期和现蕾期如遇干旱天气，要注意浇水，可使花蕾增多，花序增大，产量提高。雨季必须及时排水。

（四）病虫害防治

1. 根腐病

5 月初，开花前后，如遇阴雨天气，发生尤其严重。先是侧根变黑色，逐渐扩展到主根，主根发病后，根部腐烂，全株枯死。

防治方法：发现病株要及时拔除烧掉，防止传染给周围植株，在病株穴中撒一些生石灰消毒，用 50% 的托布津 1 000 倍液浇灌病株。

2. 钻心虫

钻心虫对花序为害极大，一旦有虫钻进花序中，花朵死亡，严重影响产量。

防治方法：在现蕾期应用除虫菊酯叶面喷雾 2 ～ 3 次，把钻心虫杀死。

3. 蚜　虫

用吡虫啉或啶虫脒即可有效防治蚜虫。

四、采收加工

一般红花 6 月开花，北方 8 月采收结束，进入盛花期后，应及时采收红花。红花满身有刺，给花的采收工作带来麻烦，可穿厚的牛仔衣服进田间采收，也可在清晨露水未干时采收，此时的刺变软，有利于采收工作，一般每亩可采收红花 20 ～ 30 kg。红花籽成熟后收获保存，一般每亩收获红花籽 150 ～ 200 kg。

采回的红花，放阴凉处阴干，也可用文火焙干，温度控制在 45℃以下，未干时不能堆放，以免发霉变质。

第十一章　果实类药用植物栽培技术

第一节　枸　杞

宁夏枸杞（*Lycium barbarum* L.）为茄科多年生灌木。以干燥成熟果实入药，药材名枸杞子。性平味甘，有滋补肝肾、益精明目的功能。主治肝肾阴虚，精血不足，腰膝酸痛，视力减退，头晕目眩等症。随着科技和中药事业的发展，枸杞的化学成分已研究清楚，并分离得到了枸杞多糖（LBP）、黄酮类、生物碱类、萜类、甾醇以及莨菪类等多种化合物。枸杞子主产于宁夏，内蒙古和新疆也大量引种。

一、植株形态特征

宁夏枸杞是落叶灌木，株高 1 ～ 2 m。树皮幼时灰白色，光滑；老时深褐色，条状纵裂。茎上部分枝细长，果枝顶端通常弯曲下垂或斜生，刺状枝短而细生于叶腋，长 1 ～ 4 cm。叶在长枝下半部的常 2 ～ 3 枚簇生，形大；在长枝顶端或短枝上互生，形小，狭披针形或长椭圆状披针形，全缘，长 2 ～ 8 cm，宽 0.5 ～ 3 cm。花单生或 2 ～ 8 朵簇生于叶腋，花冠粉红色或淡紫红色，漏斗状，先端 5 裂，裂片卵形，向后反卷。雄蕊 5，花丝不等长着生于花冠筒中部。雌蕊上位子房，2 室。果实为肉质浆果，两心皮发育形成的真果，红色，果形长椭圆状顶端有短尖或平截，具棱，果表皮附蜡质，皮内肉质，果长 8 ～ 24 mm，直径 5 ～ 12 mm，熟时红色或橘红色，内含种子 20 ～ 25 粒，种子扁肾形，黄白色。花期 5—9 月，果期 6—10 月。枸杞花及鲜果形态见图 11–1–1、图 11–1–12。

二、生物学特性

（一）对环境条件的要求

枸杞为长日照植物，全年日照时数 2 600 ～ 3 100 h，强阳性树种，忌荫蔽。通风透光是枸杞高产的重要因素之一。耐寒，耐旱，耐瘠薄，喜湿润，怕涝，土壤含水量保持在 18% ～ 22% 为宜。植株在 35° ～ 45° N，年平均气温在 5.4 ～ 12.7℃，年有效积温在

图 11-1-1　枸杞花

图 11-1-2　枸杞鲜果

（≥ 10℃）2 900 ～ 3 500℃，降水量 110 ～ 180 mm 的范围均适宜生长。秋季降霜后地上部停止生长。能在 -30℃的低温下安全越冬。花能经受微霜而不致受害。植株生长和分枝孕蕾期需较高的气温，一般 12 ～ 22℃较为适宜，气温达 25℃以上时叶片开始脱落。果熟期以 20 ～ 25℃为最适。

枸杞对土壤盐分的要求不严，在土壤含钙量高、有机质少、含盐量 0.3% 以上、pH 8.5 以上的砂壤、轻壤土和插花白僵土上均能栽植。以中性偏碱富含有机质的壤土最为适宜。

（二）生长发育

枸杞为浅根系植物，主根由种子的胚芽发育而成，所以只有由实生苗发育的植株才有发达的主根，而扦插苗发育的植株无明显的主根，只有侧根和须根。根系密集区分布在地表 20 ～ 40 cm 处。在开春后土层处温度达到 0℃时，枸杞根系开始活动。气温达 6℃以上时，冬芽开始萌动。花芽在 1 年生和 2 年生的长枝及在其上分生的短枝上，均有分化。枸杞是连续花果植物，花期 5—9 月，从开花到果实成熟 35 d 左右。果期 6—10 月。根据果粒色泽的明显变化和发育过程中体积与重量的增长关系，可划分为 4 个时期。

果实形成期：自开花到花冠谢落，即开花、传粉、受精、坐果，约 4 d。

青果期：子房由浅绿色变为绿色，果粒露出花萼，继续伸长，逐渐肥大，至果粒出，现色为止，历时 15 d 左右。

色变期：果实继续发育，果色由绿→淡黄绿→黄绿→红黄→黄红色。历时 10 d 左右。

成熟期：果实一面肥大，一面成熟。成熟最显著的标志是果粒鲜红和明亮。当果色由黄红色变为鲜红色时，果粒横径迅速肥大，果面逐渐发亮，果蒂疏松，果粒软化，甜度适宜时即为完全成熟。

（三）种子的生活力

每果含种子 20 ～ 50 粒，肾形，扁压，棕黄色，长 2 ～ 3 mm，保存年限在 4 年以内均可使用，其中以果实形式保存的种子发芽率为 91%、发芽势为 77%，直接保存的种子发芽率为 86%、发芽势为 69%。

（四）植株的生长周期

植株生命年限 30 年以上，根据其生长可分为 3 个生长龄期。幼龄期：树龄 4 年以内，此期年株高生长量为 20 ～ 30 cm，基颈增粗 0.7 ～ 1 cm，树冠增幅 20 ～ 40 cm。壮龄期：树龄 5 ～ 20 年，此期植株的营养生长与生殖生长同时进行，为树体扩张及大量结果期。老龄期：株龄 20 年以上，此期生长势逐渐减弱，结果量减少，生产价值降低，一般生产中要进行更新。

三、栽培技术

（一）品　种

目前生产中主栽品种为“宁杞 1 号”，个别老产区仍有大麻叶品种。

1. 宁杞 1 号

宁夏农林科学院枸杞研究所 1987 年培育成功。该品种叶色深绿，老枝叶披针形，新枝叶条状披针形，叶长 4.65 ～ 8.60 cm，叶宽 1.23 ～ 2.80 cm，当年生枝灰白色，多年生枝灰褐色。果实红色，果身具 4 ～ 5 条纵棱，果形柱状，顶端有短尖或平截；鲜果千粒重 476 ～ 572 g。

2. 大麻叶

宁夏枸杞传统品种。该品种叶色深绿，质地厚，老枝叶条状披针形，新枝叶卵状披针形或椭圆状披针形，叶长 6 ～ 9 cm，宽 1.5 ～ 2 cm，叶面微向叶背反卷，当年生枝青灰色，多年生枝灰褐色或灰白色，果实红色，先端具一短尖，果身棒状而略方；鲜果千粒重 450 ～ 510 g。

（二）繁殖方法

目前生产中多采用无性繁殖，可保持优良的遗传性状。

1. 硬枝扦插育苗

3 月下旬—4 月上旬进行。

春季树液流动至萌芽前采集树冠中、上部着生的 1 ～ 2 年生的徒长枝和中间枝，粗度为 0.5 ～ 0.8 cm，截成 15 ～ 18 cm 长的插条，上端留好饱满芽，经生根剂处理后按宽窄行距 40 cm 和 20 cm，株距 10 cm 插入苗圃踏实，地上部留 1 cm 外露一个饱满芽，上面覆一层细土。待幼苗长至 15 cm 以上时灌第一水。苗高 20 cm 以上时，选一健壮枝作主干，将其余萌生的枝条剪除。苗高 40 cm 以上时剪顶，促发侧枝。次年出圃。

2. 绿枝扦插育苗

5—6 月进行。

（1）苗床准备

苗床施充分腐熟厩肥，深翻 25 cm，育苗前，细耙整平，铺 3 ～ 5 cm 厚细砂作成宽 1.0 ～ 1.5m，长 4 ～ 10 m 的苗床并消毒处理。

（2）扦插方法

选择直径在 0.3 ～ 0.4 cm 粗的春发半木质化嫩茎，切取 10 cm 长，去除下部 1/2 的叶片，同时保证上部留有 2 ～ 3 片叶的嫩茎作为扦插穗，生根剂处理，随切随插。按 3 cm × 10 cm 的行株距插入土 3 cm，插后立即浇足水分。

（3）苗床管理

扦插后，育苗期间要保持苗床土壤湿润，浇水宜用喷淋。苗高 40 cm 以上时剪顶，促发侧枝。次年出圃。

3. 分株繁育（根蘖苗）

在枸杞树冠下，由水平根的不定芽萌发形成植株，待苗高生长至 50 cm 时，剪顶促发侧枝，当年秋季即可起苗。此苗多带有一段母根，呈“丁”字形。

（三）田间管理

1. 自然半圆树型培养

成型标准：株高 1.5 m 左右，树冠 1.6 m，单株结果枝 200 条左右，年产干果量 1 kg 左右。

第一年定干剪顶。栽植的苗木萌芽后，将主干上距根茎 30 cm 内的萌芽剪除，30 cm 以上选留生长不同方向的侧枝 3 ～ 5 条间距 3 ～ 5 cm 作为骨干枝（第一冠层），视苗木主干粗细及侧枝分布于株高 40 ～ 50 cm 处定干剪顶。

第二、三年培养基层。在上年选留的主、侧枝上培育结果枝组，5 月下旬—7 月下旬，每间隔 15 d 剪除主干上的萌条，选留和短截主枝上的中间枝促发结果枝，扩大充实树冠。此期株高 1.2 m 左右，冠幅 1.3 m 左右，单株结果枝 100 条左右，稳固的基层树冠已形成。

第四年放顶成型。在树冠中心部位选留 2 条生长直立的中间枝，呈对称状，枝距 10 cm，于 30 cm 处短截后分生侧枝，形成上层树冠。同时对树冠下层的结果枝要逐年剪旧留新充实树冠、树冠骨架稳固，结果层次分明，由此半圆树型形成。

2. 整形修剪

春季修剪于4月下旬—5月上旬，主要是抹芽剪干枝。沿树冠由下而上将植株根茎、主干、膛内、冠顶（需偏冠补正的萌芽、枝条除外）所萌发和抽生的新芽、嫩枝抹掉或剪除，同时剪除冠层结果枝梢部的风干枝。夏季修剪于5月中旬至7月上旬，剪除徒长枝，短截中间枝，摘心二次枝。沿树冠自下而上，由里向外，剪除植株根茎、主干、膛内、冠顶处萌发的徒长枝，每15 d修剪一次，对树冠上层萌发的中间枝，将直立强壮者隔枝剪除或留20 cm打顶或短截，对树冠中层萌发的斜生或平展生长的中间枝于枝长25 cm处短截。6月中旬以后，对短截枝条所萌发的二次枝有斜生者于20 cm时摘心，促发分枝结秋果。秋季修剪于9月下旬至10月上旬，剪除植株冠层着生的徒长枝。

3. 土、肥、水管理

（1）土壤耕作

3月下旬—4月上旬，浅耕，行间深浅一致。中耕除草，5—8月中旬各一次。翻晒园地，9月中旬至10月上旬，翻晒均匀不漏翻，树冠下作业不伤根茎。

（2）施　肥

农家肥必须腐熟，适量地使用化肥。9月下旬 -10月中旬施基肥。将饼肥，腐熟的厩肥或枸杞专用肥，沿树冠外缘开沟将定量的肥料施入沟内与土拌匀后封沟，略高于地面。4月中旬—6月上旬进行追肥。追施枸杞专用肥，株施纯氮0.059 kg、纯磷0.040 kg、纯钾0.024 kg，沿树冠外缘开沟深施定量的肥料与土拌匀后封沟。5—7月叶面喷肥，每月各两次，枸杞专用营养液肥。

（3）灌　溉

适宜生长的土壤含水量18%～22%。每年4月下旬至5月上旬正值枸杞树体大量萌芽，需进行灌溉，亩进水量为70 m^3；5—6月生育高峰期土壤0～30 cm土层含水低于18%时及时灌水，亩进水量50 m^3；7—8月采果期是枸杞需水关键期，一般每15 d灌水一次，亩进水量50 m^3；9月上旬灌白露水，亩进水量60 m^3；11月上旬灌冬水，亩进水量70 m^3，每次灌水不得漫灌、串灌，低洼地不能积水。年灌水量控制在每亩350 m^3之内。

（四）病虫害防治

宁夏枸杞因其叶、枝梢鲜嫩，果汁甘甜，常遭受20多种病虫害为害，防治工作中优先采用农业防治措施：统一清园，将树冠下部及沟渠路边的枯枝落叶及时清除销毁，早春土壤浅耕、中耕除草、挖坑施肥、灌水封闭和秋季翻晒园地，均能杀灭土层中羽化虫体，降低虫口密度。

四、留种技术

（一）选　种

6—10 月枸杞收获期间，选择 3 ～ 5 年树龄、无病、无虫口、健壮、具本栽培类型特性的枸杞植株作母树。

（二）保　种

对选定的母树，在春季树液流动至萌芽前，采集树冠中、上部着生的无破皮、无虫害的一年生壮枝。采条粗度 0.5 ～ 0.8 cm，上下留好饱满芽，截成 15 ～ 18 cm 长的插条，100 ～ 200 根为一捆，砂藏。

留种母树的数量可按次年计划繁育数量的 10∶1 的比例进行安排。

五、采收与加工

（一）鲜果采收

果实膨大后果皮红色、发亮、果蒂松时即可采摘。春果：9 ～ 10 d 采一蓬；夏果：5 ～ 6 d 采一蓬；秋果：10 ～ 12 d 采一蓬最为适宜。枸杞鲜果为浆果，且皮薄多汁。为防止压破，同时也为了采摘方便，采摘所用的果筐不宜过大，容量以 10 ± 3 kg 为宜。

（二）产地加工

枸杞鲜果含水量 78% ～ 82%，必须经过脱水制干后方能成为成品枸杞子。

1. 传统的鲜果制干方式

多采用日光晒干的方式，将采收后的鲜果均匀地摊在架空的竹帘或芦席上，厚 2 ～ 3 cm，进行晾晒，晴朗天气需 5 ～ 6 d，脱水后果实含水量 13%左右。晒枸杞时要注意卫生，烟灰、尘土飞扬的场所，牲畜棚旁等均不宜晒枸杞。

2. 现代工艺热风烘干方法

冷浸。将采收后的鲜果经冷浸液（食用植物油、氢氧化钾、碳酸钾、乙醇、水配制成，起破坏鲜果表面的蜡质层的作用）处理 1 ～ 2 min 后均匀摊在果栈上，厚 2 ～ 3 cm，送入烘道。

烘干。将热风炉中，烘道内鲜果在 45 ～ 65 ℃递变的流动热风作用下，经过 55 ～ 60 h 的脱水过程，果实含水达到 13% 以下时，即可出道。

脱把（脱果柄）。干燥后的果实，装入布袋中来回轻揉数次，使果柄与果实分离，倒出用风车扬去果柄或采用机械脱果柄即可。

（三）分　级

脱把后的果实，经人工选果去杂（拣除青果、破皮果、黑色变质果及其他杂质），使用国家标准分级筛，手工分级或机械分级。标准如下。

特优：280 粒 /50 g；特级：370 粒 /50 g；

甲级：580 粒 /50 g；乙级：980 粒 /50 g。

（四）质量检测

所生产的枸杞子均需进行药效和安全性分析：检测枸杞的主要有效成分含量、农药残留、重金属［As（砷）、Cd（镉）、Pb（铅）、Hg（汞）］含量和细菌总数以及 SO_2。产品符合国标 GB/T 18672—2002 枸杞（枸杞子）的标准，并由质检部门负责出具检测分析报告，使生产的枸杞质量达到“真实、有效、稳定、可控”。

六、贮藏与运输

（一）贮　藏

分级后的枸杞子如不马上出售，包装后或放在密封的聚乙烯塑料袋中，置于干燥、清洁、阴凉、通风、无异味的专用仓库中贮藏。有条件的采用低温冷藏法，温度控制在 5℃以下。同时应防止仓储害虫及老鼠的为害，并定期检查。

（二）运　输

运输工具或容器要清洁、整齐、干燥、防潮、防晒，并尽可能地缩短运输时间。同时不应与其他有毒、有害、易串味物品混装混运。

第二节　沙　棘

沙棘为胡颓子科植物沙棘的干燥成熟果实。其味酸、涩、性温，归脾、胃、肺、心经，具有健脾消食，止咳祛痰，活血散瘀的功效，主要用于脾虚食少，食积腹痛，咳嗽痰多，胸痹心痛，瘀血经闭，跌扑瘀肿等症，属药食两用药材。

一、植株形态特征

落叶灌木或乔木，高 1.5 m，生长在高山沟谷中可达 18 m，棘刺较多，粗壮，顶生或侧生；嫩枝褐绿色，密被银白色而带褐色鳞片或有时具白色星状柔毛，老枝灰黑色，粗糙；芽大，金黄色或锈色。单叶通常近对生，与枝条着生相似，纸质，狭披针形或矩圆状披针形，长 30 ～ 80 mm，宽 4 ～ 10（～ 13 ）mm，两端钝形或基部近圆形，基部最宽，上面绿色，初被白色盾形毛或星状柔毛，下面银白色或淡白色，被鳞片，无星状毛；叶柄极短，几无或长 1 ～ 1.5 mm。果实圆球形，直径 4 ～ 6 mm，橙黄色或桔红色；果梗长 1 ～ 2.5 mm ；种子小，阔椭圆形至卵形，有时稍扁，长 3 ～ 4.2 mm，黑色或紫黑色，具光泽。花期 4—5 月，果期 9—10 月。

二、生物学特性

沙棘喜光，耐寒，耐酷热，耐风沙及干旱气候。对土壤适应性强。

沙棘是阳性树种，喜光照，在疏林下可以生长，但对郁闭度大的林区不能适应。沙棘对于土壤的要求不很严格，但不喜过于粘重的土壤。沙棘对降水有一定的要求，一般应在年降水量 400 mm 以上，如果降水量不足 400 mm，但属河漫滩地、丘陵沟谷等地亦可生长，但不喜积水。沙棘对温度要求不很严格，极端最低温度可达 -50℃，极端最高温度可达 50℃，年日照时数 1 500 ～ 3 300 h。沙棘极耐干旱，极耐贫瘠，极耐冷热，为植物之最。

三、栽培技术

（一）育　苗

1. 播种育苗法

选种：播前要精选种子，选择新鲜、无病虫害的沙棘种子。

播种期：但以春季为宜。春季在土层 5 cm 深处温度达 9 ～ 10℃时，沙棘种子就可以发芽，以土温 14 ～ 16℃时播种最为适宜。

播种量：一般播种量 60 kg/hm^2，可产成苗 82.5 万株 /hm^2 左右，播种量以 52.5 ～ 67.5 kg/hm^2 为宜。

种子催芽：沙棘播种前应做好浸种催芽。催芽时先用 0.5% 的高锰酸钾水溶液消毒 2 h，然后用 40 ～ 60℃的温水浸泡 1 ～ 2 昼夜捞出，按 1 ∶ 3 的比例混入湿沙，堆放在背风向阳处，覆盖增温保持一定温度，播前 5 ～ 6 d 每天翻动 1 次，经过 10 ～ 15 d 当 30% ～ 40% 的种子裂嘴时即可播种。

播种方法：为利于苗木生长和便于管理，沙棘应采取大行距、宽播幅播种，一般播种行距 20 ～ 25 cm，播幅宽 10 ～ 15 cm，沟底要平，将种子均匀地撒入播幅内，覆细沙土 2.0 ～ 2.5 cm，稍加镇压，使种子与土壤接触。春季播种后要经常喷水以保证湿度，约 5 ～ 7 d 即可大部分出土，15 d 以后可出齐全苗。

2. 扦插方法

扦插方法有嫩枝扦插和硬枝扦插。

嫩枝扦插：在 6 月至 8 月选择生长、结果好的母树采条。条长 12 cm 至多厘米，粗 0.5 ～ 1 cm，只带顶叶其他叶片摘除，浸入 ABT 生根粉后插入塑料大棚或温室内，遮阴管理。当苗高 15 ～ 20 cm，炼苗 7 ～ 10 d 后移入苗圃地假植管理，秋天或明春进行定植。

硬枝扦插：在早春选当年生健壮、无病虫害、完全木质化的插条，插条长 15 ～ 20 cm，粗 0.5 ～ 1 cm，保持 3 ～ 4 个饱满芽，剪后扎成捆，浸泡 24 ～ 48 h，只浸根部 3 ～ 4 cm。为了促进生根可用 ABT1 号生态平衡根粉 50 ～ 100 mg/kg，浸泡 10 ～ 24 h，浸后立即扦插，床温保持 25 ～ 28℃，浇透水以保持床土湿润，苗高 15 ～ 20 cm，炼苗 7 ～ 10 d 移入苗圃地或定植地培育。

（二）定　植

1. 沙棘品种选择

选择果实大，单粒重 0.5 g 以上，产量高，平均单株产量 2 kg 以上，无刺或软刺的大果沙棘扦插苗。

2. 定植密度

以产果为目的的沙棘园，树冠较大的沙棘品种，株行距可采用 2 m × 4 m，每亩定植 83 株；以采条为目的的采穗圃，可采用 1 m × 3 m，每亩定植 220 株。

3. 沙棘雌雄株配置

一般雌雄株比例以 8 : 1 为宜。

（三）田间管理

1. 水肥管理

大果沙棘产量高，灌水和施肥对大果沙棘的产量作用十分明显。一般磷肥 75 ~ 105 kg/hm^2，穴施 0.05 ～ 0.06 kg。施肥结合春季灌水进行。

2. 中耕管理

中耕深度为 4 ～ 5 cm，以不伤沙棘的水平根系为原则，既可清除杂草，还可疏松地表土层，提高土壤透气性。注意中耕不能过深，否则，将影响水平根的正常发育，严重时还会诱发干缩病。

3. 树形修剪

沙棘栽植第二年，定干高度为0.3 m，为保持树势平衡，可做适当修剪。保留萌发的三根大枝作骨干枝，疏除过多枝条。当沙棘进入结果期后，每年都在萌动前修剪，先剪去枯枝、病虫枝，在进行疏枝，清除徒长枝、过密枝。

（四）病虫害防治

1. 病　害

（1）沙棘干枯病

病症：沙棘干枯病是一种苗圃和沙棘林均可发生的病害。幼苗发病其症状首先是叶片发黄，苗茎干枯，最后导致整株死亡。沙棘林或种植园内沙棘植株发病，症状表现是树干或枝条树皮上出现许多细小的枯色突起物和纵向黑色凹痕，叶片脱落，枝干枯死。发病原因，一种情况是感染了真菌或镰刀菌，并且因土壤含氮素相对过多，树株生长快，组织疏松，有利于病原菌繁殖；另一种情况是外界养分、水分，通气条件不良，造成生理失调，导致沙棘干枯。造成沙棘干枯，后一种原因居多。

防治方法：主要是加强抚育管理，增施磷、钾肥料，抑制病原菌的活性。在苗期发生时，可用60%～75%可湿性代森锌500～1 000倍液，在雨季前每隔10～15 d喷洒一次，连续2～4次。还可用50%可湿性多菌灵粉剂的300～400倍液，每隔10～15 d，连续喷洒2～3次。种植园栽培的沙棘，在行间间种禾本科牧草，也可减少干枯病的发生。

（2）沙棘叶斑病

病症：沙棘叶斑病是一种苗期病害，发病初期，叶片上有3～4个圆形病斑，随后病斑逐渐扩大，叶片干枯并脱落。

防治方法：一般用50%可湿性退菌特粉剂800～1 000倍液，每隔10～15 d喷一次，连续2～3次效果显著。

（3）沙棘锈病

病症：沙棘锈病是一种苗期病害，为害1～3年生沙棘苗。发生时间多在6—8月。被害苗木症状是大量叶片发黄、干枯、植株矮化，叶片上的病斑呈圆形或近圆形，多数汇合。发病初期病斑处轻微退绿，后变为褐色、锈色或暗褐色。

防治方法：沙棘锈病主要是预防，在苗期6月每隔15～20 d喷一次波尔多液，连续2～3次，可以减少沙棘锈病的发生。

2. 虫　害

（1）沙棘木蠹蛾

沙棘木蠹蛾以幼虫为害沙棘枝干和根部。初期幼虫常十几头至几十头群集树干，为害树皮，钻入树干内部，后期转移到根部蛀食。严重时沙棘根部被蛀空，致使植株逐渐腐朽干枯死亡。沙棘木蠹蛾是内蒙古地区对沙棘为害最大的害虫之一。特别是在干旱年份或干旱的立地条件下为害尤为严重。沙棘木蠹蛾生活周期长，幼虫发育期也长。一般 4 年发生一代，跨 5 个年度，龄期达 13 龄，虫体增长幅度大。每年 6 月老熟幼虫钻出虫道，在附近土壤内结茧化蛹。6 月末 7 月初开始羽化，7 月中旬达到盛期，在虫道口与树皮伤疤处产卵，卵成块状。10 月上旬以幼虫形式在沙棘树干或根部的虫道内越冬。该虫在取食期，幼虫有从虫道向树干外排泄出木屑的习性，比较易发现和识别。

防治方法：到目前为止，对沙棘木蠹蛾的防治，还没有较理想的方法。多数情况下是结合砍取薪材，择伐感虫植株，或全面平茬，除虫复壮。在种植园内，如有大量发生，可利用沙棘木蠹蛾有较强的趋光性，设置黑光灯诱杀。

（2）红缘天牛

红缘天牛是内蒙古地区对沙棘为害极为严重的蛀干害虫。红缘天牛 2 年发生 1 代，跨 3 个年度，幼虫共 5 龄，世代发育整齐，每 2 年出现一次成虫。幼虫在树干的虫道中越冬。成虫 5 月中、下旬羽化交尾产卵。其卵多产在沙棘主干或粗度 2 cm 以上的侧枝基部的树皮缝及伤疤处。红缘天牛对沙棘的为害有选择性，主要为害树龄 3 年生以上的生长不良的沙棘。健壮的沙棘对该虫有一种自我保护反应，沙棘可在幼虫入侵部位分泌一种胶性泡沫，粘住幼虫，使难以进入木质部。沙棘长势越旺，分泌物越多。

防治方法：主要是择伐感虫植株，最好是连根桩清除。伐除时间应在春季红缘天牛产卵后，沙棘萌动前进行。平茬深度沿地表切根，或深入地表 5 cm 左右。伐除后及时将带虫沙棘运走，清除虫源。另外，红缘天牛有两种寄生蜂天敌，一是齿姬蜂，二是蛀姬蜂。这两种姬蜂都是红缘天牛的。被寄生的幼虫，其组织营养被消耗，直到残骸。

（3）桑白介壳虫

桑白介壳虫发生时，幼虫成群固定在沙棘枝干上，吸食汁液，使树势衰退，甚至萎缩干枯死亡。在沙棘枝干有密集的白色蜡状小点，就是桑白介壳虫雌虫的介壳。棉絮状物即是雄虫的介壳。雌介壳近圆形，长 2 ～ 2.5 mm，背部隆起呈伞形，介壳上有一个黄褐色隆起的壳点。壳下雌虫呈卵圆形，橙红色，体长约 1 mm。雄成虫介壳白色，长约 1 mm，长筒形，壳点橙黄色。幼虫扁椭圆形，长约 0.3 mm，六足爬行。桑白介壳虫 1 年发生 2 代，以受精雌虫在枝干上越冬，5 月在介壳下产卵并孵化。7 月幼虫变成虫，产卵孵化，8 月中下旬出现第二代幼虫，分散于树枝为害。9 月出现第二代成虫，10 月开始受精成虫在沙棘枝干上越冬。

防治方法：可用 50% 的对硫磷乳剂，80% 的敌敌畏乳剂，90% 的敌百虫晶体的 1 000 ～ 2 000 倍液，分三次喷杀。第一次在 5 月中旬雌成虫产卵时，此时虫体膨大，介壳边缘发生裂缝，药剂易从裂缝处渗入。第二次在幼虫大量出壳时喷杀。第二次在 8 月下旬第二代幼虫大量出现时喷杀。连续三次可收到良好的防治效果。另外，在冬季结合修剪，剪掉雌虫密集的枝条，在种植园内也是一种常用的防治方法。

（4）舞毒蛾

舞毒蛾为杂食性食叶害虫，为害沙棘和多种树木。大量发生时树叶可全部被食光，发生范围遍及沙棘主要分布区。1986 年内蒙古林科院保护室在凉城县调查时发现，大面积的沙棘林树叶和嫩枝被舞毒蛾吃光，远远望去，整个林分形如火烧。舞毒蛾的生活史为一年 1 代，以卵越冬。卵多产在树叉、土块、石块下面。春季在沙棘放叶时卵孵化为幼虫，营养期 2 个月。初龄幼虫虫体较长，常吐丝下垂，借风力扩大为害，龄期 4 ～ 5 龄。7 月间幼虫在树干、树皮缝、枝叉处化蛹，8 月羽化产卵，卵块上有褐色茸毛覆盖。

防治方法：舞毒蛾大量发生时，可用 50% 的对硫磷乳剂 1 500 ～ 2 000 倍液，90% 晶体敌百虫 500 ～ 1 000 倍液喷雾防治。在沙棘种植园内，还可以利用舞毒蛾白天下树潜伏的习性，在树干上涂毒环。卵期用煤油沥青（2 ∶ 1）的混合物涂抹卵块。

（5）黄褐天幕毛虫

黄褐天幕毛虫在沙棘林内发生极为普遍，取食树叶，严重时吃光树叶，树势减退，造成大量落果。黄褐天幕毛虫又称“顶针虫”“春粘虫”。其生活史为一年一代，以卵越冬。4 月下旬孵化为幼虫。幼龄幼虫在树叉上吐丝结网，形成天幕，白天在天幕内群栖，夜晚出来取食，老熟时开始分散，食量很大。6 月中旬在卷叶或两叶间结茧化蛹。7 月成虫羽化并交尾产卵，卵块常挂于树梢，灰白色，圆筒形，排成“顶针状”卵环。

防治方法：可在幼虫大发生时喷洒 90% 的敌百虫晶体 1 000 ～ 2 000 倍液。在种植园内，于秋季用人工剪除沙棘上的卵块，并予以烧除。

（6）沙棘实蝇

沙棘实蝇为害果实，是种植园内最危险的害虫，大发生时可使果实减产 90%，沙棘实蝇在我国被列为检疫害虫。沙棘实蝇一年发生一代，以蛹在表上层越冬，翌年 6 月至 8 月羽化。成虫蝇黑色，体长 4 ～ 5 mm，头部黄色，有一对透明的腹翅，卵稍发黄色。在果皮上产卵，卵期为一周，幼虫孵化后进入果实内，取食果肉。幼虫期 20 d 左右，老熟后到土壤表层以被膜作假茧，以蛹越冬。

防治方法：沙棘实蝇在种植园大发生时，可用乐果 60% 可湿性粉剂，配制成 4 000 ～ 6 000 倍液，50% 对硫磷 2 000 ～ 3 000 倍液，90% 晶体敌百虫的 1 000 ～ 2 000 倍液，用这三种药液喷雾防治幼虫及成虫均有效。

四、采收加工

（一）采　收

沙棘的单株产果量随各地区条件不同变幅很大，在盛果期间株产 2 ～ 5 kg。采收方法一般有两种。

1. 冻打采集

冬季沙棘果实冻结以后，选择冷天早晨，先将树冠下进行清理，然后铺放布单或塑料薄膜等，用竹竿或较轻的木棍敲打果枝，因果柄受冻后很易脱落，将果实震落收集。或先用 250 ～ 2 500 mg/L 的乙烯利喷洒结果枝，能使果实的附着力减弱 30% ～ 70%。

2. 剪枝采集

用镰刀或剪枝剪剪取附有果实的小枝，不剪大枝，以免沙棘资源遭到破坏，也可结合整枝、砍柴、平茬时采集。将果枝剪下收集起来，放在场院里，用木棍敲打果实，使果实脱落后收集起来即可。

（二）加　工

将采收的果实干燥或蒸后干燥即可。

附录篇

附录一　中药材生产质量管理规范（GAP）（试行）

第一章　总　则

第一条　为规范中药材生产，保证中药材质量，促进中药标准化、现代化，制订本规范。

第二条　本规范是中药材生产和质量管理的基本准则，适用于中药材生产企业（以下简称生产企业）生产中药材（含植物、动物药）的全过程。

第三条　生产企业应运用规范化管理和质量监控手段，保护野生药材资源和生态环境，坚持“最大持续产量”原则，实现资源的可持续利用。

第二章　产地生态环境

第四条　生产企业应按中药材产地适宜性优化原则，因地制宜，合理布局。

第五条　中药材产地的环境应符合国家相应标准：空气应符合大气环境质量二级标准；土壤应符合土壤质量二级标准；灌溉水应符合农田灌溉水质量标准；药用动物饮用水应符合生活饮用水质量标准。

第六条　药用动物养殖企业应满足动物种群对生态因子的需求及与生活、繁殖等相适应的条件。

第三章　种质和繁殖材料

第七条　对养殖、栽培或野生采集的药用动植物，应准确鉴定其物种，包括亚种、变种或品种，记录其中文名及学名。

第八条　种子、菌种和繁殖材料在生产、储运过程中应实行检验和检疫制度以保证质量和防止病虫害及杂草的传播；防止伪劣种子、菌种和繁殖材料的交易与传播。

第九条　应按动物习性进行药用动物的引种及驯化。捕捉和运输时应避免动物机体和精神损伤。引种动物必须严格检疫，并进行一定时间的隔离、观察。

第十条　加强中药材良种选育、配种工作，建立良种繁育基地，保护药用动植物种质资源。

第四章　栽培与养殖管理

第一节　药用植物栽培管理

第十一条　根据药用植物生长发育要求，确定栽培适宜区域，并制定相应的种植规程。

第十二条　根据药用植物的营养特点及土壤的供肥能力，确定施肥种类、时间和数量，施用肥料的种类以有机肥为主，根据不同药用植物物种生长发育的需要有限度地使用化学肥料。

第十三条　允许施用经充分腐熟达到无害化卫生标准的农家肥。禁止施用城市生活垃圾、工业垃圾及医院垃圾和粪便。

第十四条　根据药用植物不同生长发育时期的需水规律及气候条件、土壤水分状况，适时、合理灌溉和排水，保持土壤的良好通气条件。

第十五条　根据药用植物生长发育特性和不同的药用部位，加强田间管理，及时采取打顶、摘蕾、整枝修剪、覆盖遮荫等栽培措施，调控植株生长发育，提高药材产量，保持质量稳定。

第十六条　药用植物病虫害的防治应采取综合防治策略。如必须施用农药时，应按照《中华人民共和国农药管理条例》的规定，采用最小有效剂量并选用高效、低毒、低残留农药，以降低农药残留和重金属污染，保护生态环境。

第二节　药用动物养殖管理

第十七条　根据药用动物生存环境、食性、行为特点及对环境的适应能力等，确定相应的养殖方式和方法，制定相应的养殖规程和管理制度。

第十八条　根据药用动物的季节活动、昼夜活动规律及不同生长周期和生理特点，科学配制饲料，定时定量投喂。适时适量地补充精料、维生素、矿物质及其它必要的添加剂，不得添加激素、类激素等添加剂。饲料及添加剂应无污染。

第十九条　药用动物养殖应视季节、气温、通气等情况，确定给水的时间及次数。草食动物应尽可能通过多食青绿多汁的饲料补充水分。

第二十条　根据药用动物栖息、行为等特性，建造具有一定空间的固定场所及必要的安全设施。

第二十一条　养殖环境应保持清洁卫生，建立消毒制度，并选用适当消毒剂对动物的生活场所、设备等进行定期消毒。加强对进入养殖场所人员的管理。

第二十二条　药用动物的疫病防治，应以预防为主，定期接种疫苗。

第二十三条　合理划分养殖区，对群饲药用动物要有适当密度。发现患病动物，应及时隔离。传染病患动物应处死，火化或深埋。

第二十四条　根据养殖计划和育种需要，确定动物群的组成与结构，适时周转。

第二十五条　禁止将中毒、感染疫病的药用动物加工成中药材。

第五章　采收与初加工

第二十六条　野生或半野生药用动植物的采集应坚持“最大持续产量”原则，应有计划地进行野生抚育、轮采与封育，以利生物的繁衍与资源的更新。

第二十七条　根据产品质量及植物单位面积产量或动物养殖数量，并参考传统采收经验等因素确定适宜的采收时间（包括采收期、采收年限）和方法。

第二十八条　采收机械、器具应保持清洁、无污染，存放在无虫鼠害和禽畜的干燥场所。

第二十九条　采收及初加工过程中应尽可能排除非药用部分及异物，特别是杂草及有毒物质，剔除破损、腐烂变质的部分。

第三十条　药用部分采收后，经过拣选、清洗、切制或修整等适宜的加工，需干燥的应采用适宜的方法和技术迅速干燥，并控制温度和湿度，使中药材不受污染，有效成分不被破坏。

第三十一条　鲜用药材可采用冷藏、砂藏、罐贮、生物保鲜等适宜的保鲜方法，尽可能不使用保鲜剂和防腐剂。如必须使用时，应符合国家对食品添加剂的有关规定。

第三十二条　加工场地应清洁、通风，具有遮阳、防雨和防鼠、虫及禽畜的设施。

第三十三条　地道药材应按传统方法进行加工。如有改动，应提供充分试验数据，不得影响药材质量。

第六章　包装、运输与贮藏

第三十四条　包装前应检查并清除劣质品及异物。包装应按标准操作规程操作，并有批包装记录，其内容应包括品名、规格、产地、批号、重量、包装工号、包装日期等。

第三十五条　所使用的包装材料应是清洁、干燥、无污染、无破损，并符合药材质量要求。

第三十六条　在每件药材包装上，应注明品名、规格、产地、批号、包装日期、生产单位，并附有质量合格的标志。

第三十七条　易破碎的药材应使用坚固的箱盒包装；毒性、麻醉性、贵细药材应使用特殊包装，并应贴上相应的标记。

第三十八条　药材批量运输时，不应与其它有毒、有害、易串味物质混装。运载容器应具有较好的通气性，以保持干燥，并应有防潮措施。

第三十九条　药材仓库应通风、干燥、避光，必要时安装空调及除湿设备，并具有防鼠、虫、禽畜的措施。地面应整洁、无缝隙、易清洁。

药材应存放在货架上，与墙壁保持足够距离，防止虫蛀、霉变、腐烂、泛油等现象发生，并定期检查。在应用传统贮藏方法的同时，应注意选用现代贮藏保管新技术、新设备。

第七章　质量管理

第四十条　生产企业应设质量管理部门，负责中药材生产全过程的监督管理和质量监控，并应配备与药材生产规模、品种检验要求相适应的人员、场所、仪器和设备。

第四十一条　质量管理部门的主要职责：

（一）负责环境监测、卫生管理；

（二）负责生产资料、包装材料及药材的检验，并出具检验报告；

（三）负责制订培训计划，并监督实施；

（四）负责制订和管理质量文件，并对生产、包装、检验等各种原始记录进行管理。

第四十二条　药材包装前，质量检验部门应对每批药材，按中药材国家标准或经审核批准的中药材标准进行检验。检验项目应至少包括药材性状与鉴别、杂质、水分、灰分与酸不溶性灰分、浸出物、指标性成分或有效成分含量。农药残留量、重金属及微生物限度均应符合国家标准和有关规定。

第四十三条　检验报告应由检验人员、质量检验部门负责人签章。检验报告应存档。

第四十四条　不合格的中药材不得出场和销售。

第八章　人员和设备

第四十五条　生产企业的技术负责人应有药学或农学、畜牧学等相关专业的大专以上学历，并有药材生产实践经验。

第四十六条　质量管理部门负责人应有大专以上学历，并有药材质量管理经验。

第四十七条　从事中药材生产的人员均应具有基本的中药学、农学或畜牧学常识，并经生产技术、安全及卫生学知识培训。从事田间工作的人员应熟悉栽培技术，特别是农药的施用及防护技术；从事养殖的人员应熟悉养殖技术。

第四十八条　从事加工、包装、检验人员应定期进行健康检查，患有传染病、皮肤病或外伤性疾病等不得从事直接接触药材的工作。生产企业应配备专人负责环境卫生及个人卫生检查。

第四十九条　对从事中药材生产的有关人员应定期培训与考核。

第五十条　中药材产地应设厕所或盥洗室，排出物不应对环境及产品造成污染。

第五十一条　生产企业生产和检验用的仪器、仪表、量具、衡器等其适用范围和精密度应符合生产和检验的要求，有明显的状态标志，并定期校验。

第九章　文件管理

第五十二条　生产企业应有生产管理、质量管理等标准操作规程。

第五十三条　每种中药材的生产全过程均应详细记录，必要时可附照片或图象。记录应包括：

（一）种子、菌种和繁殖材料的来源；

（二）生产技术与过程：

1. 药用植物播种的时间、数量及面积；育苗、移栽以及肥料的种类、施用时间、施用量、施用方法；农药中包括杀虫剂、杀菌剂及除莠剂的种类、施用量、施用时间和方法等。

2. 药用动物养殖日志、周转计划、选配种记录、产仔或产卵记录、病例病志、死亡报告书、死亡登记表、检免疫统计表、饲料配合表、饲料消耗记录、谱系登记表、后裔鉴定表等。

3. 药用部分的采收时间、采收量、鲜重和加工、干燥、干燥减重、运输、贮藏等。

4. 气象资料及小气候的记录等。

5. 药材的质量评价：药材性状及各项检测的记录。

第五十四条　所有原始记录、生产计划及执行情况、合同及协议书等均应存档，至少保存 5 年。档案资料应有专人保管。

第十章　附　则

第五十五条　本规范所用术语：

（一）中药材 指药用植物、动物的药用部分采收后经产地初加工形成的原料药材。

（二）中药材生产企业 指具有一定规模、按一定程序进行药用植物栽培或动物养殖、药材初加工、包装、储存等生产过程的单位。

（三）最大持续产量 即不危害生态环境，可持续生产（采收）的最大产量。

（四）地道药材 传统中药材中具有特定的种质、特定的产区或特定的生产技术和加工方法所生产的中药材。

（五）种子、菌种和繁殖材料 植物（含菌物）可供繁殖用的器官、组织、细胞等，菌物的菌丝、子实体等；动物的种物、仔、卵等。

（六）病虫害综合防治 从生物与环境整体观点出发，本着预防为主的指导思想和安全、有效、经济、简便的原则，因地制宜，合理运用生物的、农业的、化学的方法及其它有效生态手段，把病虫的危害控制在经济阈值以下，以达到提高经济效益和生态效益之目的。

（七）半野生药用动植物 指野生或逸为野生的药用动植物辅以适当人工抚育和中耕、除草、施肥或喂料等管理的动植物种群。

第五十六条　本规范由国家药品监督管理局负责解释。

第五十七条　本规范自 2002 年 6 月 1 日起施行。

（资料来源：参照郭巧生主编《药用植物栽培学》）

附录二　国家禁用和限用农药名录

一、禁止生产销售和使用的农药名单（33 种）

六六六，滴滴涕，毒杀芬，二溴氯丙烷，杀虫脒，二溴乙烷，除草醚，艾氏剂，狄氏剂，汞制剂，砷、铅类，敌枯双，氟乙酰胺，甘氟，毒鼠强，氟乙酸钠，毒鼠硅。（2002.6.5 农业部公告第 199 号）

甲胺磷，对硫磷（1605），甲基对硫磷（甲基 1605），久效磷，磷胺。（2008.1.9 发改委、农业部等六部委公告第 1 号）

苯线磷，地虫硫磷，甲基硫环磷，磷化钙，磷化镁，磷化锌，硫线磷，蝇毒磷，治螟磷，特丁硫磷。（2011.6.15 农业部公告第 1586 号）

二、在蔬菜、果树、茶叶、中草药材上不得使用和限制使用的农药（17 种）

禁止甲拌磷（3911），甲基异柳磷，内吸磷（1059），克百威（呋喃丹），涕灭威（神农丹、铁灭克），灭线磷，硫环磷，氯唑磷在蔬菜、果树、茶叶和中草药材上使用。（2002.6.5 农业部公告第 199 号）

禁止氧乐果在甘蓝（2002.5.10 农业部公告第 194 号）和柑橘树（2011.6.15 农业部公告第 1586 号）上使用。

禁止三氯杀螨醇和氰戊菊酯在茶树上使用。（2002.6.5 农业部公告第 199 号）

禁止丁酰肼（比久）在花生上使用。（2003.4.30 农业部公告第 2741 号）

禁止水胺硫磷在柑橘树上使用。（2011.6.15 农业部公告第 1586 号）

禁止灭多威在柑橘树、苹果树、茶树和十字花科蔬菜上使用。（2011.6.15 农业部公告第 1586 号）

禁止硫丹在苹果树和茶树上使用。（2011.6.15 农业部公告第 1586 号）

禁止溴甲烷在草莓和黄瓜上使用。（2011.6.15 农业部公告第 1586 号）

除卫生用、玉米等部分旱田种子包衣剂外，禁止氟虫腈在其他方面使用。（2009.2.25

农业部公告第 1157 号）

按照《农药管理条例》规定，任何农药产品都不得超出农药登记批准的使用范围使用。

三、限用农药原药毒性

剧毒：涕灭威（神农丹、铁灭克）

高毒：甲拌磷（3911）、甲基异柳磷、克百威（呋喃丹）、灭线磷、灭多威、氧乐果、水胺硫磷、硫丹、内吸磷（1059）、硫环磷、氯唑磷、溴甲烷

中等毒：氰戊菊酯、氟虫腈、毒死蜱、三唑磷

低毒：三氯杀螨醇、丁酰肼（比久）

（资料来源：根据中华人民共和国农业部公告第 199 号、第 2741 号、第 1157 号；发改委、农业部等六部委公告第 1 号；农业部公告第 1586 号整理）

附录三　中药材 GAP 产品生产中禁止使用的化学农药种类

种类	农药名称	禁用原因
有机氯杀虫剂	滴滴涕、六六六、林丹、艾氏剂、狄氏剂	高残毒
有机砷杀虫剂	甲基砷酸锌（稻脚青）、甲基砷酸钙肿（稻宁）、甲基砷酸铁铵（田安）、福美甲砷、福美砷	高残毒
有机汞杀虫剂	氯化乙基汞（西力生）、醋酸苯汞（赛力散）	剧毒、高残留
卤代烷类熏蒸杀虫剂	二溴乙烷、环氧乙烷、二溴氯丙烷、溴甲烷	致癌、致畸、高毒
无机砷杀虫剂	砷酸钙、砷酸铅	高毒
有机磷杀虫剂	甲拌磷、乙拌磷、久效磷、对硫磷、甲基对硫磷、甲胺磷、异柳磷、治螟磷、 氧化乐果、磷胺、地虫硫磷、灭克磷（益收宝）、水胺硫磷、氯唑磷、硫线磷、杀扑磷、特丁硫磷、克线丹、苯线磷、甲基硫环磷	剧毒、高毒
氨基甲酸酯杀虫剂	涕灭威、克百威、灭多威、丁硫克百威、丙硫克百威	高毒、剧毒或代谢物高毒
二甲基甲脒类杀虫杀螨剂	杀虫脒	慢性毒性、致癌
氟制剂	氟化钙、氟化钠、氟乙酸钠、氟铝酸胺、氟硅酸钠	剧毒、高毒、易产生药害
有机氯杀螨剂	三氯杀螨醇	产品中含滴滴涕
有机磷杀菌剂	稻瘟净、导稻瘟净	高毒
取代苯类杀虫、杀菌剂	五氯硝基苯、稻瘟醇（五氯苯甲醇）	致癌、高残留
有机锡杀菌剂	薯瘟锡、三苯基氯化锡、毒菌锡	高残留
拟除虫菊酯类杀虫剂	所有拟除虫菊酯类杀虫剂	对鱼毒性大
二苯醚类除草剂	除草醚、草枯醚	慢性毒性
植物生长调节剂	有机合成植物生长调节剂	
除草剂	各类除草剂	

（资料来源：参照潘佑找《药用植物栽培技术》）

附录四　具有抗癌作用的中草药

（参照潘佑找对李家邦《中医学》的整理）

一、对癌细胞有杀伤和抑制作用的中草药

1. 清热解毒类：半枝莲、白花蛇舌草、冬凌草、青黛、山豆根、穿心莲、白英、牡丹皮、龙葵、重楼、天花粉、黄连等。

2. 活血祛瘀类：三棱、莪术、三七、川芎、当归、丹参、赤芍、红花、元胡、乳香、没药、穿山甲、全蝎、蜈蚣、僵蚕、牡丹皮、石见穿、斑蝥、蟾酥、五灵脂、喜树果、降香等。

3. 软坚散结类：鳖甲、藤梨根、石见穿、莪术、八月札、海藻、瓜蒌、地龙、牡蛎、土元、昆布等。其它还有：长春花、秋水仙（茎、种子）、三尖杉（粗榧）、农吉利（Crotalaria sessili flora L.）、紫杉、美登木、马蔺子、雪莲花、瑞香狼毒、芦笋等。

二、对免疫系统有调节作用的中草药

黄芪、人参、女贞子、淫羊藿、枸杞子、冬虫夏草、黄精、灵芝、香菇、猪苓、北五味子、雷公藤、绞股蓝、刺五加、肉苁蓉等。

三、对肿瘤细胞有促分化作用的中草药

葛根、乳香、人参、丹参、三尖杉、熊胆、巴豆、三七、刺互加、灵芝、莪术等。

四、具有抗诱变作用的中草药

山楂、杏仁、枸杞子、冬虫夏草、绞股蓝、大枣、党参、鹿茸、茯苓、丹参、女贞子、半枝莲、蛇床子、柴胡、大黄、牡丹皮、菊花、黄芪、白术等。

五、能诱导肿瘤细胞凋亡的中草药

香菇、冬虫夏草、柴胡、当归、川芎、桂枝、茯苓、枸杞子、党参、五味子、芍药、黄芩、生地黄、甘草等。